数据通信网络实践

基础知识与交换机技术

牛海文◎著

电子工业出版社
Publishing House of Electronics Industry
北京·BEIJING

内 容 简 介

本书的编写基于作者多年的实践经验。本书介绍数据通信网络的基础知识和交换机技术，主要内容包括数据通信网络模型、数据在网络中的传输、常用的传输介质、网络设备之路由器、虚拟终端、密码恢复、Wireshark 实践、常用的网络排障工具、日志收集与分析、网络的规划设计、QinQ、Bonding 和生成树协议。数据通信网络是一个复杂的系统，本书从数据的视角来进行介绍，以期尽可能全面和准确地描述相关的技术。

本书适合数据通信领域的从业人员阅读，也可作为网络工程、通信工程等相关专业的辅导书。

未经许可，不得以任何方式复制或抄袭本书之部分或全部内容。
版权所有，侵权必究。

图书在版编目（CIP）数据

数据通信网络实践：基础知识与交换机技术 / 牛海文著. —北京：电子工业出版社，2023.7
ISBN 978-7-121-45971-9

Ⅰ. ①数… Ⅱ. ①牛… Ⅲ. ①数据通信－通信网 Ⅳ. ①TN919.2

中国国家版本馆 CIP 数据核字（2023）第 130010 号

责任编辑：田宏峰
印　　刷：北京天宇星印刷厂
装　　订：北京天宇星印刷厂
出版发行：电子工业出版社
　　　　　北京市海淀区万寿路 173 信箱　邮编 100036
开　　本：787×1 092　1/16　印张：23.5　字数：601 千字
版　　次：2023 年 7 月第 1 版
印　　次：2023 年 7 月第 1 次印刷
定　　价：118.00 元

凡所购买电子工业出版社图书有缺损问题，请向购买书店调换。若书店售缺，请与本社发行部联系，联系及邮购电话：（010）88254888，88258888。
质量投诉请发邮件至 zlts@phei.com.cn，盗版侵权举报请发邮件至 dbqq@phei.com.cn。
本书咨询联系方式：tianhf@phei.com.cn。

前　言

计算机网络的更准确叫法应该是数据通信网络，在生产实践中大家常常将其称为数通网络。计算机网络、移动互联网、物联网、工业控制系统等都是数据通信网络的具体实现，而且在可以预见的未来，数据通信网络涉及的设备种类还在不断增多，其名字已经不能表示现实的含义了。在万物互联的背景下，离开了数据通信是寸步难行的。随着数字化进一步深入，数据通信网络的重要性还在不断加强。

本书是我多年实践经验的总结，目的是为了不受时间和空间限制，把自己对数据通信网络的理解和经验"复制"给更多与之相关的从业者。本书可以看成一个专业技术人员写给其他专业技术人员的技术手册。

既然写出来的东西是给人看的，那就一定要说"人话"，因此在写作本书时，我给自己定下两条规则：

（1）以数据的视角来看待网络，以人的视角来理解技术。

计算机网络是数据通信网络，是人创造的同时又服务于人的网络。服务于人，是技术存在的根本。

（2）用尽量少的语言来尽可能全面而准确地表达数据网络通信，不模棱两可和故弄玄虚。

不说废话，不玩弄概念，以避免语焉不详和多义性。要求自己写下的每一句话都是有用的，而且不会存在理解偏差。在"准确表达"方面，限于水平，可能我自己觉得已经处理得很好了，但仍然不敢保证所有读者都不会有不同的理解。

如果你在和我面对面交流，那么你可以随时打断我，提出你的疑问，我就可以从多个角度来解读一个容易误解的知识点，可以用多种表达方式，以及更丰富的示例和类比等，通过冗余信息消除误解或理解偏差。甚至音调、停顿、表情等，都有助于信息的有效传达。信息通过文字这种单一维度的方式记录下来，"接收者"是很难准确地还原原意的。不是所有信息都能使用现有的词汇和修辞来准确表达的，信息传递的过程也难免会有失真，受各种主客观因素的影响限制，"发送者"也未必能全面而准确地表达原意；同样的原因，"接收者"也未必能精准获取并领会"发送者"的原意。每每想到这些，总是让我对自己的创作过程格外慎重。同时也引发了更多的思考：经被念歪是否跟经书也有关系？或者说是时空变迁导致的？最好的传承手段是什么呢？

为了达到"把人整明白而不是更迷糊"的目的，我在创作过程中阅读了大量的译本、译本传抄、英文原著、英文传抄和标准文档等，再加上自己的实践经验，有意识地舍弃了一些内容，不论是理论还是实操案例，都只选取对生产实践比较有用的部分。尽管我用"用尽量少的语言"要求自己，在书中不说废话，以避免图书太厚而不利于信息传播。但由于数据通信网络涉及的内容实在太多了，最后本书还是"太厚驾到"。不过你可千万不要被它的厚度吓倒，内容是稍微有点多，但并不难理解。

本书主要介绍数据通信网络的基础知识和交换机技术及应用，主要是为了夯实基础，并传播信息系统的设计理念和思考问题的方法，值得每一位 ICT 从业人员读一读。实际上，相关的理念和方法可以应用在生产生活的方方面面。

本书包括 14 章。

第 1 章是数据通信网络模型。本章主要介绍数据通信网络模型的产生原因，以及不同模型中各个模块的功能和定义，解释了 TCP/IP 模型为什么是事实上的标准，并对数据通信网络模型进行了深度思考。数据通信网络模型的设计思想可以应用到生产生活的方方面面。

第 2 章是数据在网络中的传输。本章和第 1 章一起为读者构建了一个数据通信网络的上帝视角，同时也形成本书的基本框架。本章以事实上的标准模型为基础，介绍数据的封装与传输的过程，解释在什么样的情况下会用到什么协议，这些协议是如何工作的，协议之间又是如何相互影响的。本章是本书的重点，值得每一位 ICT 从业人员认真阅读。

第 3 章是常用的传输介质，主要介绍铜线、光纤、无线三种介质的特性，分别应用在什么场景，在使用时各有什么注意事项等内容。传输介质是数据传输的载体，传输介质的质量往往决定了业务数据的传输质量。没有传输介质，一切业务数据都无法传输。

第 4 章是网络设备之路由器。路由器可以看成一台特殊用途的计算机，了解它的组成结构与启动过程，认识路由器的命令行界面、不同的模式或视图、基本操作技巧等，是配置和使用路由器的基本前提。本章虽然是以思科和华为的路由器为例进行介绍的，但相关的知识和技巧也可以应用到市面上其他厂家的路由器等网络设备上，一通百通。

第 5 章是虚拟终端。虚拟终端早期是用来连接大型计算机的，现在主要用来连接路由器、交换机等设备。虚拟终端的基本功能包括连接设备、人机交互、捕获文本、下载文件、上传文件、执行脚本等。本章重点介绍 PuTTY、Xshell、Minicom 等虚拟终端的使用方法和技巧，这些方法和技巧也基本适用于其他虚拟终端。

第 6 章是密码恢复。本章基于路由器的组成原理和启动过程来介绍密码恢复的方法。读者在掌握华为和思科设备的密码恢复方法后，对其他厂家设备的密码恢复也将无师自通。

第 7 章是 Wireshark 实践。Wireshark 既是一个网络抓包工具，也是一个网络协议分析工具。掌握 Wireshark 的实践技能不仅有助于读者学习协议，也有助于网络排障。Wireshark 是网络工程师，以及从事渗透测试和网络应急响应等工作的网络安全人员的必备工具。

第 8 章是常用的网络排障工具。不同版本的 Windows 和 Linux 系统都自带了很多网络排障工具，这些工具通常是以命令行的方式提供给用户的。掌握了这些常用命令的使用，就可以定位或解决网络问题。本章内容对 ICT 从业人员，甚至使用联网设备的人员都有帮助，比如说检查一下自己的家用电脑为什么上不了网。

第 9 章是日志收集与分析。如果你是一位网络新手，那就一定要学会本章介绍的日志收集方法，这些日志是你获得资深"大佬"帮助的前提；如果你想成为一个资深"大佬"，那就一定要学会本章介绍的日志分析方法，这些分析方法可以帮助你解决普通从业人员解决不了的问题。

第 10 章是网络的规划设计。规划设计的好坏往往决定了一个项目的成败，好的规划设计依赖于优秀的专业技术人员。什么样的人才称得上优秀的专业技术人员呢？他能起到什么作用？如何让做规划设计的人技术更好，让项目实施的人员更好地表达技术细节？有什么原则、方法或技巧可以帮助我们做好规划设计？通过本章的学习，你就会找到这些问题的答案。

第 11 章是虚拟局域网。几乎所有的数据通信网络都应用了虚拟局域网（VLAN）技术，应用如此广泛的技术值得我们好好讨论。本章详细讨论了 VLAN 产生的背景，及其解决了什么问题，如何解决这些问题的；在生产实践中如何应用 VLAN 的特性，基于端口的 VLAN 在收发数据帧时不同的端口类型是如何处理数据帧；Aggregate VLAN、MUX VLAN、VLAN 之间是如何通信的等，在生产实践中如何应用这些技术等。

第 12 章是 QinQ。QinQ 就是在原有 VLAN Tag 的基础上再打一个 VLAN Tag，形成一个 VLAN 隧道，这样就可以解决大型网络中 VLAN ID 不够用的问题。交换机除了能添加 VLAN Tag，还可以修改 VLAN Tag 中的 VID 字段，从而解决不同 VLAN ID 的对接问题。

第 13 章是 Bonding。Bonding 可以在增加链路的带宽的同时提高链路的可靠性，不同厂家对 Bonding 的叫法和实现方式也不一样，不同的 Bonding 模式也有不同的应用场景。

第 14 章是生成树协议。以太网交换机转发数据帧的依据是 MAC 地址表，在未构建 MAC 地址表时，数据帧是通过洪泛（Flooding）实现的。可以将洪泛理解为广播，以太网最怕的也是广播。解决这个又爱又怕的问题通常使用生成树协议（Spanning Tree Protocol，STP）。但生成树也并非完美无缺的，有哪些可以替代生成树协议，或者怎样更好地利用生成树协议？本章也对这个问题进行了解答。

本书是我多年实践经验的总结，目的是不受时间和空间的限制，将我自己的技能"复制"给更多的读者，让每一位读者都能达到提升自我的目的。但限于我自己的水平，书中难免会有错漏之处，如果你发现了，请发邮件告诉我，我的邮箱是 271698199@qq.com。

最后要衷心感谢所有为本书创作提供过帮助的人和组织。

感谢 IETF、IANA、IEEE、ISO 等标准组织，书中的技术描述是以各组织的相关标准为参考依据的。

感谢华为、思科等设备厂商，书中的示例是各厂家的产品实现描述，并参考了厂商的产品文档。

感谢曾经与我共事的业界同仁，在与各位业界同仁合作的过程中坚定了我创作的信念，也获得了创作灵感，共同的工作经历是我的美好回忆。

感谢审稿人、策划、编辑、出版商对本书出版做出贡献的人，正是由于你们的工作才使本书得以与读者见面。

感谢我的家人！你们是我创作的动力，你们替我承担了更多的家庭责任。

感谢暗淡的人生岁月！感谢至暗时刻的自己！不负韶华，所有时光都是好时光。

作　者
2023 年 6 月

目 录

第1章 数据通信网络模型 ·················· 1
- 1.1 如何设计一个数据通信网络 ·················· 1
- 1.2 一个数据通信网络可能包含哪些模块 ·················· 1
- 1.3 分层网络模型 ·················· 2
  - 1.3.1 为什么是分层模型 ·················· 2
  - 1.3.2 分层的好处 ·················· 2
- 1.4 OSI 模型与 TCP/IP 模型 ·················· 2
  - 1.4.1 OSI 模型 ·················· 3
  - 1.4.2 TCP/IP 模型 ·················· 3
  - 1.4.3 OSI 模型与 TCP/IP 模型的对比 ·················· 4
  - 1.4.4 改进的五层模型 ·················· 5
  - 1.4.5 事实上的标准 ·················· 5
- 1.5 OSI 模型的各层简介 ·················· 6
- 1.6 型无定形 ·················· 8
- 1.7 思考题 ·················· 8

第2章 数据在网络中的传输 ·················· 9
- 2.1 概述 ·················· 9
- 2.2 数据在网络中的传输过程 ·················· 9
- 2.3 面向网络的应用程序 ·················· 11
- 2.4 TCP、UDP、SCTP 详解 ·················· 11
  - 2.4.1 端口号 ·················· 11
  - 2.4.2 TCP 详解 ·················· 12
  - 2.4.3 UDP 详解 ·················· 22
  - 2.4.4 SCTP 详解 ·················· 24
- 2.5 IP 详解 ·················· 24
  - 2.5.1 IPv4 详解 ·················· 24
  - 2.5.2 IPv6 详解 ·················· 27
  - 2.5.3 IP 地址的分配 ·················· 31
  - 2.5.4 ARP 详解 ·················· 32
  - 2.5.5 ICMP 详解 ·················· 35
  - 2.5.6 ICMPv6 详解 ·················· 39

| 2.5.7　NDP 详解 ·· 44
　2.6　路由选择协议 ··· 47
　　　　2.6.1　IGP ·· 47
　　　　2.6.2　EGP ·· 48
　2.7　MPLS ··· 48
　2.8　以太网 ·· 51
　　　　2.8.1　以太网的报文格式 ·· 52
　　　　2.8.2　关于数据链路层封装的一个不成熟思考 ······················· 53
　　　　2.8.3　MAC 地址 ·· 54
　　　　2.8.4　Dot1Q ··· 55
　2.9　物理信号 ·· 56
　　　　2.9.1　帧的物理信息 ·· 56
　　　　2.9.2　帧间隙与帧时隙 ·· 57
　　　　2.9.3　影响以太网通信距离的因素 ·· 58
　2.10　PPP ·· 58
　　　　2.10.1　PPP 简介 ·· 58
　　　　2.10.2　PPP 的链路建立过程 ··· 59
　2.11　典型的数据封装 ··· 59
　2.12　数据传输示例 ··· 60
　2.13　再谈数据通信网络的模型 ·· 62
　2.14　思考题 ··· 62

第 3 章　常用的传输介质 ··· 65
　3.1　概述 ·· 65
　3.2　以太网的命名规则 ··· 65
　3.3　铜介质 ··· 66
　　　　3.3.1　同轴线 ·· 66
　　　　3.3.2　双绞线 ·· 67
　3.4　光介质 ··· 76
　　　　3.4.1　光纤的结构 ·· 76
　　　　3.4.2　单模光纤与多模光纤 ·· 77
　　　　3.4.3　常用的光纤标准等级 ·· 77
　　　　3.4.4　光纤连接器 ·· 78
　　　　3.4.5　常用的以太网光纤标准 ·· 79
　　　　3.4.6　光模块 ·· 80
　　　　3.4.7　光纤适配器 ·· 83
　　　　3.4.8　光衰减器 ·· 83
　　　　3.4.9　使用光介质的安全注意事项 ·· 84
　3.5　无线介质 ·· 84
　　　　3.5.1　Wi-Fi 和 IEEE 802.11 ·· 84

		3.5.2 工程实现 ………………………………………………………………… 85
		3.5.3 带宽规划 ………………………………………………………………… 85
		3.5.4 使用无线网络的安全注意事项 …………………………………………… 86
		3.5.5 Wi-Fi 6 …………………………………………………………………… 86
	3.6	思考题 ……………………………………………………………………………… 87

第 4 章 网络设备之路由器 ……………………………………………………………… 89

    4.1   概述 ………………………………………………………………………………… 89

    4.2   思科路由器 ………………………………………………………………………… 90

           4.2.1   思科路由器的构成 …………………………………………………………… 90

           4.2.2   思科路由器的启动顺序 ……………………………………………………… 91

           4.2.3   思科路由器的用户接口模式 ………………………………………………… 92

           4.2.4   思科路由器 IOS 的常用操作 ………………………………………………… 94

           4.2.5   思科路由器的命令行键盘帮助 ……………………………………………… 94

           4.2.6   思科路由器的增强编辑 ……………………………………………………… 95

           4.2.7   思科路由器的命令历史 ……………………………………………………… 95

    4.3   华为路由器 ………………………………………………………………………… 95

           4.3.1   华为路由器的视图及切换 …………………………………………………… 95

           4.3.2   华为路由器的常用操作 ……………………………………………………… 96

           4.3.3   华为路由器的命令行键盘帮助 ……………………………………………… 96

           4.3.4   华为路由器的增强编辑 ……………………………………………………… 96

           4.3.5   华为路由器的命令历史 ……………………………………………………… 97

    4.4   总结 ………………………………………………………………………………… 97

    4.5   思考题 ……………………………………………………………………………… 97

第 5 章 虚拟终端 …………………………………………………………………………… 99

    5.1   虚拟终端概述 ……………………………………………………………………… 99

           5.1.1   常用的虚拟终端 ……………………………………………………………… 99

           5.1.2   如何选择合适的虚拟终端 …………………………………………………… 100

    5.2   虚拟终端与计算机的连接 ………………………………………………………… 100

    5.3   Hyper Terminal 的使用 …………………………………………………………… 102

    5.4   PuTTY 的使用 ……………………………………………………………………… 105

    5.5   Xshell 的使用 ……………………………………………………………………… 112

    5.6   SecureCRT 和 MobaXterm 的使用 ……………………………………………… 124

    5.7   Minicom 的使用 …………………………………………………………………… 124

    5.8   虚拟终端的常见问题及处理办法 ………………………………………………… 129

    5.9   远程 Console 口权限 ……………………………………………………………… 130

第 6 章 密码恢复 …………………………………………………………………………… 131

    6.1   密码恢复概述 ……………………………………………………………………… 131

6.2 思科路由器的密码恢复 ································· 131
6.2.1 思科路由器的配置寄存器 ································· 131
6.2.2 典型的配置寄存器值 ································· 132
6.2.3 密码恢复的思路 ································· 133
6.2.4 密码恢复的操作 ································· 133
6.2.5 注意事项 ································· 134
6.3 华为路由器的密码恢复 ································· 134
6.3.1 密码恢复的准备工作 ································· 135
6.3.2 进入 BootLoad Menu ································· 135
6.3.3 BootLoad Menu 的默认密码 ································· 138
6.3.4 恢复 BootLoad Menu 的密码 ································· 138
6.3.5 极端情况 ································· 138
6.3.6 一次意外 ································· 138
6.4 思考题 ································· 139

第7章 Wireshark 实践 ································· 141
7.1 概述 ································· 141
7.2 Wireshark 的主界面 ································· 142
7.3 捕获方式 ································· 142
7.4 抓包实验 ································· 143
7.4.1 实验拓扑及端口配置 ································· 143
7.4.2 捕获端口上的数据包 ································· 144
7.5 捕获过滤 ································· 145
7.5.1 管理和编辑捕获过滤规则 ································· 145
7.5.2 使用捕获过滤规则 ································· 146
7.5.3 捕获过滤表达式 ································· 147
7.6 显示过滤 ································· 148
7.6.1 只显示特定协议的数据包 ································· 149
7.6.2 只显示特定协议中特定内容的数据包 ································· 149
7.6.3 显示过滤运算符 ································· 150
7.6.4 显示过滤表达式 ································· 150
7.6.5 常用的显示过滤表达式示例 ································· 151
7.6.6 表达式子序列示例 ································· 152
7.7 Wireshark 的自动化功能 ································· 153
7.7.1 文件的自动保存 ································· 153
7.7.2 自动停止捕获 ································· 153
7.8 Wireshark 的统计分析功能 ································· 154
7.9 数据包的导出 ································· 155
7.10 Wireshark 的应用示例 ································· 156
7.10.1 ARP 攻击的检测 ································· 156

	7.10.2 RTP 流分析	159
	7.10.3 RTP 相关补充知识	162
	7.10.4 抓娃娃	163

第 8 章 常用的网络排障工具 … 165

- 8.1 概述 … 165
- 8.2 Windows 系统中的常用网络排障工具 … 165
- 8.3 Linux 系统中的常用网络排障工具 … 172

第 9 章 日志收集与分析 … 185

- 9.1 概述 … 185
- 9.2 日志收集 … 185
- 9.3 查找的艺术——关键字 … 186
- 9.4 思科设备的巡检命令汇总 … 189
- 9.5 列出你看到的问题 … 190

第 10 章 网络的规划设计 … 191

- 10.1 概述 … 191
- 10.2 需求调研 … 191
- 10.3 规划设计原则 … 193
- 10.4 物理层的常用技术 … 195
- 10.5 数据链路层的常用技术 … 197
- 10.6 网络层的常用技术 … 199
- 10.7 网络带宽的计算 … 201
- 10.8 IP 地址的规划 … 201
- 10.9 VLAN ID 的规划 … 201
- 10.10 典型的组网 … 202
- 10.11 过程文档 … 203
- 10.12 思考题 … 204

第 11 章 虚拟局域网 … 205

- 11.1 概述 … 205
  - 11.1.1 局域网的简介 … 205
  - 11.1.2 虚拟局域网的简介 … 205
  - 11.1.3 虚拟局域网的定义 … 206
  - 11.1.4 虚拟局域网的作用 … 206
- 11.2 以太网帧格式 … 206
- 11.3 VLAN ID … 207
- 11.4 中继链路上的帧 … 207
  - 11.4.1 Dot1Q … 207

  11.4.2 交换机间链路 ·· 209
11.5 VLAN 的划分依据 ··· 209
11.6 端口模式 ·· 210
11.7 VLAN Tag 的处理 ··· 212
11.8 不同模式的端口对于 VLAN Tag 的处理流程 ·· 213
11.9 创建 VLAN 示例 ··· 214
  11.9.1 在思科设备上创建 VLAN ··· 214
  11.9.2 将端口加入思科设备上的 VLAN ·· 216
  11.9.3 在华为设备上创建 VLAN ··· 217
  11.9.4 将端口加入华为设备上的 VLAN ·· 219
11.10 VLAN 的应用 ·· 221
  11.10.1 混合模式同时实现接入模式与中继模式的功能 ································ 221
  11.10.2 在不等价链路上实现负载均衡 ·· 223
11.11 聚合 VLAN ··· 225
11.12 MUX VLAN ·· 227
11.13 私有 VLAN ··· 229
11.14 VLAN 之间的通信 ·· 230
  11.14.1 基于多路由器端口的 VLAN 之间的通信 ··· 230
  11.14.2 基于单臂路由的 VLAN 之间的通信 ·· 233
  11.14.3 基于三层交换机 SVI 的 VLAN 之间的通信 ····································· 235
  11.14.4 在网络对接时使用 SVI 与将物理端口设置为网络层端口的区别 ······· 237
11.15 思考题 ·· 238

第 12 章 QinQ ·· 239

12.1 概述 ·· 239
12.2 QinQ 帧格式 ··· 239
12.3 基于默认封装的 QinQ 应用 ··· 240
  12.3.1 基于默认封装和华为设备的 QinQ 应用 ·· 240
  12.3.2 基于默认封装和思科设备的 QinQ 应用 ·· 244
12.4 基于 VLAN 封装的 QinQ 应用 ··· 245
12.5 QinQ 终结 ··· 251
  12.5.1 基于华为设备的 QinQ 终结 ··· 251
  12.5.2 基于思科设备的 QinQ 终结 ··· 255
12.6 VLAN 映射 ·· 256
  12.6.1 基于华为设备的单层 VLAN 映射 ·· 256
  12.6.2 基于华为设备的多层 VLAN 映射 ·· 260
12.7 思考题 ·· 267

第 13 章 Bonding ··· 269

13.1 概述 ·· 269

- 13.2 应用场景 … 270
- 13.3 在思科设备上实现 Bonding … 270
- 13.4 在华为设备上实现 Bonding … 271
- 13.5 在华三设备上实现 Bonding … 273
  - 13.5.1 Bridge-Aggregation 的实现 … 274
  - 13.5.2 Route-Aggregation 的实现 … 276
- 13.6 在 Windows Server 中通过 Intel 网卡实现 Bonding … 277
  - 13.6.1 安装 Intel 网卡的驱动程序 … 278
  - 13.6.2 打开设备管理器 … 278
  - 13.6.3 创建分组 … 278
  - 13.6.4 查看效果 … 281
- 13.7 在 Windows Server 中通过 Broadcom 网卡实现 Bonding … 282
  - 13.7.1 安装 Broadcom 网卡的驱动程序 … 282
  - 13.7.2 打开安装的管理套件 … 282
  - 13.7.3 创建分组 … 282
  - 13.7.4 在专家模式下查看和创建分组 … 287
- 13.8 在 Linux 中实现 Bonding … 288
  - 13.8.1 查看本机网卡配置 … 288
  - 13.8.2 新建网卡 … 288
  - 13.8.3 直接编辑网卡的配置文件 … 296
  - 13.8.4 为分组添加成员网卡 … 297
  - 13.8.5 为 Linux 系统加载 bonding 模块 … 298
  - 13.8.6 启用绑定口 … 298
  - 13.8.7 验证 … 298
  - 13.8.8 脚本化 … 299
  - 13.8.9 关于分组模式 … 301
  - 13.8.10 关于 BONDING_OPTS … 301
- 13.9 其他联网设备 … 302
- 13.10 M-LAG … 302

第 14 章 生成树协议 … 303

- 14.1 生成树协议的作用 … 303
- 14.2 MAC 地址表的建立 … 303
  - 14.2.1 好问题一 … 304
  - 14.2.2 好问题二 … 305
  - 14.2.3 好问题三 … 306
- 14.3 STP 详解 … 306
  - 14.3.1 STP 与 Bonding … 306
  - 14.3.2 STP 的术语 … 306
  - 14.3.3 STP 的端口 … 310

14.3.4 STP 的端口状态 ·············· 311
14.3.5 STP 的端口转化图 ·············· 312
14.3.6 STP 的瑕疵 ·············· 312
14.3.7 STP 的网络收敛时间 ·············· 312
14.3.8 STP 对拓扑变化的处理 ·············· 313
14.3.9 STP 实践 ·············· 313
14.4 快速生成树协议 ·············· 314
14.4.1 RST 的网桥协议数据单元 ·············· 314
14.4.2 RSTP 的端口角色 ·············· 315
14.4.3 边缘端口和快速端口 ·············· 315
14.4.4 RSTP 的端口状态 ·············· 316
14.4.5 RSTP 对 BPDU 的处理 ·············· 317
14.4.6 RSTP 的 P/A 机制 ·············· 317
14.4.7 RSTP 比 STP 收敛快的原因 ·············· 321
14.4.8 RSTP 对拓扑变化的处理 ·············· 321
14.4.9 RSTP 的保护 ·············· 322
14.4.10 思科设备对 RSTP 的增强 ·············· 324
14.4.11 STP/RSTP 的配置示例（基于华为设备的实现） ·············· 324
14.4.12 RSTP 仍然没有解决的问题 ·············· 328
14.5 多生成树协议 ·············· 328
14.5.1 MSTP 的术语 ·············· 329
14.5.2 MSTP 的端口角色 ·············· 330
14.5.3 MSTP 的端口状态 ·············· 330
14.5.4 MSTP 的配置示例（基于华为设备的实现） ·············· 330
14.6 多实例生成树协议 ·············· 338
14.7 MCheck ·············· 339
14.8 PVST 和 VBST ·············· 339
14.9 Smart Link ·············· 340
14.10 总结 ·············· 340
14.11 思考题 ·············· 341

附录 A 三种串行通信 ·············· 343

附录 B 网络设备配置规范 ·············· 349

后记 ·············· 361

第 1 章
数据通信网络模型

万维网（WWW）的发明人、图灵奖得主蒂姆·伯纳斯·李（Tim Berners-Lee）曾经说过："简单性和模块化是软件工程的基石，分布式和容错性是互联网的生命。"

1.1 如何设计一个数据通信网络

设计一个数据通信网络属于一个复杂的系统问题。

人类在几千年的生产和生活中，不断地总结经验、提炼智慧。对于一个复杂的系统问题，其解决办法就是将其模型化、模块化。把大项目或超大项目逐级分解成若干小项目，再将每一个小项目分解成若干可执行的任务单元、功能模块、工作分解结构（Work Breakdown Structure，WBS），执行每个任务单元，完成每一个项目功能，于是就解决了这个复杂的系统问题，如万里长城、登月计划、曼哈顿工程等，所有这些大项目的落地实现都运用了分解（或化解）的思想。

1.2 一个数据通信网络可能包含哪些模块

为了减轻人类的脑力劳动，科学家和工程师们发明了计算机；为了传输计算结果，于是又发明了计算机网络。计算机和计算机网络都属于复杂系统，复杂系统需要不同功能模块的相互协作，实现共同目标。

（1）人机界面也称为用户界面（User Interface），将人类活动产生的声音和图像等信息转化为通信设备能够处理的数据。我们通常把人机界面称为应用程序，其中有一些是面向网络的应用（Network-Oriented Application）。

（2）数据进入网络的接口，如 Socket。

（3）数据的转发，以及对被转发数据的打包（封装标识类协议），各转发点的联络与协商（通信及转发类协议）。

（4）载波，调制与解调，将数据转换成能够在各种场景下传播的物理信号（如电、光、电磁波等）。

（5）传输介质，如铜线、光纤、电磁波等。

1.3 分层网络模型

1.3.1 为什么是分层模型

数据是由用户借助于应用程序产生的。我们要与家人和朋友进行语音通话、视频通话，要发送产品资料、方案、合同草稿给商业伙伴，不管音频流、视频流，还是文本、图片，在通过计算机处理和传输前都要先转化成数字数据。单纯的数字数据是不会自己跑到家人、朋友和商业伙伴那里的，需要对它进行封装，添加一些标识信息和控制信息。标识信息用来标记数据的类型、接收端与发送端，以及传输方式等。通信双方需要建立通信会话，基于通信会话才能收发数据，封装的控制信息就是供会话协议建立通信会话使用的。被封装后的数据形成一个个的数据报（Segment）、数据包（Packet）、数据帧（Frame）等。我们对数据标识封装和会话控制的方法或规则进行标准化，于是就形成了协议（Protocol）。负责会话控制的协议被称为信令协议，负责数据标识封装的协议称为标识协议或封装协议，负责数据转发算路的协议称为路由选择协议。因为应用的种类实在太多，不同的应用产生的数据也不一样，所以对应的标识和控制的方法也就不同，这就需要定义各种各样的协议与之相对应：有区分不同应用的协议，有标识不同数据类型的协议，有建立、维护、拆除会话的协议，有标识接收端和发送端的协议，有针对不同传输介质提供相应的介质访问控制方法的协议，有对数字数据进行编/解码的协议，有定义数据传输介质属性和介质接口形式的协议，等等。

数据通信网络是一个复杂系统，人类处理复杂系统的办法就是"分而治之"。具体来说就是分工与协作。将数据通信网络这一复杂系统划分成不同的功能层，即大功能模块，再将大功能模块分为不同的小功能模块。每一个小功能模块实现复杂系统中的一部分功能，将所有的小功能模块联系在一起，就实现了整个复杂系统的功能。我们之所以把大功能模块称为功能层，主要是因为这些大功能模块之间具有层次化的调用关系。这就是分层思想的根源，其最根本目的是实现复杂系统的功能。

1.3.2 分层的好处

首先，分层让数据通信网络这一复杂系统得以实现。其次，分层以后，不同的组织只需要完成其中的一部分功能，简化了实现难度。因为需要各个组织的协同，就需要建立标准化体系，而标准体系的建立，又推进了数据通信网络的工业化和产业化。

1.4 OSI 模型与 TCP/IP 模型

数据通信网络是计算机网络，我们常常把它简称为数通网络。数据通信网络的实现是基于两大网络模型来构建的。

我们最熟悉的网络模型是由国际标准化组织（International Organization for Standardization，ISO）制定的开放系统互联（Open System Interconnection，OSI）模型，该模型的文档号是 ISO/IEC

7498，最早发布于 1984 年，当前生效版本是 ISO/IEC 7498-1:1994，文档名称是 *Information technology — Open Systems Interconnection — Basic Reference Model: The Basic Model*，因为是基本推荐模型（Basic Reference Model），有时也会被称为 OSI/RM 或 ISO-OSI/RM。

由美国国防部（Department of Defense，DoD）制定的 TCP/IP（Transmission Control Protocol/Internet Protocol，传输控制协议/互联网协议）模型受到了更多的软硬件厂商支持，成了事实上的标准。除了少数的几个协议仅遵从 OSI 模型，大多数的网络都是以 TCP/IP 模型为框架搭建起来的。也就是说，网络大都是以这两个模型为基础构建起来的。

本书作者更愿意或更喜欢把 Transmission Control Protocol/Internet Protocol 翻译成传输控制协议与互联网协议，而不是缩写为 TCP/IP。或许读者会觉得奇怪，如此有知名度的缩写是不需要翻译的。可能正是因为缩写被叫得太多了，导致有些从业人员都不知道它的原名及含义，虽然这些不知道原名或含义的人，也能把缩写叫得很顺口。

通过对两大网络模型的介绍，我们将获得一个关于数据通信网络的上帝视角，从全局认识整个数据通信网络，并为进一步学习和掌握相关知识，设计或建设一个数据通信网络，分析、定位、解决数据通信网络中的问题打下基础。

本章接下来会以 OSI 模型为框架，介绍每一层的功能、数据在每一层的表现形式、每一层的设备和典型协议等内容。本章没有对某个特定的协议做过多介绍或描述，如果某个协议或者其涉及的技术在实际中的应用比较普遍，后面会在专门的章节对其进行详细介绍。

1.4.1 OSI 模型

ISO 制定的 OSI 模型如图 1-1 所示，它是一个基本参考模型，是学习计算机网络必须了解的基础和标准网络模型。其中数据链路层（Data Link Layer，DDL）又可以分成两个子层（Sub Layer），分别是逻辑链路控制（Logical Link Control，LLC）层和介质访问控制（Media Access Control，MAC）层。我们常说的 MAC 地址（MAC Address）就属于 MAC 层。OSI 模型深入人心，流行甚广，为后来推出事实上的标准——TCP/IP 模型提供了重要的理论基础。OSI 模型如图 1-1 所示，上三层有时也统称应用层，下四层有时也统称网络层。

1.4.2 TCP/IP 模型

TCP/IP 模型在层次划分上更加简单，只有四层，最早由美国国防部提出，现在主要由国际互联网工程任务组（Internet Engineering Task Force，IETF）维护和发展。TCP/IP 模型将 OSI 模型的应用层、表示层、会话层合并，称之为应用层，提供应用服务；将数据链路层和物理层合并，称之为网络接入层，提供网络接入的功能。TCP/IP 模型保留了 OSI 模型的传输层和网络层，分别称为主机到主机层和互联网层。TCP/IP 模型是计算机网络的事实标准，读

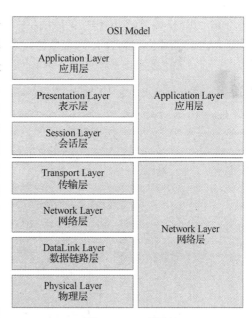

图 1-1　OSI 模型

者不可不知。TCP/IP 模型如图 1-2 所示。

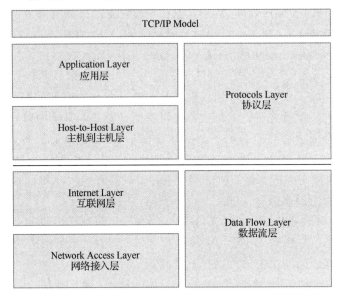

图 1-2 TCP/IP 模型

1.4.3 OSI 模型与 TCP/IP 模型的对比

虽然 OSI 模型和 TCP/IP 模型有对应关系，甚至有相同或相似的层名字，但每层定义的内容并不完全相同。在 TCP/IP 模型的应用层中，数据还是在用户空间；当数据到达主机到主机层后，就进入内核空间了。在 TCP/IP 模型的网络接入层中，主要是设备及其驱动程序等，数据被调制成电、光、或电磁等信号在传输介质上传播。OSI 模型与 TCP/IP 模型的对比如图 1-3 所示。

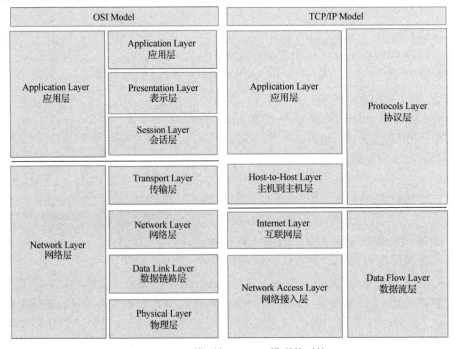

图 1-3 OSI 模型与 TCP/IP 模型的对比

1.4.4 改进的五层模型

在实际的网络环境和工程实现中，工程技术人员在讨论和交流时，实际上使用的网络模型是 OSI 模型的简化模型，或者说是 OSI 模型与 TCP/IP 模型融合后的一种改进模型。改进模型为五层模型，从上到下分别是应用层、传输层、网络层、数据链路层和物理层。改进的五层模型如图 1-4 所示，这个模型不是标准模型，只是为了交流方便的公认模型。

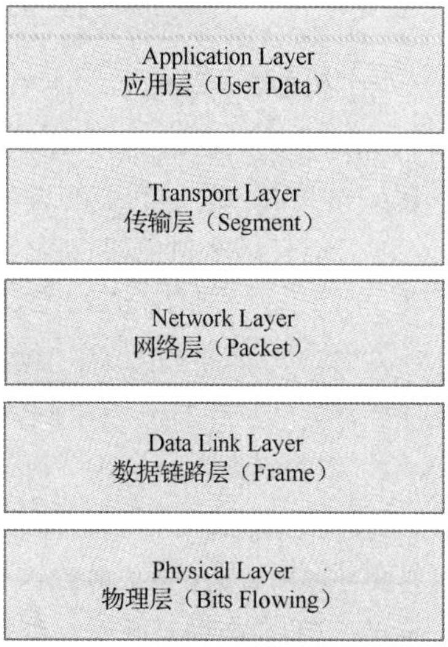

1.4.5 事实上的标准

电气与电子工程师协会（Institute of Electrical and Electronics Engineers，IEEE）制定的 IEEE 802.3 和 IEEE 802.11 分别在有线局域网和无线局域网中占据了绝对的垄断地位，但我们却很难将其单独归入 OSI 模型的数据链路层或物理层，因为 IEEE 802.3 和 IEEE 802.11 同时包含

图 1-4 改进的五层模型

了数据链路层和物理层定义的内容和功能，如介质类型、组网拓扑、介质访问控制方式、编码方式、接口形式等，它们属于 TCP/IP 模型的网络接入层。以太网如它的名字一样魔幻，它借用了 OSI 模型的思想，却是通过 TCP/IP 模型实现的。

我们在谈及 OSI 模型的表示层和会话层时，基本没有什么耳熟能详的协议、标准或技术，这是因为 OSI 模型的应用层、表示层、会话层实际上对应的是 TCP/IP 模型的应用层。OSI 模型是 ISO 组织当时的几个顶级科技公司，以及计算机和通信领域的院校及科研机构共同制定的，该模型更加完整和全面，但比较复杂、实现成本高。TCP/IP 模型则比较简单、实现成本低，并且在推出以后不断进行更新和迭代，以适应层出不穷的应用所提出的新要求。

OSI 模型在市场上的"失败"并不影响它学术上的地位，它的设计思想及技术实现仍然具有很高的参考价值，值得认真学习，这也是它出现在很多教材中的原因，也是我们讨论的框架逻辑。以 OSI 模型为框架进行讨论计算机网络，尽管有迎合甚至讨好众人之嫌，但不代表作者没有进行独立思考。如果有可能，若干年后本书改版时，作者或许会考虑以 TCP/IP 模型与 OSI 模型结合后的模型为标准进行论述。从更深层次来说，各种模型都不过是不同的解释方式，随着网络技术的发展，对应的解释方式也会随之而变。例如，IEEE 802.3 是针对数据链路层制定的 LLC 协议和 MAC 协议，而 IEEE 802.3 是公认的以太网标准，以太网又是公认的局域网（Local Area Network，LAN）标准，以太网同时也是公认的 TCP/IP 模型中网络接入层标准。那到底是把数据链路层分成逻辑链路控制层和介质访问控制层来介绍，还是把数据链路层和物理层一起，当成网络接入层来介绍呢？其实两种解释方式都没有错，主要看具体的场景。

1.5 OSI 模型的各层简介

1. 物理层（Physical Layer）

物理层定义了机械的、电气的、规程的、功能性的标准。物理层的数据形式是**二进制比特流**（Bit Flowing），其中的设备主要有中继器（Repeater）、集线器（Hub）等。

物理层是网络存在的物理条件，主要定义了传输介质及其性质、接口形式和光电信号等。IEEE 802.3 所定义的以太网是物理层最重要的协议，已形成了在 LAN 中的事实垄断。随着智能设备和移动设备的普及，间接促进了无线网络的普及，IEEE 802.11 在移动端和消费市场的接入侧拥有绝对的领导地位。

2. 数据链路层（Data Link Layer）

数据链路层定义了帧结构和物理流控。数据链路层的数据形式是**帧**（Frame），其中的设备主要有网桥（Bridge）和交换机（Switch）等。

在 IEEE 802 协议簇中，数据链路层被分为上层的 LLC 层和下层的 MAC 层。根据不同的传输介质及其组网拓扑，数据链路层规定了介质访问控制方式。简单来说，数据链路层可以概括为传输介质、组网拓扑、介质访问控制方式。

IEEE 802.3 是有线网络的协议，有线网络使用的是带冲突检测的载波监听多路访问（Carrier Sense Multiple Access with Collision Detection，CSMA/CD）。IEEE 802.11 是无线网络的协议，无线网络使用带冲突避免的载波侦听多路访问（Carrier Sense Multiple Access with Collision Avoidance，CSMA/CA）。有线网络可以通过监听线路电压或电流的方式来监听载波是否空闲，而无线网络因为隐蔽站问题（Hidden Station Problem）和暴露站问题（Exposed Station Problem），只能通过冲突避免的方式来实现线路的分时共享。

以太网（Ethernet）标准在数据链路层封装上拥有绝对的优势地位。其他比较知名的封装标准还有点到点协议（Point to Point Protocol，PPP）和高级数据链路控制（High Data Link Control，HDLC）协议等，多用于广域网，但地位也受了以太网与传送网相结合的挑战。像异步传输模式（Asynchronous Transfer Mode，ATM）、综合业务数字网（Integrated Services Digital Network，ISDN）、帧中继（Frame Relay，FR）等，曾经也是比较知名的封装标准，但目前在网络中基本已经不再使用了。

3. 网络层（Network Layer）

网络层定义了数据包结构、编址、寻址、路由计算等。网络层的数据形式是**包**（Packet），其中的设备主要有路由器和三层交换机等，但我们一般将这些设备统称为路由器。网络层的主要功能是计算并提供路由。

比较典型的路由协议有路由信息协议（Routing Information Protocol，RIP）、开放最短路径优先（Open Shortest Path First，OSPF）协议、中间系统到中间系统（Intermediate System to Intermediate System，IS-IS）协议、内部网关路由协议（Interior Gateway Routing Protocol，IGRP）、边界网关协议（Border Gateway Protocol，BGP）等；带有工具性质的协议主要有互联网控制消息协议（Internet Control Message Protocol，ICMP，以及提供单播 IP 地址到下一

跳 MAC 地址映射关系的地址解析协议（Address Resolution Protocol，ARP）协议。ICMP 和 ARP 是网络层的两个非常重要的协议。RIP 和 BGP 本质上是应用层协议，RIP 使用的是 UDP 520 端口，BGP 使用的是 TCP 179 端口。Integrated IS-IS 协议本质上是链路层协议，其以太网类型是 0x22F4，可以通过 IEEE 802.3 的格式直接封装在数据帧中。因为 RIP、BGP 和 IS-IS 协议都提供路由计算和选择，所以我们仍然把这三个协议归为网络层协议。实际上，将 OSPF 和 ICMP 看成网络层协议也是不完全准确的，因为 OSPF 和 ICMP 也需要 IP 封装，它们使用的 IP 协议号分别是 89 和 1。

网络层中最重要的协议是互联网协议（Internet Protocol，IP），目前有两个版本，分别是 IPv4 和 IPv6。IP 提供数据包的封装和主机节点标识，只有被封装和标识的数据才可以被转发。

ICMP 也是网络层的一个重要协议，但它的工具性质更明显一些，经常被其他协议和网络诊断工具调用，通过 Type + Code 的方式来标识消息的类型，可用来查询网络状态。

4．传输层（Transport Layer）

传输层也称为运输层，用于管理网络层连接，提供了可靠的包传递机制。传输层中的数据形式是分段或分片（Segment）。

传输层最重要的两个协议是传输控制协议（Transmission Control Protocol，TCP）和用户数据报协议（User Datagram Protocol，UDP）。设计 TCP 的初衷是高可靠性传输，这就需要封装比较复杂的协议报头，因此协议开销比较大，在没有添加任何选项的情况下，协议报头的大小通常是 20 B，传输效率相对较低。设计 UDP 的初衷是高效传输，放弃了比较复杂的控制，需要封装的协议报头比较简单，只有 8 B，但可靠性低。另外一个在传输层值得关注的协议是流控制传输协议（Stream Control Transmission Protocol，SCTP），它也是一个面向连接的协议，支持多宿主和多流，并且安全性更高，将来有望得到更多的应用和发展。

5．会话层（Session Layer）

会话层的主要作用是建立或拆除会话。

远程过程调用（Remote Procedure Call，RPC）是会话层中比较典型的一个协议。会话层在工业应用中并没有得到很好的发展，它的很多功能被应用层和传输层替代了。当然也可以说是被 TCP/IP 替代了。

6．表示层（Presentation Layer）

表示层的作用定义数据的结构和传输格式，编/解码、压缩/解压缩、加/解密等。

与会话层一样，表示层也是一个非常"难堪"的存在，它基本上被应用层替代了。本书作者认为主要原因是会话层和表示层在设计之初考虑不够周全，对工作任务分解不合理。

其实，数据格式原计划是放在会话层来实现的，但数据是应用程序产生的，应用层就顺便定义了数据格式。我产生的数据由你来定义格式，显然是不合理的，不利于合作和实现。

7．应用层（Application Layer）

应用层的作用是为终端用户的应用程序提供接口，为面向网络的应用程序提供服务。

各种各样的应用程序需求使得应用层的协议比其他层丰富得多，工作在应用层的协议是 OSI 模型中最多的，各种协议呈百花齐放之态，其中最值得一提的是超文本传输协议（Hypertext Transfer Protocol，HTTP），其应用广度无人能出其右；其次是超文本传输安全协议（Hyper Text Transfer Protocol Secure，HTTPS）、文件传输协议（File Transfer Protocol，FTP）、

Telnet（用于远程连接）协议，安全外壳（Secure Shell，SSH，常用于远程连接）协议、简单网络管理协议（Simple Network Management Protocol，SNMP）等。另外比较重要和常见的协议还有动态主机配置协议（Dynamic Host Configuration Protocol，DHCP）、域名系统（Domain Name System，DNS）协议、简单邮件传输协议（Simple Mail Transfer Protocol，SMTP）、邮局协议版本3（Post Office Protocol version 3，POP3）、互联网消息访问协议版本4（Internet Message Access Protocol 4，IMAP4）等。

1.6 型无定形

本节介绍几个的找不到归属的协议。

第一个是安全套接字层（Secure Socket Layer，SSL）协议或传输层安全（Transport Layer Security，TLS）协议。SSL协议或TLS协议可以使用安全和非安全两种方式实现Web服务，非安全模式用80端口创建Socket，安全模式用443端口创建Socket。传输层为了实现数据的安全收发，于是就用到了TLS协议。传输层调用TLS协议实现了Web的安全访问。把TLS协议归为应用层协议，它又不直接为用户提供服务；把它归为传输层协议，它又不能提供数据进入网络的接口。TLS协议更归不到网络层协议。也有人试图把TLS协议归为会话层协议或表示层协议，显然也是不合适的。

第二个是多协议标签交换（Multi-Protocol Label Switching，MPLS）协议，它的下层是以太网，类型号是0x8847（单播）或0x8848（组播），上层承载的是IP。以太网是网络接入层的协议，IP是互联网层的协议，而且MPLS本身也会用到IP，它的IP协议号是137。MPLS是一个夹在网络接入层和网络层之间，用到网络层技术同时又服务于网络层的协议。

第三个是互联网控制消息协议（Internet Control Messages Protocol，ICMP），它通过Type + Code的方式来标识设备的联网状态，它使用IP封装，IP协议号是1。虽然很多文献都将ICMP归为网络层协议，其实并不十分准确，它很显然是在IP之上，但同时又是为IP服务的。

这些找不到归属的协议对前面提到的网络模型又是一个挑战：到底该如何定义网络模型呢？网络模型随着网络技术的发展也在不断演化。表面上我们是在介绍网络模型，实际上也是在讨论网络模型。通过讨论网络模型，可以加深我们对数据通信网络实现架构的理解，而不会拘泥于形式，其实也没有必要太在乎形式。从我们讨论网络模型的初衷出发，与其纠结网络模型的具体形式与定义，还不如好好思考一下某个协议出现的原因、它服务于谁、谁在为它服务、解决了什么问题、还存在什么问题。我们将在第2章中详细讨论这些问题。

1.7 思考题

（1）提供路由计算和选路的协议就一定是网络层协议吗？

（2）个人计算机工作在TCP/IP模型的哪一层？

（3）路由器除了工作在网络层，有没有涉及网络层下面的两层呢？网络层上面的各层呢？交换机呢？换句话说，本章关于网络各层工作设备的描述就是正确的吗？如果说不正确或不完全正确，还有哪些需要改进的地方？

第 2 章
数据在网络中的传输

以数据的视角来看待网络，以人的视角来理解技术。

2.1 概述

以数据的视角来看待网络，可能是理解和学习它的最佳方式。因为计算机网络本来就是数据通信网络。本章不仅讨论了数据在网络中的传输过程及表现形式，还通过相应的抓包示例进行了展示，从而使抽象的概念变得触手可及，将理论与实践的结合，也更容易把知识转化为实践能力和专业素养。

本章的实现部分需要分析协议，用到了 Wireshark 这个网络抓包和协议分析工具，如果你不熟悉这个工具的使用方法，那么就查阅第 7 章。

2.2 数据在网络中的传输过程

对于网络来说，所有的数据都是业务，都是网络的传输负载。不同的业务，对数据传输的要求是不一样的，就需要使用不同的**信令协议**来满足这些要求。不同的信令协议又对数据的封装和标识提出了不同的要求，从而产生了各种**封装协议**和**标识协议**。

在数据通信网络模型中，每一个上层对于下层来说都是业务、应用、数据；每一个下层对于上层来说都是服务。下层通过服务访问点（Service Access Point，SAP）为上层提供服务，每一层对 SAP 的实现方式（或表现形式）都不一样。以 TCP/IP 模型为例，主机到主机层（传输层）使用 TCP、UDP 或 SCTP，应用层的应用程序通过调用 TCP、UDP 或 SCTP 的端口号（Port Number）获得主机到主机层提供的服务；互联网层使用 IPv4 或 IPv6，通过 IP 协议号（IP Protocol Number）或下一个报头（Next Header）来区分和使用网络接入层提供的服务；网络接入层基本上是以太网的天下，以太网通过以太网类型（Ethernet Type）来区分和使用网络接入层提供的服务。我们把端口号、IP 协议号和以太网类型统称服务标识（Service Identification）。

在发送端，数据从上层到下层逐层封装，并打上它在下层注册的服务标识；在接收端，数据再从下层到上层逐层解封，根据标记的服务标识发送到对应的上层去处理，这就是所谓的**对等层通信**。数据最终会发送到应用层相应的应用程序，经应用程序解析并处理后提供给用户使用。

数据在网络中的封装与解封过程如图 2-1 所示。

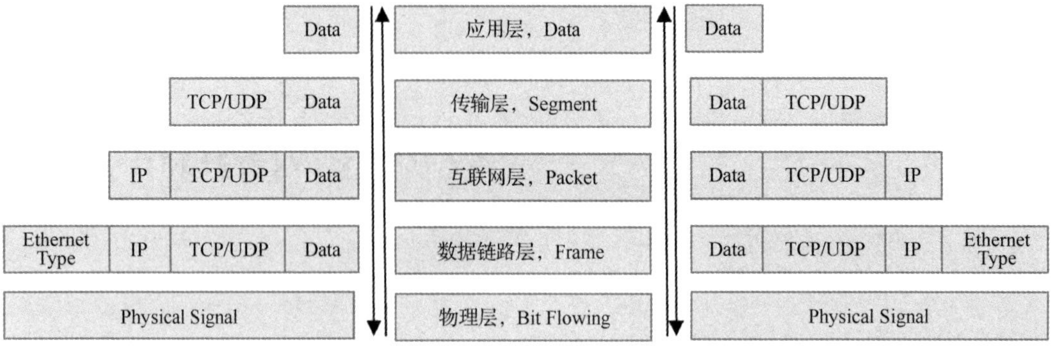

图 2-1　数据在网络中的封装与解封过程

在 TCP/IP 模型中，可以简单地理解各层的功能：应用层是用户接口，负责用户数据的数字化；主机到主机层是数据进入网络的接口（Socket），负责将数据封装成分段；互联网层提供组网与网际互联，负责数据在网络中的转发；网络接入层一方面负责为用户的联网设备提供接入网络的接口（Interface），另外一方面为网络接入层的上层提供与介质无关（Media Independent）的封装，屏蔽物理硬件的差异。其实在网络接入层中还应分出一个物理层，它不仅提供物理接口，还负责数字数据的信号化，即将数字数据转换成对应的电、光、电磁波等物理信号（Physical Signal）。在 TCP/IP 模型中，数据传输的流程如下：

（1）用户通过调用应用程序，产生计算机能够识别和处理的数据。

（2）数据通过主机到主机层的 Socket 接口，进入网络进行传输。

（3）互联网层在转发数据时需要先做二件事：①确定本节点到目的节点的出接口，即计算路由；②对业务数据进行本层的标识封装；③转发数据到对应的路由出接口。计算路由和封装数据并没有先后顺序，一般的情况是先计算路由，有数据转发需求时直接封装并转发出去。

（4）**逻辑链路控制层**与**介质访问控制层**一起屏蔽硬件的差异，为上层提供统一的访问接口，让互联网层专心做自己的转发工作，而不用关心传输介质的特性。不管传输介质是铜线、光纤，还是电磁波，也不管传输速率是 10Mbps、100Mbps，还是 1000Mbps，对于互联网层来说，封装和转发都采用同一套规则。

在数据通信网络的早期阶段，各设备厂家各自为政，它们的封装样式、封装标识和通信机制等都各不相同，组建一个数据通信网络只能使用同一个设备厂家的产品，不同设备厂商的产品之间基本没有互操作性，导致同一个单位的不同部门因为采购了不同设备厂商的产品，部门之间形成可数据鸿沟，而且用户还很容易被某个设备厂商绑定，后期升级和改造也是个很大的问题。

据说，桑迪·勒纳（Sandy Lerner）和她的前夫雷纳尔德·博萨科（Leonard Bosack）在斯坦福大学读书和任教时相识，两人为了解决使用不同计算机及联网协议传输数据的问题，开发出了协议网关产品，后来在拿到风险投资后创立了思科（Cisco）公司。显然，这只是一个浪漫的创业故事，其真实性并不足以为信。

虽然说这只是一个故事，但我们还是从思科公司的成功中看到了连接的重要性。华为公司后来居上，在连接的成本和便利性等方面更胜一筹，实现了更大规模的连接，创造了更大的价值，最终也成就了更好的自己。

ICT 行业天然具有垄断性。数据通信网络的规模越大，其价值就越大；网络节点的连接数量越多，其价值就越大。无论个人还是组织，都应当将自己加入更大的价值网络当中，并尽可能多地增加自己的"连接"数量，千万不要把自己孤立在价值网络之外。

2.3 面向网络的应用程序

我们把使用到网络的应用程序称为**面向网络的应用程序**（简称为**网络应用程序**或**网络应用**）。借助于网络应用程序，数据才可以在网络上进行传输。网络应用程序一方面为用户提供**人机界面**（也可称为人机接口），对**用户数据进行数字化**；另外一方面，又通过**调用 Socket 接口函数**，将数据送入网络中进行传输。

网络应用程序有很多，最典型的莫过于基于 HTTP 的服务器应用和浏览器、邮件代理客户端、FTP 下载上传工具、即时通信工具等。

2.4 TCP、UDP、SCTP 详解

从传输层（也称为运输层）开始，数据才真正进入网络。传输层通过 Socket 接口函数，为应用程序数据**提供了数据进出网络的出/入接口**，并通过不同端口号（Port Number）区分不同的上层应用程序。

2.4.1 端口号

传输层通过 TCP、UDP 或 SCTP 等的端口号为上层应用程序提供服务，不同的端口号对应不同的应用程序或服务。编号为 1~1023 的端口是知名端口，编号为 1024~49151 的端口是注册端口，编号为 49152~65535 的端口是私有端口。知名端口分给众所周知的应用程序，注册端口需要向互联网编号分配机构（Internet Assigned Numbers Authority，IANA）申请注册才能使用，私有端口类似于私有 IP 地址，可以不用申请直接使用，只要在创建 Socket 时不冲突就可以。

所有端口号都是由 IANA 管理的，该组织维护着一个在线的数据库并随时更新，所有已注册端口都会在网站上公布，链接地址为 https://www.iana.org/assignments/service-names-port-numbers/service-names-port-numbers.xhtml。

常用的应用程序及其端口号和使用的传输协议如表 2-1 所示。

表 2-1 常用的应用程序及其端口号和使用的传输协议

应用程序名称	端 口 号	使用的传输协议	应用程序名称	端 口 号	使用的传输协议
ftp-data	20	TCP、UDP、SCTP	ftp	21	TCP、UDP、SCTP
ssh	22	TCP、UDP、SCTP	telnet	23	TCP、UDP
smtp	25	TCP、UDP	dns	53	TCP、UDP

续表

应用程序名称	端口号	使用的传输协议	应用程序名称	端口号	使用的传输协议
bootps	67	TCP、UDP	bootpc	68	TCP、UDP
tftp	69	TCP、UDP	http	80	TCP、UDP、SCTP
pop2	110	TCP、UDP	pop3	110	TCP、UDP
sftp	115	TCP、UDP	ntp	123	TCP、UDP
epmap	135	TCP、UDP	profile	136	TCP、UDP
netbios-ns	137	TCP、UDP	netbios-dgm	138	TCP、UDP
netbios-ssn	139	TCP、UDP	imap	143	TCP、UDP
snmp	161	TCP、UDP	snmpstrap	162	TCP、UDP
bgp	179	TCP、UDP、SCTP	imap3	220	TCP、UDP
microsoft-ds	445	TCP、UDP	isakmp	500	TCP、UDP
efs	520	TCP、UDP	ripng	521	TCP、UDP
ibm-db2	523	TCP、UDP	dhcpv6-client	546	TCP、UDP
dhcpv6-server	547	TCP、UDP	ldp	646	TCP、UDP
rndc	953	TCP、UDP	ftps-data	989	TCP、UDP
ftps	990	TCP、UDP	ms-sql-s	1433	TCP、UDP
ms-sql-m	1434	TCP、UDP	l2tp	1701	TCP、UDP
pptp	1723	TCP、UDP	radius	1812	TCP、UDP
radius-acct	1813	TCP、UDP	mysql	3306	TCP、UDP
bfd-control	3784	TCP、UDP	bfd-echo	3786	TCP、UDP
ipsec-nat-t	4500	TCP、UDP	sip	5060	TCP、UDP、SCTP
sips	5061	TCP、UDP、SCTP	postgre	5432	TCP、UDP

2.4.2 TCP 详解

TCP 的 IP 协议号是 6，是传输层一个面向连接、可靠的传输协议。通信的双方在传输数据前先同步相关的参数，并拥有确认机制，数据传输的可靠性比较高，因此也需要更多的标识字段，协议开销也比较大，其通信效率相对于 UDP 较低，默认的 TCP 报头长度是 20 B。TCP 多应用在需要高可靠传输的场景，广域网大多采用 TCP 来传输数据。

TCP 最早是在 RFC 761 中描述的，其文档名称为 *DoD Standard Transmission Control Protocol*。RFC 761 发布于 1980 年 1 月，TCP 后来被 RFC 793 重新描述，因此 RFC 761 被废弃了。RFC 761 的文档链接地址是 https://datatracker.ietf.org/doc/rfc761/?include_text=1。

RFC 793 替代了 RFC 761，其文档名称是 *Transmission Control Protocol Darpa Internet Program Protocol Specification*，发布于 1981 年 9 月，最近一次更新时间是 2016 年 4 月 8 日，文档等级是互联网标准（Internet Standard）。RFC 761 的文档链接地址是 https://datatracker.ietf.org/doc/rfc793/?include_text=1。

后来，RFC 9293 又替代了 RFC 793，其文档名称 *Transmission Control Protocol (TCP)*，发布于 2022 年 8 月，最近一次更新时间是 2022 年 8 月 18 日，文档等级是互联网标准（Internet

Standard）。RFC 9293 的文档链接地址是 https://datatracker.ietf.org/doc/rfc9293/?include_text=1。与 RFC 793 相比，RFC 9293 在报文格式的描述方面发生了一些变化，如增加了 CWR、ECE 两个控制位（Flag），这两个控制位是在 RFC 3168 中描述的。

1．TCP 的报头格式

TCP 报头格式如图 2-2 所示，具体说明如下：

- TCP 报头宽度是 32 bit。
- Source Port：源端口，长度为 16 bit。
- Destination Port：目的端口，长度为 16 bit。
- Sequence Number：顺序号或序列号，长度为 32 bit。
- Acknowledgment Number：确认号，长度为 32 bit。
- Rsrvd：保留，未使用，长度为 4 bit。
- Control Bit：控制位，也称为 Flag，可以是 CWR、ECE、URG、ACK、PSH、RST、SYN 或 FIN，用来建立和维护 TCP 连接等。
- Window：窗口大小，表示在确认了字节之后还可以发送多少字节，长度为 16 bit，最大为 65536，可以通过 SYN 报文中的窗口扩展选项扩展。
- Checksum：校验和，长度为 16 bit。
- Urgent Pointer：紧急指针，长度为 16 bit。
- Options：可选项，长度为 0～32 bit。

在没有添加任何选项的情况下，TCP 的报头大小是 20 B，也是 TCP 报头的最小长度，在实际中通常都使用这个长度。

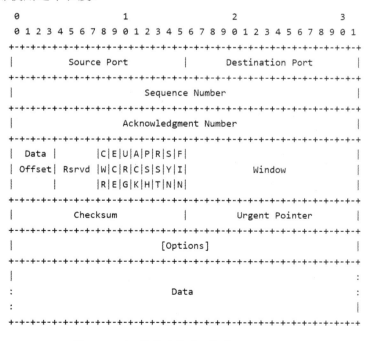

图 2-2　TCP 的报头格式（摘自 RFC 9293）

2．TCP 报文示例

在 Wireshark 中显示的 TCP 报头示例如图 2-3 所示。

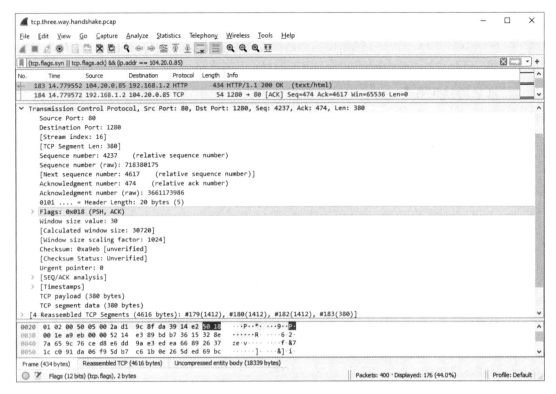

图 2-3　在 Wireshark 中显示的 TCP 报头示例

3．TCP 连接的建立

TCP 连接是一个状态机，根据不同状态下收到的消息而变化。从报文交换的视角来看 TCP 连接状态的转换，可以看到 TCP 连接的建立需要经过三次报文交换，因此称为 TCP 三次握手（TCP Three Way Hand Shake），交互过程如图 2-4 所示。

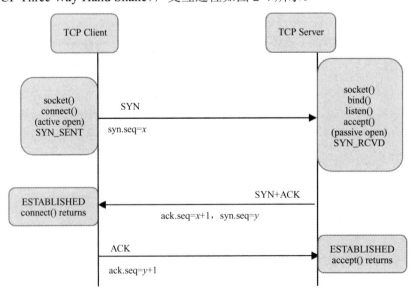

图 2-4　TCP 三次握手交互过程

TCP 连接的建立过程如下：

（1）服务器（Server）创建好了 socket(socket(),bind(),listen(),accept())，状态置为 LISTENING，等待客户端连接。

（2）客户器（Client）创建好 socket(socket(),connect())，向服务器（Server）发送一个 SYN 报文，携带序列号 x，将连接状态置为 SYN_SENT。

（3）服务器收到 SYN 报文后，回复一个序列号为 $x+1$ 的 ACK 报文，这个报文同时被置 SYN 位，携带序列号 y，将连接状态置为 SYN_RCVD。

（4）客户端收到服务器回应的 SYN + ACK 报文后，检查 ACK 的序列号是否正确，如正确则回复一个序列号为 $y+1$ 的 ACK 报文，将连接状态置为 ESTABLISHED。

（5）服务器收到客户回应的 ACK 报文后，检查序列号是否正确，如正确则将连接状态置为 ESTABLISHED。

至此，TCP 连接建立成功，接下来客户端会根据自己的应用程序来构造数据请求，通过 write()函数将数据发送到缓冲区，再转发到服务器。服务器收到用户发送的数据请求报文，通过 read()函数从缓冲区读取数据内容，确认（以 ACK 报文的形式）收到数据，并回复（构造数据内容，写入 write()发送缓冲区）给客户端想要的数据。如此经过若干轮的数据发收后，客户端完成数据发送后主动发起连接拆除（close()）请求，进入连接关闭流程。

4．TCP 连接的建立（三次握手）示例

TCP 连接建立示例（客户端 SYN 报文）如图 2-5 所示。

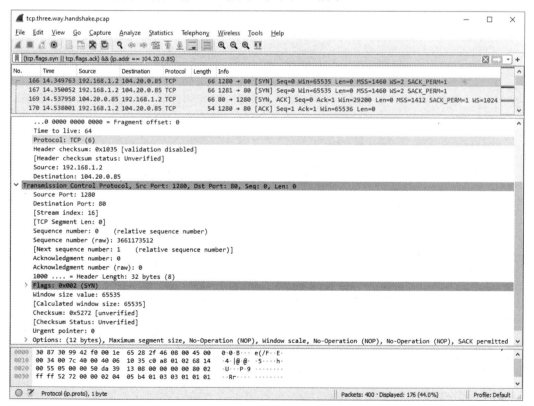

图 2-5　TCP 连接建立示例（客户端 SYN 报文）

从图 2-5 可以看出如下信息：

- TCP 的 IP 协议号是 6；
- 数据从源地址 192.168.1.2 发往目的地址 104.20.0.85；
- 源端口是本地随机分配的一个未被占用的端口（端口号为 1280），目的端口是知名端口（端口号是 80）；
- 流索引（Stream index）是 16；
- 分段长度（TCP Segment Len）是 0；
- SYN 序列号（Sequence number）是 0，即 syn.seq = 0；
- 标志位（Flags）被设置为 0x02，表示这是一个 SYN；
- 窗口大小（Window size value）为 65535；
- 校验和（Checksum）是 0x5272；
- 校验状态（Checksum Status）是未校验（Unverified）；
- 紧急指针（Urgent pointer）未设置；
- 选项（Options）字段的大小为 12 B；
- 数据分段的时间属性等内容，在图 2-5 中没有显示出来。

TCP 连接建立示例（服务器 SYN+ACK 报文）如图 2-6 所示。

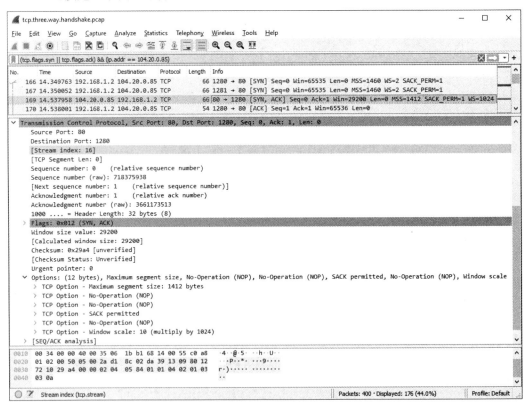

图 2-6　TCP 连接建立示例（服务器 SYN+ACK 报文）

从图 2-6 可以看出如下信息：

- TCP 的 IP 协议号是 6；
- 数据从源地址 104.20.0.85 发往目的地址 192.168.1.2，TTL 是 53；

- 源端口是一个知名端口（端口号为 80），目的端口是一个随机端口（端口号为 1280）；
- 流索引是 16，用来标识一个 TCP 连接；
- 分段长度是 0；
- SYN 序列号是 0，即 syn.seq=0；
- ACK 序列号是 1，即 ack.seq=1；
- SYN 位和 ACK 位都被设置，即 0x12，表示这是一个 SYN+ACK；
- 窗口大小为 29200；
- 校验和是 0x29a4；
- 校验状态是未校验；
- 紧急指针未设置；
- 选项字段的大小是 12 B；
- TCP 选项（TCP Option），最大分段大小选项字段设置为 1412 B；
- TCP 选项，是否支持 SACK（选择性确认）；
- TCP 选项，扩展窗口规格为 10，即 2^{10}，这样 TCP 的实际窗口大小可达 29200×2^{10}，这个字段也被称为窗口大小扩展因子，用来扩展发送窗口的大小；
- 数据分段的时间属性等内容，在图 2-6 中没有显示出来。

TCP 连接建立示例（客户端 ACK 报文）如图 2-7 所示。

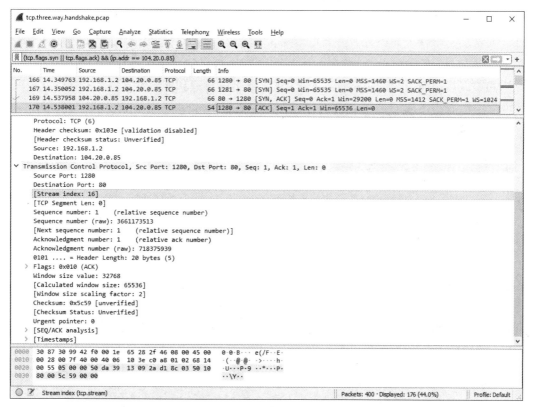

图 2-7 TCP 连接建立示例（客户端 ACK 报文）

从图 2-7 可以看出如下信息：
- TCP 的协议号是 6；

- 数据从源地址 192.168.1.2 发往目的地址 104.20.0.85；
- 源端口是一个随机端口（端口号为 1280），目的端口是一个知名端口（端口号为 80）；
- 流索引是 16；
- 分段长度是 0；
- ACK 序列号是 1，即 ack.seq=1；
- ACK 位被设置，即 0x10，表示这是一个 ACK；
- 窗口大小为 32768；
- 计算后得到的窗口大小是 65536，因为窗口扩展因子是 2；
- 窗口大小扩展因子 2；
- 校验和是 0x5c59；
- 校验状态为未校验；
- 紧急指针位未设置；
- 其余的字段是数据分段的时间属性等。

至此，流索引为 16 的 TCP 连接就成功建立了。

5. TCP 连接的拆除

TCP 连接拆除的过程需要 4 个报文，但我们在抓包分析时看到的只有 3 个数据包，与 TCP 连接建立的过程非常相似，主要原因是发生了**捎带**（Piggybacking）。如果没有发生捎带，即每一个报文用一个数据包封装，则有 4 个数据包。**捎带是指确认报文和应答报文一起发送，发生在服务器处理请求和应答总时间少于 200 ms 时**。如果服务器（Server）处理 FIN 请求，则回复一个 ACK 进行确认，然后在 200 ms 之后，回复一个 FIN 应答，捎带就不会发生。这种情况很少发生，所以我们经常看到的 TCP 连接拆除过程和连接建立过程一样，也是三次报文交互。有捎带发生的 TCP 连接拆除过程如图 2-8 所示。

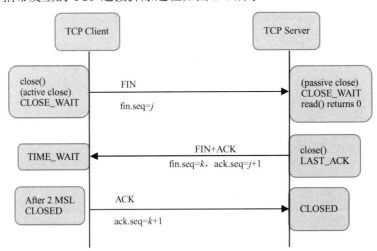

图 2-8　有捎带发生的 TCP 连接拆除过程

（1）经过几轮的数据发送（通过 write()函数实现）和接收（通过 read()函数实现）后，客户端（Client）就完成了对服务器的数据访问。在大多数情况下，TCP 连接拆除（或称为关闭）的请求是由客户端发起的，但并不是所有的 TCP 连接拆除都必须由客户端先发起，服务器也可以发起 TCP 连接拆除的请求。

（2）客户端向服务器发送一个 FIN 报文，携带序列号 j，将自己的状态置为 CLOSE_WAIT。

（3）服务器收到请求后，将自己的状态置为 CLOSE_WAIT，回复一个序列号为 $j+1$ 的 ACK 报文；这个报文的 FIN 位同时被置位，携带的序列号为 k，一起回复给客户端，并将自己的状态置为 LAST_ACK。

（4）客户端收到服务器发来的 ACK 报文后，检查序列号是否正确，如正确则将自己的状态置为 TIME_WAIT，并回复一个序列号为 $k+1$ 的 ACK 报文。

（5）服务器收到 ACK 报文后，检查序列号是否正确，如正确则进入 CLOSED 状态。至此，TCP 连接拆除的报文交换过程就完成了。

（6）客户端等待 2 个 MSL（Maximum Segment Lifetime）时间后也进入 CLOSED 状态。CLOSE_WAIT 状态的时间会因为不同系统的 MSL 而不同，可能会持续 1～4 min，现在多数系统会持续 1 min。虽然 CLOSE_WAIT 状态会占用系统资源，但它可以实现可靠的双向终止和允许迷路的重复报文在网络中消失，可以防止新建的连接被重置。

6．TCP 连接拆除示例

客户端在完成对数据的访问后，如果要关闭 TCP 连接，就可以向服务器发送 FIN 报文。TCP 连接拆除示例（客户端 FIN 报文）如图 2-9 所示，这里也发生了捎带，即同时也发送对最近接收数据确认的 ACK 报文。

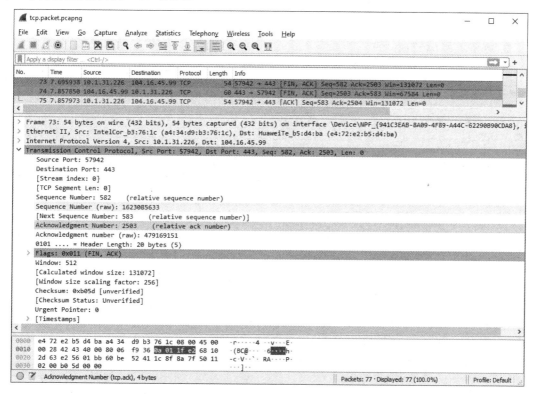

图 2-9　TCP 连接拆除示例（客户端 FIN 报文）

图 2-9 所示的示例既可以用来确认最后收到的数据，也可以用于 TCP 连接的拆除，由客户端主动发出。从图 2-9 中可以看到如下信息：

- 数据包的源地址是 10.1.31.226，目的地址是 104.16.45.99；

- 数据包的源端口是一个私有端口（端口号为57942），目标端口是一个知名端口（端口号为443）；
- 流索引是0；
- 分段长度为0；
- 图中所示的是一个FIN+ACK报文，FIN序列号是582，ACK序列号是2503；
- 窗口大小是512；
- 校验和是0xb05d；
- 紧急指针位未设置。

TCP连接拆除示例（服务端FIN+ACK报文）如图2-10所示，服务器发生了捎带，将用于确认FIN的ACK报文和回应关闭请求的FIN报文一起发送到了客户端。

从图2-10中可以看到如下信息：
- 发送数据包的源地址是104.16.45.99，目标地址是10.1.31.226；
- 数据包的源端口是知名端口（端口号为443），目标端口是私有端口（端口号为57943）；
- 流索引是0；
- 分段长度是0；
- 图中所示的是一个FIN+ACK报文，FIN序列号是2503，ACK序列号是583，即主动闭关方发送过来的FIN号+1；
- 窗口大小是66；
- 包校验和0xb21a；
- 紧急指针位未设置。

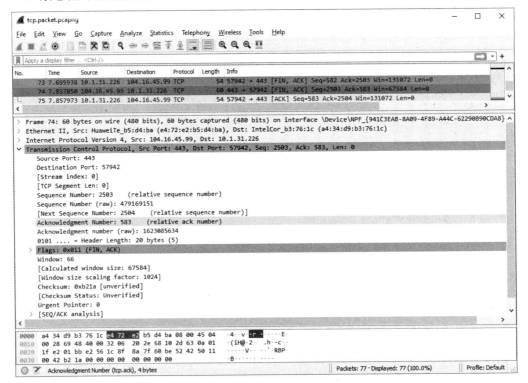

图2-10　TCP连接拆除示例（服务器FIN+ACK报文）

TCP 连接拆除示例（客户端 ACK 报文）如图 2-11 所示，图中所示的是一个 ACK 报文，是客户端对服务器 FIN 报文的应答。

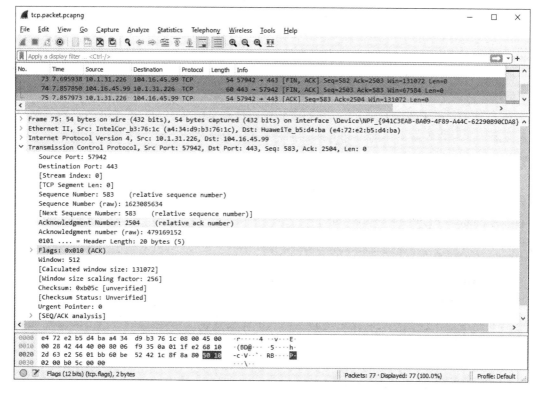

图 2-11　TCP 连接拆除示例（客户端 ACK 报文）

从图 2-11 中可以看到如下信息：
- 数据包的源地址是 10.1.31.226，目的地址是 104.16.45.99；
- 数据包的源端口是一个私有端口 57942，目标端口是一个知名端口 443；
- 流索引是 0；
- 分段长度是 0；
- ACK 序列号是 2504，即被动闭关方发送过来的 FIN 号 +1；
- 窗口大小是 512；
- 校验和是 0xb05c；
- 紧急指针位未设置。

7．拥塞控制

TCP 在收到确认（Acknowledgment，ACK）报文前可以发送多个分段（Segment），一次发送的数据量多少就是发送窗口（Sender Window，SWND）或滑动窗口（Sliding Window）的值，发送窗口使用接收窗口（Receiver Window，RWND）的值和拥塞窗口（Congestion Window，CWND）的值与 SMSS 的乘积比较后的最小值，即 SWND = min(RWND, CWND×SMSS)。

滑动窗口是通过移动左右两个指针确定发送窗口边界的，边界内数据才会被发送，从而达到控制发送数据量的目的。接收窗口是该 TCP 连接的接收端所能通告的最大窗口大小。

若发送端发送大于接收窗口大小的数据,则不会得到 ACK 报文。接收窗口在 TCP 连接建立时通过 SYN 报文被通告,SYN 报文同时还通告了本端的最大分段大小(Maximum Segment Size,MSS),通信双方的 MSS 可能不同。接收端一次接收数据量不能大于接收缓冲区的大小,因为还要考虑数据的封装开销。鉴于通信双方计算能力的不同,接收窗口大小通常也不相同。

拥塞窗口(Congestion Window,CWND)由发送端维护,它表示报文个数而非具体的数据量,实际的数据量是拥塞窗口与发送端最大分段大小(Sender Maximum Segment Size,SMSS)的乘积,即 CWND×SMSS,它的主要作用是确定线路的实际转发能力。为了避免太多未被确认的分段再次重传而引起雪崩式拥塞,发送端会维护一个拥塞窗口来限制不需要确认就可以发送的分段数量。

确定拥塞窗口大小的方法有很多,如 TCP Tahoe、TCP Reno、TCP NewReno、TCP BIC、TCP CUBIC 等,但基本上都遵循"加法增大,乘法减小"的模式。Google 在 2016 年推出的 BBR(Bottleneck Bandwidth and Round-trip propagation time)算法,并加入到了 Liunx 4.9 及更新的内核中。

TCP 拥塞控制相关的描述是在 RFC 5681 中定义的,文档链接地址是 https://datatracker.ietf.org/doc/rfc5681/。

如果网络中发生了拥塞,TCP 的积减线增算法可能会导致 TCP 饥饿或 TCP 饿死,即 UDP 等其他协议快速恢复对网络带宽的占用,从而导致 TCP 实际可用带宽下降或无带宽可用,解决的办法是部署服务质量(Quality of Service,QoS)。

2.4.3 UDP 详解

UDP 的 IP 协议号是 17,通信双方在进行数据交互前既不需要协商通信的相关参数,也不需要对数据接收进行确认,数据传输的可靠性比 TCP 低,因此需要的标识字段也比较少,协议开销小,通信效率高。UDP 的报头长度是 8 B,传输效率比 TCP 高。UDP 多应用在需要高效传输、网络质量较好、对丢包不太敏感的场景,很多下载类应用、局域网应用和音视频类应用等都采用 UDP。

UDP 最早是在 RFC 768 中描述的。RFC 768 发布于 1980 年 8 月,文档等级是互联网标准(Internet Standard),最后一次更新时间是 2013 年 3 月 2 日。RFC 768 的文档链接地址是 https://datatracker.ietf.org/doc/rfc768/?include_text=1。

1. UDP 的报头格式

UDP 的报头格式如图 2-12 所示,具体说明如下:
- UDP 的报头宽度是 32 bit。
- Source Port:源端口,长度为 16 bit。
- Destination Port:目的端口,长度为 16 bit。
- Length:UDP 分段长度,长度为 16 bit。
- Checksum:校验和,长度为 16 bit,可选字段,当不使用校验和时,此字段置为 0。
- UDP 报头的长度是 8 B,因为没有可选项,长度相对 TCP 而言是固定的。

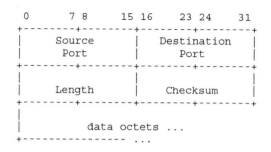

图 2-12　UDP 的报头格式（摘自 RFC 768）

2．UDP 的报文示例

在 Wireshark 中显示的 UDP 报头示例，如图 2-13 所示。

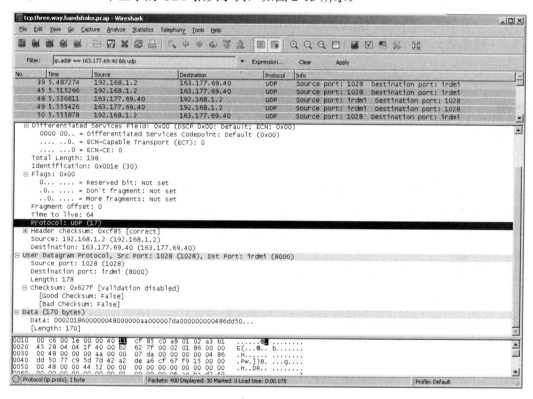

图 2-13　在 Wireshark 中显示的 UDP 报头示例

从图 2-13 中可以看出如下信息：

- UDP 的 IP 协议号是 17；
- 数据从源地址 192.168.1.2 发往目的地址 163.177.69.40；
- 源端口是一个随机端口（端口号为 1028），目的端口是一个知名端口（端口号为 8000）；
- 报文的长度是 178 B；
- 报文校验和是 0x627f，没有使能确认；
- 数据内容有 170 B。

2.4.4 SCTP 详解

SCTP 的 IP 协议号是 132。最早关于 SCTP 的描述文档是 RFC 2960，发布于 2000 年 10 月，文档名称是 *Stream Control Transmission Protocol*，文档等级是推荐标准（Proposed Standard），文档链接地址是 https://datatracker.ietf.org/doc/rfc2960/?include_text=1。

最新描述 SCTP 的文档是 RFC 4960，发布于 2007 年 9 月，该文档替代了 RFC 2960。RFC 4960 的文档名称也是 *Stream Control Transmission Protocol*，文档等级是推荐标准（Proposed Standard），文档链接地址是 https://datatracker.ietf.org/doc/rfc4960/?include_text=1。

SCTP 支持多宿主和多流，处理和传输数据的效率高；在建立关联时，服务器不保存状态，不占用服务器系统资源，天然具有抗拒绝服务（Denial of Service，DoS）攻击的能力。SCTP 的不足是在提供乱序消息服务的同时没有处理好数据乱序问题。SCTP 目前的应用相对较少，随着将来网络传输数据量的增加和安全性的需要，该协议会得到进一步完善并有望得到广泛应用。

2.5 IP 详解

IP 是互联网层最重要的一个协议。根据发展阶段的不同，IP 有两个版本，分别是 IPv4（Internet Protocol Version 4）和 IPv6（Internet Protocol Version 6），IPv4 的以太网类型是 0x0800，IPv6 的以太网类型是 0x86DD。IPv4 提供 32 bit 的地址空间，IPv6 提供 128 bit 的地址空间。联网设备数的增加是大概率事件，IPv6 的普及也是必然事件，目前现在正在如火如荼推进中。

IP 是一个标识协议，提供了两项非常重要的功能：**寻址和破碎**。寻址包括编址和把互联网数据包从源地址转发到目的地址；破碎就是把大块的上层应用数据分割并打包成能在网络上传输的小块数据，并在接收端对这些小块数据进行**重组**。IP 通常用在包交换计算机网络中。

2.5.1 IPv4 详解

IP 是网络层协议，是一个可被路由的协议，也是一个封装协议或标识协议。IP 封装了一个非常重要的标识信息，即 IP 地址。IP 地址用来标识网络中的主机。

IPv4 最早是在 RFC 761 中描述的，RFC 761 的文档名为 *DoD Standard Internet Protocol*，发布于 1980 年 1 月。RFC 761 的文档链接地址为 https://datatracker.ietf.org/doc/rfc760/?include_text=1。

RFC 791 发布于 1981 年 12 月，它替代了 RFC 760。RFC 791 的文档名为 *Internet Protocol*，是关于 IPv4 的最新描述，文档等级是互联网标准（Internet Standard）。RFC 791 定义了 IPv4 的报文格式和 IP 地址分类等，RFC 791 文档的链接地址是 https://datatracker.ietf.org/doc/rfc791/?include_text=1。

1．IP 协议号与 Next Header

IPv4 是通过 IP 协议号（Protocol Number）来区分上层的应用程序的，不同的应用程序对应不同的协议号。IPv6 中有一个与 IPv4 中 IP 协议号功能相似的字段，名为 Next Header。IP 协议号和 Next Header 都是由 IANA 用同一个在线数据库（名为 Assigned Internet Protocol Numbers）管理的，该数据库的链接地址为 https://www.iana.org/assignments/protocol-numbers/protocol-numbers.xhtml#protocol-numbers-1。

常用的 IP 协议号及其对应的协议如表 2-2 所示。

表 2-2　常用的 IP 协议号及其对应的协议

IP 协议号	对应的协议名称缩写	对应的协议名称
1	ICMP	Internet Control Message Protocol
2	IGMP	Internet Group Management Protocol
4	IPv4	IPv4 encapsulation Stream
6	TCP	Transmission Control Protocol
17	UDP	User Datagram Protocol
58	IPv6-ICMP	ICMP for IPv6
88	EIGRP	Enhanced Interior Gateway Routing Protocol
89	OSPF	Open Shortest Path First
103	PIM	Protocol Independent Multicast
112	VRRP	Virtual Router Redundancy Protocol
115	L2TP	Layer Two Tunneling Protocol
124	ISIS over IPv4	ISIS over IPv4
132	SCTP	Stream Control Transmission Protocol
134	RSVP-E2E-IGNORE	RSVP-E2E-IGNORE
137	MPLS-in-IP	MPLS-in-IP

2．IPv4 的报头格式

IPv4 的报头格式如图 2-14 所示，具体如下：

（1）Version：版本，字段长度为 4 bit，0x0100 表示是 IPv4。

（2）IHL：报头长度，字段长度为 4 bit，表示 32 bit 的报文长度，默认长度为 20 B，即 IP 报头的最小长度。

（3）Type of Service：服务类型，字段长度为 8 bit，用于部署服务质量（Quality of Service，QoS）。这个字段在 RFC 2474 中被更新为区分服务（Differentiated Services，DS），并且对优先级的描述不再使用 IP Preference，取而代之的是区分服务代码点（Differentiated Services Code Point，DSCP）。DSCP 的长度为 6 bit，包括原来的 IP Preference 和接下来的 3 bit。ToS（Type of Service）字段的最后两位是 ECN（Explicit Congestion Notification）位，这两位是在 RFC 3168 中描述的。

（4）Total Length：总长度，字段长度为 16 bit，包括数据和报头在内的总长度，以字节计算。

（5）Identification：标识，字段长度为 16 bit，由发送端分配的识别值，与 Flags 字段配合使用，接收端可以用它来组装数据包的片段。

（6）Flags：分段标记，字段长度为 3 bit。第 0 bit 预留；第 1 bit 表示是否可以对包进行分段，0 表示可以分段，1 表示不可以分段；第 2 bit 表示是否最后分段，0 表示是最后分段，1 表示后续还有其他分段。Flags 字段用来表示是否可以对数据包进行分段以及分段是否最后分段，如果设置为对大包不分段，则可以用来测试网络中 MTU 的大小。

（7）Fragment Offset：片偏移/分段偏移，字段长度为 13 bit，以 8 个八位组（64 bit）为单位，用来表示分段起始点相对于报头起始点的偏移量，可以用来表示分段属于第几个包，用于重组。

（8）Time to Live：生存时间，字段长度为 8 bit，在不同的系统中，TTL（Time to Live）字段的默认值是不同的，如 UNIX 系统的默认值是 64，大多数 Windows 系统的默认值是 128。目前，在绝大多数网络设备上，TTL 字段的默认值都是 255，当数据包在网络中传输时，每经过 1 跳 TTL 字段的值就会减 1，当其值为 0 时就丢弃数据包。

（9）Protocol：协议，字段长度为 8 bit，用来标识封装的上层协议。通常用 IP 协议号来标识上层协议，每一个上层协议都会对应一个 IP 协议号，如 2-2 所示。

（10）Header Checksum：报头校验和，字段长度为 16 bit，不包含数据，由发送端计算产生，接收端重新计算以校验对错，因为 TTL 字段值的变化，每一个转发者都需要重新计算报头校验和。

（11）Source Address：源地址，字段长度为 32 bit，表示发送端的地址。源地址是由 4 个八位组构成的 IP 地址。

（12）Destination Address：目的地址，字段长度为 32 bit，表示接收端的地址。目的地址是由 4 个八位组构成的 IP 地址。

（13）Options：选项，可变长度，在 IPv4 的报头中是可选的，通常都没有用到。

（14）Padding：填充，如果选项的长度不够 32 bit，则用 0 补足。

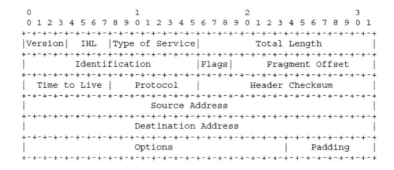

图 2-14　IPv4 的报头格式（摘自 RFC 791）

3．IPv4 的报文示例

在 Wireshark 中显示的 IP 报头示例如图 2-15 所示，该示例是在访问互联网工程任务组（Internet Engineering Task Force，IETF）官方网站时的抓包。

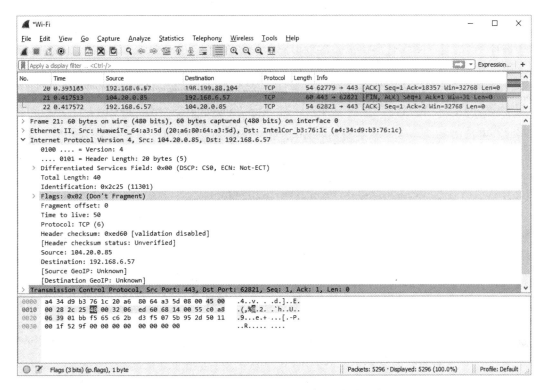

图 2-15　在 Wireshark 中显示的 IP 报头示例

从图 2-15 中可以看出如下信息：

- 这是一个 IPv4 数据包，源地址是 104.20.0.85，目的地址是 192.168.6.57；
- 报头长度是 20 B；
- 没有提供 DSCP QoS（一种服务质量类型）；
- 包总长度是 40 B，指上层数据的长度；
- 包 ID 是 0x2c25（11301）；
- 数据包没有被分段；
- 当前包的 TTL 字段的值是 50；
- 上层协议是 TCP，IP 协议号是 6；
- 头部校验和是 0xed60，表示头部校验和被禁用，这是因为 Wireshark 没有启用头部校验；
- 源 IP 的地理位置信息未知；
- 目的 IP 的地理位置信息未知。

2.5.2　IPv6 详解

基于计算机网络本身的魅力，再加上 5G（第 5 代移动通信系统）和物联网（Internet of Things，IoT）等技术的发展和普及，预期未来的联网设备数将大幅度增加，原来提供 32 bit 地址空间的 IPv4 已经不能满足现实的需要，迫切需要更大的可标识的地址空间。中关村在线在 2019 年 11 月 27 发布的消息称，2019 年 11 月 26 日全球 43 亿个 IPv4 地址已耗尽！

关于下一代互联网，业界曾经提出过很多个方案，最终 IPv6 胜出。IPv6 可提供 128 bit

的地址空间,是在 IPv4 经验教训的基础上提出的下一代互联网协议标准,它的以太网类型是 0x86DD。目前各国政府都在全力推行 IPv6。

2017 年 11 月 26 日,中共中央办公厅、国务院办公厅印发了《推进互联网协议第六版(IPv6)规模部署行动计划》,要求各地区各部门结合实际认真贯彻落实。读者可在中国中央人民政府网站查阅全文,链接地址为 http://www.gov.cn/zhengce/2017-11-26/content_5242389.htm。

2018 年 5 月 3 日,工业和信息化部发布关于贯彻落实《推进互联网协议第六版(IPv6)规模部署行动计划》的通知,读者可在中国中央人民政府网站查阅全文,链接地址为 http://www.gov.cn/xinwen/2018-05/03/content_5287654.htm。

2018 年 8 月 3 日,工业和信息化部通信发展司召开 IPv6 规模部署及专项督查工作全国电视电话会议,新闻内容可在中共中央网络安全和信息化委员全办公室暨中华人民共和国国家互联网信息办公室网站查阅,链接地址为 http://www.cac.gov.cn/2018-08/04/c_1123220958.htm。

中国人民银行、中国银行保险监督管理委员会、中国证券监督管理委员会联合发布了《关于金融行业贯彻〈推进互联网协议第六版(IPv6)规模部署行动计划〉的实施意见》,对金融行业规模部署 IPv6 给出了指导。

与 IPv6 相关的 RFC 文档有:RFC 1883、RFC 2460、RFC 5095、RFC 5722、RFC 5871、RFC 6437、RFC 6564、RFC 6935、RFC 6946、RFC 7045、RFC 7112、RFC 8200。

RFC 1883 发布于 1995 年 12 月,最新的更新在 2013 年 3 月 2 日,是关于 IPv6 最早的描述。RFC 1883 的文档名称为 *Internet Protocol, Version 6 (IPv6) Specification*,文档等级是推荐标准(Proposed Standard),文档链接地址为 https://datatracker.ietf.org/doc/rfc1883/?include_text=1。

RFC 2460 发布于 1998 年 12 月,最新的更新在 2013 年 3 月 2 日,它替代了 RFC 1883。RFC 2460 的文档名称也是 *Internet Protocol, Version 6 (IPv6) Specification*,文档等级是草案标准(Draft Standard),是当前对 IPv6 的通用描述,很多的相关文档和参考资料都是基于 RFC 2460 编写的。RFC 2460 的文档链接地址为 https://datatracker.ietf.org/doc/rfc2460/?include_text=1。

IPv6 的最新内容是在 RFC 8200 中描述的。RFC 8200 发布于 2017 年 10 月 30 日,最近一次更新时间是 2020 年 2 月 4 日,它替代了 RFC 2460。RFC 8200 的文档名称也是 *Internet Protocol, Version 6 (IPv6) Specification*,文档等级是互联网标准(Internet Standard),是目前为止关于 IPv6 的最新规范,当然内容也比较全面。RFC 8200 的文档链接地址为 https://datatracker.ietf.org/doc/rfc8200/?include_text=1。

其他与 IPv6 有关的文档简要说明如下:

RFC 5095 的文档名称为 *Deprecation of Type 0 Routing Headers in IPv6*,是基于 RFC 2460 和 RFC 4294 的更新,说明了强烈不赞成类型值为 0 的扩展报头的原因。

RFC 5722 的文档名称为 *Handling of Overlapping IPv6 Fragments*,是对 RFC 2460 部分内容的更新,描述了对 IPv6 重叠分段的处理办法。

RFC 5871 的文档名称为 *IANA Allocation Guidelines for the IPv6 Routing Header*,是对 RFC 2460 的部分更新,是 IANA 对 IPv6 路由头的分配指引。

RFC 6437 的文档名称为 *IPv6 Flow Label Specification*,更新了 RFC 2205 和 RFC 2460 的部分内容,进一步描述了 IPv6 流标签的定义规范。

RFC 6564 的文档名称为 *A Uniform Format for IPv6 Extension Headers*,是对 RFC 2460 的部分更新,对 IPv6 扩展报头的统一格式进行了描述。

RFC 6935 的文档名称为 *IPv6 and UDP Checksums for Tunneled Packets*，是对 RFC 2460 的部分更新，对隧道数据包、IPv6、UDP 校验和进行了描述。

RFC 6946 的文档名称为 *Processing of IPv6 "Atomic" Fragments*，是对 RFC 2460 和 RFC 5722 的部分更新，对如何处理 IPv6 原子帧片段进行了描述。

RFC 7045 的文档名称为 *Transmission and Processing of IPv6 Extension Headers*，是对 RFC 2460 和 RFC 2780 的部分更新，对如何传输和处理 IPv6 扩展头进行了描述。

据 IPv6 Forum 网站消息，在全球 IPv6 的采用和部署方面，我国的普及率还是比较低的，目前排在前面的国家是比利时（普及率为 66%）、德国（普及率为 63%）、瑞士（普及率为 61%）、美国（普及率为 55%）、英国（普及率为 55%）等。

1. Next Header

IPv6 通过 Next Header 来区分上层协议或扩展报头，Next Header 与 IPv4 的 IP 协议号在功能上相似，号码的分配与 IPv4 的 IP 协议号使用同一个在线数据库管理。该在线数据库同时标明了一些 IPv6 扩展头专有号码，即 IPv6 的扩展报头，这些专有号码在 RFC 7045 中有专门描述。

RFC 7045 的文档链接地址为 https://datatracker.ietf.org/doc/rfc7045/?include_text=1，相关内容摘录如表 2-3 所示。

表 2-3 IPv6 的部分 Next Header

号码	用途	相关 RFC 文档
0	IPv6 Hop-by-Hop Option	RFC 2460、RFC 8200
43	Routing Header for IPv6	RFC 2460、RFC 5095
44	Fragment Header for IPv6	RFC 2460
50	Encapsulating Security Payload	RFC 4303
51	Authentication Header	RFC 4302
60	Destination Options for IPv6	RFC 2460
135	Mobility Header	RFC 6275
139	Experimental use, Host Identity Protocol	RFC 5201
140	Shim6 Protocol	RFC 5533
253	Use for experimentation and testing	RFC 3692、RFC 4727
254	Use for experimentation and testing	RFC 3692、RFC 4727

2. IPv6 的特点

IPv6 不仅仅提供了更大的地址空间，同时也优化了 IPv4 的一些不足，其特点如下：

- 将地址从 32 bit 扩展到了 128 bit；
- 简化报头格式；
- 支持扩展选项，具有更强的扩展能力；
- 在报头中添加了流标记域，方便部署服务质量；
- 扩展了安全选项，支持端到端安全；
- 采用分层地址结构；
- 去掉了广播，添加了任播；
- 支持移动性；

⊃ 无状态自动配置。

广播容易引起广播风暴和信息安全等问题，在 IPv4 当中深受诟病，IPv4 中用到广播的协议主要是 ARP 和 DHCP，以及 RIPv2 等。IPv6 对此做了改进，但没有改变协议栈结构，所以在网络层到 TCP/IP 模型的网络接入层的封装中，依旧需要知道目标 IP 地址的 MAC 地址。IPv6 利用并扩展了 ICMPv6，可用于替代 ARP 和部分 DHCP 的功能。DHCPv6 可完全替代 DHCP，它继承了 DHCP 的基本实现思想，但是数据交互是通过组播地址实现的，消息的数量也由 8 个变成了 13 个。

3．IPv6 的报头格式

IPv6 的报头格式如图 2-16 所示，具体如下：

（1）Version：版本号，字段长度为 4 bit，该字段的值为 0x0110，即十进制数 6，表示 IPv6。

（2）Traffic Class：流分类，字段长度为 8 bit，用于部署服务质量（Quality of Service，QoS），这个字段在 RFC 2474 中更新为区分服务（Differentiated Services，DS），并且对优先级的描述不再使用 IP Preference，取而代之的是区分服务代码点（Differentiated Services Code Point，DSCP），DSCP 是由 IP Preference 和 ECN（Explicit Congestion Notification）共同组成的。Traffic Class 字段的最后两位是 ECN（Explicit Congestion Notification）位，是在 RFC 3168 中描述的。

（3）Flow Label：流标签，字段长度为 20 bit，用于标识一个流。

（4）Payload Length：载荷长度，字段长度为 16 bit，用于标识负载的长度。

（5）Next Header：下一报头，字段长度为 8 bit，用于标识扩展的报文类型，可实现更多扩展功能，表示是上层应用或 IPv6 专有扩展报文的类型。例如，Next Header 字段的值为 6 时表示 TCP；为 17 时表示 UDP；为 43 时表示路由头，可实现移动 IPv6；为 51 时表示认证头，可用于 IPSec，实现端到端加密。IPv6 通过可选的扩展报头，还可实现目前没有的功能。Next Header 字段定义与 IPv4 报头中的 Protocol 字段定义的值相同，详情请参阅 RFC 1700 以及与之相关 IANA 在线文档。

（6）Hop Limit：跳数限制，字段长度为 8 bit，用于限制传播范围或防环。

（7）Source Address：源地址，字段长度为 128 bit。

（8）Destination Address：目的地址，字段长度为 128 bit。

IPv6 报头长度通常是 320 bit，即 40 B，比 IPv4 的 20 B 大了一倍，但 IPv6 的报文格式更加简单（更少的字段），处理起来更高效。

图 2-16　IPv6 报头格式（摘自 RFC 8200）

4．IPv6 的报文示例

在 Wireshark 中显示的一个 IPv6 报文示例如图 2-17 所示。

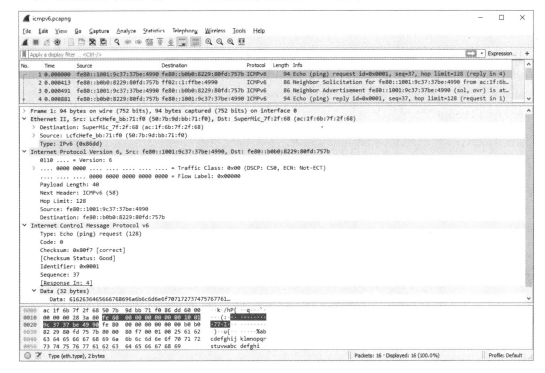

图 2-17　在 Wireshark 中显示的一个 IPv6 报文示例

从图 2-17 中可以看到如下信息：

- 这是一个 IPv6 数据包，Ethernet Type 是 0x86dd；
- 版本号（Version）是 0110，即十进制数 6，表示 IPv6 协议；
- 流分类（Traffic Class）是 0x00，未分类或默认分类；
- 流标签（Flow Label）是 0x0000，未标记或默认标记；
- 载荷长度（Payload Length）是 40，这里的单位是 B；
- 下一头类型（Next Header）是 58，即 ICMPv6；
- 跳数限制（Hop Limit）是 128，即超过 128 个节点后的数据包丢弃；
- 源地址（Source Address）是 fe80::1001:9c37:37b3:4990；
- 目的地址（Destination Address）是 fe80::b0b0:8229:80fd:757b。
- 后面的内容就是 ICMPv6 相关的内容，实际上这是一个封装在 IPv6 里的 ICMPv6 报文。

2.5.3　IP 地址的分配

IP 既可以标识联网设备，也可以标识破碎后的数据，其中对联网设备的标识是通过 IP 地址实现的。IANA 在其网站维护着一个 IP 地址的分配列表库。

IPv4 地址空间分配请参考 https://www.iana.org/assignments/ipv4-address-space/ipv4-address-space.xhtml。

IPv4 组播地址分配请参考 https://www.iana.org/assignments/multicast-addresses/multicast-addresses.xhtml。

IPv4 私网地址在 RFC 1918 中定义，文档链接地址为 https://datatracker.ietf.org/doc/rfc1918/?include_text=1。

特殊用途 IPv4 地址请参考 https://www.iana.org/assignments/iana-ipv4-special-registry/iana-ipv4-special-registry.xhtml。

IPv6 地址空间分配请参考 https://www.iana.org/assignments/ipv6-address-space/ipv6-address-space.xhtml。

IPv6 全球单播地址分配请参考 https://www.iana.org/assignments/ipv6-unicast-address-assignments/ipv6-unicast-address-assignments.xhtml。

2.5.4　ARP 详解

ARP 用来**查询单播目的 IP 地址对应的下一跳 IP 地址的 MAC 地址**，然后把查询出来的这一地址封装在以太网帧的目的 MAC 地址中。ARP 有一点连接网络层和 TCP/IP 模型中网络接入层的意思。ARP 的以太网类型是 0x0806。

ARP 是在 RFC 826 中描述的，RFC 826 发布于 1982 年 12 月，最近一次更新时间是 2018 年 3 月 8 日。RFC 826 的文档名称为 *An Ethernet Address Resolution Protocol: Or Converting Network Protocol Addresses to 48.bit Ethernet Address for Transmission on Ethernet Hardware*，文档等级是互联网标准（Internet Standard）。RFC 826 文档链接地址是 https://datatracker.ietf.org/doc/rfc826/?include_text=1。

1. 找到下一跳 IP 地址的对应 MAC 地址

当数据到达网络层时，要封装上网络层的报头，并添加源 IP 地址和目的 IP 地址，形成数据包。数据包到达网络接入层后要封装以太网报头并添加源 MAC 地址和目的 MAC 地址。源 MAC 地址直接封装了接口地址，目的 MAC 地址要如何封装呢？其实，目的 MAC 地址封装的是目的 IP 地址的下一跳 IP 地址的对应 MAC 地址。有时，目的 IP 地址可能就是下一跳地址，但如果涉及向外网路由数据，则目的 IP 地址就不会是下一跳地址了。具体的实现有三种情况，分别是：

（1）当目的 IP 地址是广播 IP 地址时，这时的目的地址就是下一跳地址，广播 IP 地址（32 个 1）直接映射为广播 MAC 地址（48 个 1）。

（2）当目的 IP 地址是组播 IP 地址时，通过将 IP 地址的后 23 bit 映射到组播 MAC 地址的后 23 bit 来实现。

（3）当目的 IP 地址是单播 IP 地址时，IP 地址到 MAC 地址的映射是通过 ARP 来完成的。

单播 IP 地址是常态；只有在组播协议或组播应用的网络中使用组播 IP 地址，数量也比较小；产生广播 IP 地址的场景主要是 ARP 和 DHCP，并以 ARP 为主。其实，ARP 产生的广播 IP 地址也是由单播 IP 地址而来的。如果 ARP 表中没有单播 IP 地址对应的 MAC 地址，就需要通过 ARP 来查询。ARP 查询到的目的 IP 地址就是广播 IP 地址，即指向广播域内的所有设备。

2. ARP 的交互过程

IP 地址与 MAC 地址的对应关系存放在 ARP 表中，构建单播 IP 地址的 ARP 表时需要两个步骤，如图 2-18 所示。

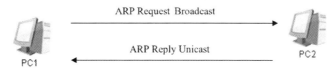

图 2-18　构建单播 IP 地址的 ARP 表的步骤

（1）请求者以广播形式发送 ARP 请求，询问目的 IP 地址对应的下一跳 IP 地址的 MAC 地址，同一个广播域内的设备都会接收该请求，在正常情况下只有实际的目的 IP 地址拥有者才会响应。

（2）实际被请求者以单播的形式进行回复，请求者收到回复，ARP 表构建成功，交互结束。

3. ARP 的交互示例

在 Wireshark 中显示的一个 ARP Request 报文示例如图 2-19 所示。

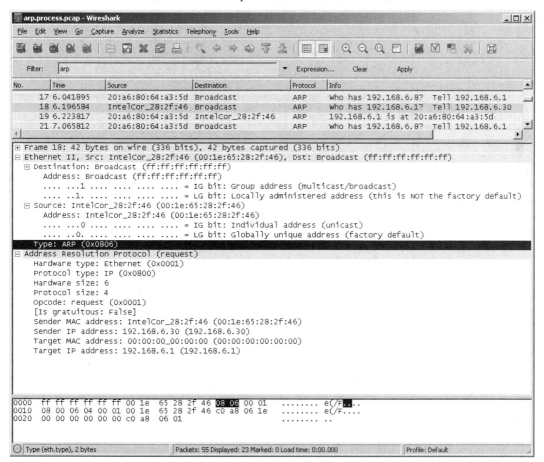

图 2-19　在 Wireshark 中显示的一个 ARP Request 报文示例

从图 2-19 中可以看出如下信息：

- 这是一个 ARP 报文，其以太网类型是 0x0806；
- 硬件类型是以太网，即 Ethernet（0x0001）；
- 协议类型是 IP；
- 硬件大小是 6；
- 协议大小是 4；
- ARP 的类型是请求，request（0x0001）；
- 不是无故 ARP（无偿 ARP/免费 ARP）；
- 发送端的 MAC 地址是 00:1e:65:28:2f:46；
- 发送端的 IP 地址是 192.168.6.30；
- 目标 MAC 地址是 00:00:00:00:00:00；
- 目标 IP 地址是 192.168.6.1。

在 Wireshark 中显示的一个 ARP Reply 报文示例如图 2-20 所示。

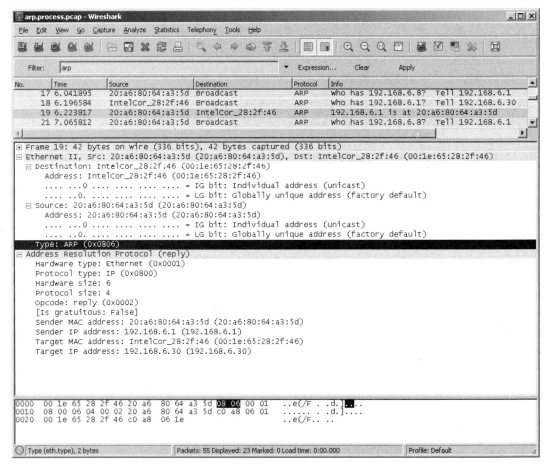

图 2-20　在 Wireshark 中显示的一个 ARP Reply 报文示例

从图 2-20 中可以看出如下信息：

- 这是一个 ARP 报文，其以太网类型是 0x0806；
- 硬件类型是以太网，即 Ethernet（0x0001）；

- 协议类型是 IP；
- 硬件大小是 6；
- 协议大小是 4；
- ARP 的类型是回复，即 reply（0x0002）；
- 不是无故 ARP（在有些文献中也称为无偿 ARP 或免费 ARP）；
- 发送端的 MAC 地址是 20:a6:80:64:a3:5d；
- 发送端的 IP 地址是 192.168.6.1；
- 目标 MAC 地址是 00:1e:65:28:2f:46；
- 目标 IP 地址是 192.168.6.30。

2.5.5　ICMP 详解

ICMP（Internet Control Message Protocol，互联网控制消息协议）使用 IP 封装，它的 IP 协议号是 1，为 IPv4 提供差错服务的。与其说它是一个协议，还不如说是一个工具，既不提供数据封装与标识，也不建立连接，在整个数据通信网络中几乎不起作用，除非用来检查网络状态，当然这就是很大的作用了。

ICMP 与 IPv4 最早都是来自 RFC 760。RFC 791 替代了 RFC 760，形成了 IPv4；RFC 777 升级了 RFC 760，形成了 ICMP，所以可以认为在定义 IP 之初就定义了 ICMP。由此可见 ICMP 对 IP 的重要性，对数据通信网络的重要性。

RFC 777 于 1981 年 4 月发布，文档名称是 *Internet Control Message Protocol*。RFC 777 是关于 ICMP 的最早的描述，其文档链接地址是 https://datatracker.ietf.org/doc/rfc777/?include_text=1。

RFC 792 替代了 RFC 777，是关于 ICMP 的最新的描述。RFC 792 的文档名称是 *Internet Control Message Protocol*，文档等级是互联网标准，文档链接地址是 https://datatracker.ietf.org/doc/rfc792/?include_text=1。

1. ICMP 的报文格式

ICMP 的报文格式非常简单，如图 2-21 所示，它是通过 Type + Code 的方式提供差错信息的。

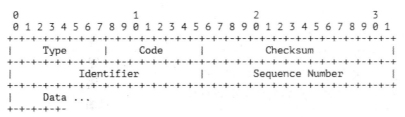

图 2-21　ICMP 的报文格式（摘自 RFC 792）

ICMP 的报文的各字段如下：

（1）Type：报文类型，字段长度为 1 B。
（2）Code：代码，字段长度为 1 B。
（3）Checksum：校验和，字段长度为 2 B。

以上是 ICMP 报头的基本形式，后面的内容就是消息体部分，长度大小可变，取决于消息类型和代码。

（4）Identifier：标识符，字段长度为 2 B，发送端标识，表示是发送端报文。

（5）Sequence Number：序列号或顺序号，字段长度为 2 B，每发送一次，其值加 1。

（6）Data：长度可变，由应用程序指定，在 Echo 端按照要求长度填充随机内容，Echo Reply 的数据通常与 Echo 数据一样。

2. ICMP 的报文示例

在 Wireshark 中显示的一个 ICMP Echo 报文示例如图 2-22 所示，该报文是访问 IETF 官方网站时抓取的数据包。

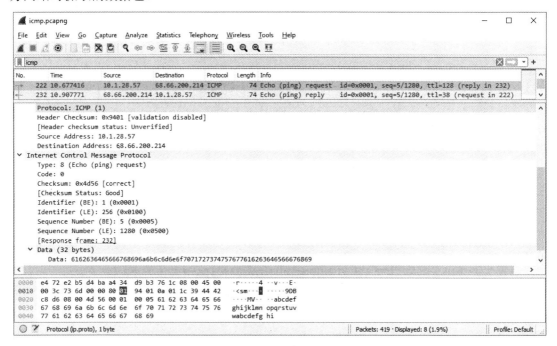

图 2-22　在 Wireshark 中显示的一个 ICMP Echo 报文示例

从图 2-22 中可以看到如下信息：

- 这是一个 ICMP 报文，它的 IP 协议号是 1；
- Type 值是 8，Echo Request，即图中的 Echo（ping）request；
- Code 值是 0；
- 校验和是 0x4d56，校验和正确，校验状态良好；
- 标识为 1，这个值由发送端设置，接收端会回复相同的内容；
- 序列号是 5，表明这是第 5 个数据包；
- Data 是数据部分，大小为 32 B。

在正常情况下，发送 ICMP Echo 的主机（发送端）会收到一个 Echo Replay 报文。如果出现问题，则会回复相应的错误报文，或者根本就没有回复，发送端只能等待定时器（默认为 40000 ms）超时。在 Wireshark 中显示的一个 ICMP Reply 报文示例如图 2-23 所示，该报文也是访问 IETF 官方网站时抓取的数据包。

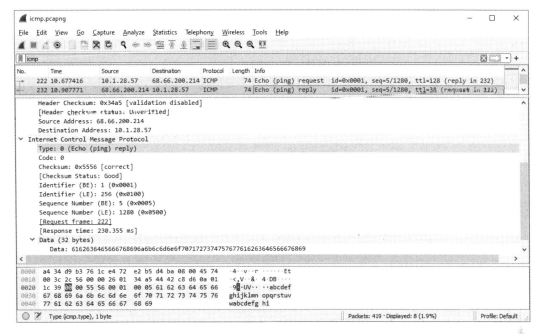

图 2-23　在 Wireshark 中显示的一个 ICMP Reply 报文示例

从图 2-23 中可以看到如下信息：

- 这是一个 ICMP 报文，它的 IP 协议号是 1；
- Type 值是 0，是 Echo Reply 报文，即图中的 Echo（ping）reply；
- Code 值是 0；
- 校验和是 0x5556，校验和正确，校验状态良好；
- Identifier 值与相应的 Echo Request 值相同；
- 回复时间的 230.355 ms；
- Data 是数据部分，与相应的 Echo Request 报文内容相同。

3．ICMP 的报文标识

ICMP 是通过 Type + Code 标识报文类型及消息类型的。Type 和 Code 的值由 IANA 通过在线数据管理，地址为 https://www.iana.org/assignments/icmp-parameters/icmp-parameters.xhtml#icmp-parameters-types。

ICMP Type 相关定义摘录如表 2-4 所示。

表 2-4　ICMP Type

Type 的值	报文类型或消息类型	参考的标准
0	Echo Reply	RFC 792
1	Unassigned	—
2	Unassigned	—
3	Destination Unreachable	RFC 792
4	Source Quench (Deprecated)	RFC 792、RFC 6633
5	Redirect	RFC 792

续表

Type 的值	报文类型或消息类型	参考的标准
6	Alternate Host Address (Deprecated)	RFC 6918
7	Unassigned	—
8	Echo	RFC 792
9	Router Advertisement	RFC 1256
10	Router Solicitation	RFC 1256
11	Time Exceeded	RFC 792
12	Parameter Problem	RFC 792
13	Timestamp	RFC 792
14	Timestamp Reply	RFC 792
15	Information Request (Deprecated)	RFC 792、RFC 6918
16	Information Reply (Deprecated)	RFC 792、RFC 6918
17	Address Mask Request (Deprecated)	RFC 950、RFC 6918
18	Address Mask Reply (Deprecated)	RFC 950、RFC 6918
19	Reserved (for Security)	Solo
20～29	Reserved (for Robustness Experiment)	ZSu
30	Traceroute (Deprecated)	RFC 1393RFC 6918
31	Datagram Conversion Error (Deprecated)	RFC 1475RFC 6918
32	Mobile Host Redirect (Deprecated)	David_Johnson、RFC 6918
33	IPv6 Where-Are-You (Deprecated)	Simpson、RFC 6918
34	IPv6 I-Am-Here (Deprecated)	Simpson、RFC 6918
35	Mobile Registration Request (Deprecated)	Simpson、RFC 6918
36	Mobile Registration Reply (Deprecated)	Simpson、RFC 6918
37	Domain Name Request (Deprecated)	RFC 1788、RFC 6918
38	Domain Name Reply (Deprecated)	RFC 1788、RFC 6918
39	SKIP (Deprecated)	Markson、RFC 6918
40	Photuris	RFC 2521
41	ICMP Messages Utilized by Experimental Mobility Protocols such as Seamoby	RFC 4065
42	Extended Echo Request	RFC 8335
43	Extended Echo Reply	RFC 8335
44～252	Unassigned	—
253	RFC3692-style Experiment 1	RFC 4727
254	RFC3692-style Experiment 2	RFC 4727
255	Reserved	JBP

每一个 Type 值都会对应 1 个或 1 个以上的 Code 值，但并不是每一个 Code 值都有意义。例如，Type 值 8 表示 Echo，它有唯一的一个 Code 值 0，但这个值并没有实际意义，它只是为了完成数据包的封装；Type 值 3 表示 Destination Unreachable，有 16 个 Code 值，具体内

容如表 2-5 所示。

表 2-5　Type 值 3 对应的 Code 值

Code 值	描述	参考的标准
0	Net Unreachable	RFC 792
1	Host Unreachable	RFC 792
2	Protocol Unreachable	RFC 792
3	Port Unreachable	RFC 792
4	Fragmentation Needed and Don't Fragment was Set	RFC 792
5	Source Route Failed	RFC 792
6	Destination Network Unknown	RFC 1122
7	Destination Host Unknown	RFC 1122
8	Source Host Isolated	RFC 1122
9	Communication with Destination Network is Administratively Prohibited	RFC 1122
10	Communication with Destination Host is Administratively Prohibited	RFC 1122
11	Destination Network Unreachable for Type of Service	RFC 1122
12	Destination Host Unreachable for Type of Service	RFC 1122
13	Communication Administratively Prohibited	RFC 1812
14	Host Precedence Violation	RFC 1812
15	Precedence Cutoff in Effect	RFC 1812

Type 值 5 表示 Redirect，有 4 个 Code 值，如表 2-6 所示，主要是在 RFC 792 和 RFC 2780 中定义的。

表 2-6　Type 值 5 对应的 Code 值

Code 值	描述	参考的标准
0	Redirect Datagram for the Network (or subnet)	RFC 792
1	Redirect Datagram for the Host	RFC 792
2	Redirect Datagram for the Type of Service and Network	RFC 792
3	Redirect Datagram for the Type of Service and Host	RFC 792

2.5.6　ICMPv6 详解

ICMPv6（Internet Control Message Protocol，互联网控制消息协议版本 6）不仅能够在 IPv6 中提供网络设备的联网状态，还可以发现邻居和路由上支持的 MTU（Path MTU）等。

ICMPv6 最早是在 RFC 1885 中描述的。RFC 1885 发布于 1995 年 12 月，最近一次更新时间是 2013 年 3 月 2 日。RFC 1885 的文档等级是推荐标准（Proposed Standard），文档名称为 *Internet Control Message Protocol (ICMPv6) for the Internet Protocol Version 6 (IPv6)*，文档链接地址为 https://datatracker.ietf.org/doc/rfc1885/?include_text=1。

RFC 2463 替代了 RFC 1885，发布于 1998 年 12 月，最近一次更新时间是 2013 年 3 月 2

日。RFC 2463 的文档等级是草案标准（Draft Standard），文档名称为 *Internet Control Message Protocol (ICMPv6) for the Internet Protocol Version 6 (IPv6) Specification*，文档链接地址是 https://datatracker.ietf.org/doc/rfc2463/?include_text=1。

RFC 4443 替代了 RFC 2463，是关于 ICMPv6 的最新描述，发布于 2006 年 3 月，最近一次更新时间是 2017 年 7 月 14 日。RFC 4443 的文档等级是互联网标准（Internet Standard），文档名称为 *Internet Control Message Protocol (ICMPv6) for the Internet Protocol Version 6 (IPv6) Specification*，文档链接地址是 https://datatracker.ietf.org/doc/rfc4443/?include_text=1。

RFC 4884 对 RFC 4443 做了部分更新，主要是对 ICMPv4（RFC 792 中描述）和 ICMPv6 扩展的属性进行了描述。RFC 4884 发布于 2007 年 4 月，其文档名称为 *Extended ICMP to Support Multi-Part Messages*，文档链接地址是 https://datatracker.ietf.org/doc/rfc4884/?include_text=1。

1．ICMPv6 的报头格式

ICMPv6 继承了 ICMP 实现思想，也是使用 Type + Code 格式来定义不同消息的，其报头格式与 ICMP 也保持一致。ICMPv6 的报头格式如图 2-24 所示。

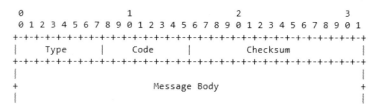

图 2-24　ICMPv6 的报头格式

ICMPv6 的包头各字段如下：

（1）Type：报文类型，字段长度为 1 B。
（2）Code：代码，字段长度为 1 B。
（3）Checksum：校验和，字段长度为 2 B。

以上是 ICMPv6 的报头格式，后面的内容就是消息体部分，长度大小可变，取决于消息类型和代码。

2．ICMPv6 的报文示例

通过 Ping 目标 IPv6 地址并抓包，在 Wireshark 中显示的一个 ICMPv6 Echo Request 报文示例如图 2-25 所示。

从图 2-25 中可以看到如下信息：

- 这是一个 ICMPv6 报文，它的 Next Header 值是 58；
- Type 值是 128，表示 Echo Request 报文，即图中的 Echo（ping）request；
- Code 值是 0；
- 校验和是 0x0e88，校验和正确，校验状态良好；
- 标识为 0x0fc9，表明这是一个发送端数据包，接收端会回应一个同样的数字；
- 序列号是 1，表明这是第 1 个包；
- Data 是数据部分，数据部分的长度是 56 B，整个 ICMPv6 报文的长度是 64 B，说明 ICMPv6 报头的长度是 8 B。

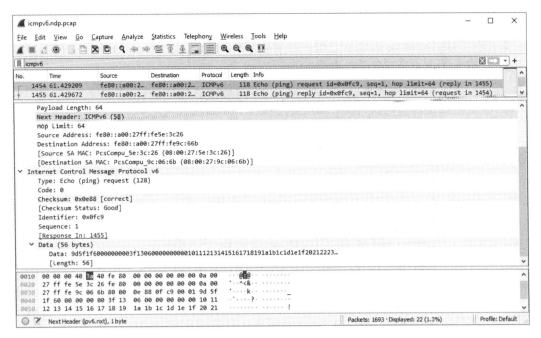

图 2-25　在 Wireshark 中显示的一个 ICMPv6 Echo Request 报文示例

在正常情况下，发送 Echo Request 的主机（发送端）会收到一个 Echo Reply 报文。当网络出现问题时，会回复相应的错误报文，或根本就收不到回复。在 Wireshark 中显示的一个 ICMPv6 Echo Reply 报文示例如图 2-26 所示。

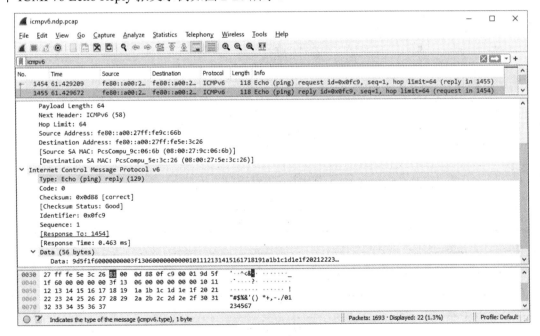

图 2-26　在 Wireshark 中显示的一个 ICMPv6 Echo Reply 报文示例

从图 2-26 中可以看到如下信息：

- 这是一个 ICMPv6 报文，它的 Next Header 值是 58；
- Type 值是 129，表示 Echo Reply 报文，即图中的 Echo（ping）reply；

- Code 值是 0；
- 校验和是 0x0d88，校验和正确，校验状态良好；
- 标识为 0x0fc9，与发送端相同；
- 序列号是 1，表明这是第 1 个包；
- Data 是数据部分，数据部分的内容与相应的 Echo Request 报文内容相同。

3. ICMPv6 的报文标识

ICMPv6 与 ICMP 一样，也是通过 Type + Code 标识报文类型及消息类型的。ICMPv6 的 Type 值和 Code 值也是由 IANA 通过在线数据库管理的，地址为 https://www.iana.org/assignments/icmpv6-parameters/icmpv6-parameters.xhtml#icmpv6-parameters。

ICMPv6 的消息可分为两类：一类是错误消息（Error Messages），Type 值 0~127；另一类是通知消息（Informational Messages），Type 值 128~255。

ICMPv6 的部分 Type 值的相关定义如表 2-7 所示。

表 2-7 ICMPv6 的部分 Type 值的相关定义

Type 值	名　称	参考的标准
0	Reserved	—
1	Destination Unreachable	RFC 4443
2	Packet Too Big	RFC 4443
3	Time Exceeded	RFC 4443
4	Parameter Problem	RFC 4443
5~99	Unassigned	—
100	Private Experimentation	RFC 4443
101	Private Experimentation	RFC 4443
102~126	Unassigned	—
127	Reserved for expansion of ICMPv6 error messages	RFC 4443
128	Echo Request	RFC 4443
129	Echo Reply	RFC 4443
130	Multicast Listener Query	RFC 2710
131	Multicast Listener Report	RFC 2710
132	Multicast Listener Done	RFC 2710
133	Router Solicitation	RFC 4861
134	Router Advertisement	RFC 4861
135	Neighbor Solicitation	RFC 4861
136	Neighbor Advertisement	RFC 4861
137	Redirect Message	RFC 4861
138	Router Renumbering	RFC 2894
139	ICMP Node Information Query	RFC 4620
140	ICMP Node Information Response	RFC 4620
141	Inverse Neighbor Discovery Solicitation Message	RFC 3122

续表

Type 值	名 称	参考的标准
142	Inverse Neighbor Discovery Advertisement Message	RFC 3122
143	Version 2 Multicast Listener Report	RFC 3810
144	Home Agent Address Discovery Request Message	RFC 6275
145	Home Agent Address Discovery Reply Message	RFC 6275
146	Mobile Prefix Solicitation	RFC 6275
147	Mobile Prefix Advertisement	RFC 6275
148	Certification Path Solicitation Message	RFC 3971
149	Certification Path Advertisement Message	RFC 3971
150	ICMP messages utilized by experimental mobility protocols such as Seamoby	RFC 4065
151	Multicast Router Advertisement	RFC 4286
152	Multicast Router Solicitation	RFC 4286
153	Multicast Router Termination	RFC 4286
154	FMIPv6 Messages	RFC 5568
155	RPL Control Message	RFC 6550
156	ILNPv6 Locator Update Message	RFC 6743
157	Duplicate Address Request	RFC 6775
158	Duplicate Address Confirmation	RFC 6775
159	MPL Control Message	RFC 7731
160	Extended Echo Request	RFC 8335
161	Extended Echo Reply	RFC 8335
162～199	Unassigned	—
200	Private experimentation	RFC 4443
201	Private experimentation	RFC 4443
255	Reserved for expansion of ICMPv6 informational messages	RFC 4443

每一个 Type 值至少对应一个 Code 值，但并不是每个 Code 值都有意义。例如，Type 值 128 表示 Echo Request，它有一个 Code 值 0，但这个值并没有实际意义，只是为了完成数据包的封装。

Type 值 1 表示 Destination Unreachable，意为目的不可达，它有 9 个 Code 值，如表 2-8 所示。

表 2-8　Type 值 1 对应的 Code 值

Code 值	名 称	参考的标准
0	No Route to Destination	—
1	Communication with Destination Administratively Prohibited	—
2	Beyond Scope of Source Address	RFC 4443
3	Address Unreachable	—
4	Port Unreachable	—

Code 值	名　　称	参考的标准
5	Source Address Failed Ingress/Egress Policy	RFC 4443
6	Reject Route to Destination	RFC 4443
7	Error in Source Routing Header	RFC 6550、RFC 6554
8	Headers Too Long	RFC 8883

Type 值 3 表示 Time Exceeded，意为超时，它有 2 个 Code 值，如表 2-9 所示。

表 2-9　Type 值 3 对应的 Code 值

Code 值	名　　称	参考的标准
0	Hop Limit Exceeded in Transit	—
1	Fragment Reassembly Time Exceeded	—

Type 值 4 表示 Parameter Problem，意为参数问题或参数错误，它有 11 个 Code 值，如表 2-10 所示。

表 2-10　Type 值 3 对应的 Code 值

Code 值	名　　称	参考的标准
0	Erroneous Header Field Encountered	—
1	Unrecognized Next Header Type Encountered	—
2	Unrecognized IPv6 Option Encountered	—
3	IPv6 First Fragment Has Incomplete IPv6 Header Chain	RFC 7112
4	SR Upper-layer Header Error	RFC 8754
5	Unrecognized Next Header Type Encountered by Intermediate Node	RFC 8883
6	Extension Header Too Big	RFC 8883
7	Extension Header Chain Too Long	RFC 8883
8	Too Many Extension Headers	RFC 8883
9	Too Many Options In Extension Header	RFC 8883
10	Option Too Big	RFC 8883

2.5.7　NDP 详解

1. NDP 简介及其报头

NDP（Neighbor Discovery Protocol，邻居发现协议）是基于 ICMPv6 实现的，NDP 的报头格式与 ICMPv6 的报头格式基本一致，只是使用的 Type + Code 值不同。NDP 的作用主要有：

➲ 路由器发现；

➲ 前缀发现；

➲ 参数发现，如链路 MTU、跳数限制等；

- 地址自动配置；
- 地址解析，将链路层地址解析成网络层地址；
- 下一跳检测；
- 邻居可达性检测；
- 地址冲突检测；
- 重定向。

NDP 最早是在 RFC 1970 中描述的。RFC 1970 发布于 1996 年 8 月，最近一次更新时间是 2013 年 3 月 2 日，RFC 1970 的文档名称为 *Neighbor Discovery for IP Version 6 (IPv6)*，文档等级是推荐标准（Proposed Standard），文档链接地址是 https://datatracker.ietf.org/doc/rfc1970/?include_text=1。

RFC 2461 替代了 RFC 1970，发布于 1998 年 12 月，最近一次更新时间是 2013 年 03 月 02 日。RFC 2461 的文档名称为 *Neighbor Discovery for IP Version 6 (IPv6)*，文档等级是草案标准（Draft Standard）。RFC 2461 是关于 NDP 存续时间最长、影响最深远的描述，其文档链接地址是 https://datatracker.ietf.org/doc/rfc2461/?include_text=1。

RFC 4861 替代了 RFC 2461，发布于 2007 年 9 月，最近一次更新时间是 2020 年 01 月 21 日。RFC 4861 的文档名称为 *Neighbor Discovery for IP Version 6 (IPv6)*，文档等级是草案标准（Draft Standard），是目前关于 NDP 的最新描述，文档链接地址是 https://datatracker.ietf.org/doc/rfc4861/?include_text=1。

NDP 在 IPv4 的协议集上进行了许多改进，这些改进有：
- 将路由器发现协议作为 IPv6 的基本协议集一部分，不需要主机窥探路由选择协议；
- 由路由器通告携带的链路层地址，不需要额外的协议请求路由器的链路层地址；
- 由路由器通告携带的链路层前缀，不再需要一个单独的机制去配置网络掩码；
- 由路由器通告允许地址自动配置；
- 路由器可以向主机通告一个使用此链路的最大传输单元（Maximum Transmission Unit，MTU），确保所有的节点使用相同的 MTU，尤其是在那些缺乏公认 MTU 定义的链路上。

NDP 重新定义了五种 ICMPv6 数据包类型，以实现上面介绍的功能。
- 路由器请求消息（Router Solicitation Message）：其 Type 值为 133，当一个接口被使能后，主机会立即发送路由器请求消息。
- 路由器通告消息（Router Advertisement Message）：其 Type 值为 134，路由器定期或根据请求发送，内容包含前缀、地址配置、建议跳数限制等。
- 邻居发现消息（Neighbor Solicitation Message）：其 Type 值为 135，用来发现邻居的链路层地址或缓存中的邻居链路层地址，也可以用来做重复地址检测。
- 邻居通告消息（Neighbor Advertisement Message）：其 Type 值为 136，用来回应邻居请求，也用来更新链路层地址。
- 重定向（Redirect）：其 Type 值为 137，路由器用来通知主机某个目的 IP 地址的更优的下一跳。

2. NDP 的报文示例

通过测试环境的构造，我们捕获到了一个 Type 值为 135 的 ICMPv6 数据包，并通过 Wireshark 进行显示，使用关键字 icmpv6 进行过滤，如图 2-27 所示。

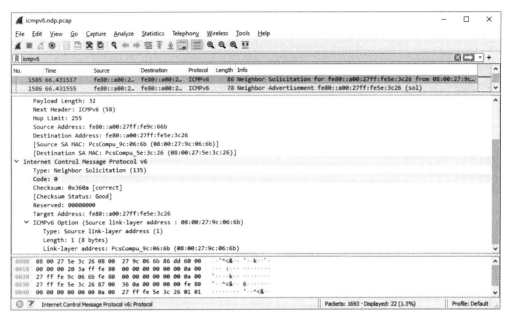

图 2-27　在 Wireshark 中显示的 Type 值为 135 的 ICMPv6 数据包示例

从图 2-27 中可以看到如下信息：
- 这是一个 ICMPv6 报文，它的 Next Header 值是 58；
- Type 值是 135，是 Neighbor Solicitation 报文；
- Code 值是 0；
- 校验和是 0x360a，校验和正确，校验状态良好；
- 目标地址是 fe80::a00:27ff:fe5e:3c26；
- 在选项部分可以看到源链路层地址是 08:00:27:06:6b，选项长度是 8 B。

同样捕获到了一个 Type 值为 136 的 ICMPv6 数据包，并通过 Wireshark 进行显示，如图 2-28 所示。

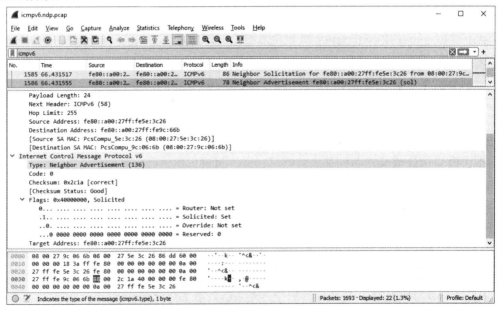

图 2-28　在 Wireshark 中显示的 Type 值为 136 的 ICMPv6 数据包示例

从图 2-28 中我们可以看出如下信息：

- 这是一个 ICMPv6 报文，它的 Next Header 值是 58；
- Type 值是 136，是 Neighbor Advertisement 报文；
- Code 值是 0；
- 校验和是 0x2c1a，校验和正确，校验状态良好；
- 标志是 0x40000000，显示这是一个被请求报文；
- 目标地址是 fe80::a00:27ff:fe5e:3c26；

虽然通过 NDP 可以获取到 IPv6 地址和网关（路由器发现），但无法获取到 DNS Server 的地址。DHCPv6 可以独立分配 IPv6 地址、网关和 DNS Server 等，也可以与 NDP 配合一起使用，由 NDP 来分配地址。

2.6 路由选择协议

对数据进行 IP 封装的目的是网际互联，而实现网际互联的是路由选择协议。路由选择协议也是网络技术人员最为关注且讨论最多的内容之一。

2.6.1 IGP

对于同一个路由域或同一个自治域系统（Autonomous System，AS），我们使用内部网关协议（Interior Gateway Protocol，IGP）来计算路由。

1. OSPF

园区网最常使用的内部网关协议（Interior Gateway Protocol，IGP）的路由选择协议是最短路径优先（Open Shortest Path First，OSPF），使用 IP 进行封装，其 IP 协议号是 89。OSPFv2 用来计算 IPv4 的路由，在 RFC 2328 中描述；OSPFv3 用来计算 IPv6 的路由，在 RFC 5340 中描述。OSPF 是一个链路状态协议，它先对链路设定一些指标，再通过这些指标计算到达目的网络的下一跳。

2. RIP

路由信息协议（Routing Information Protocol，RIP）也是一个应用于 IGP 的路由选择协议，RIPv2 用来计算 IPv4 的路由，在 RFC 2453 中描述；RIPng 用来计算 IPv6 的路由，在 RFC 2080 和 RFC 2081 中描述。RIP 使用 UDP 封装，其 UDP 端口号是 520。RIP 是一个距离矢量路由选择协议，计算路由的依据是跳数，而且最大跳限为 16，当跳数达到 16 或以上时认为路由不可达。RIP 每隔 30 s 更新一次整个路由表，因此决定了它不太可能部署在稍大型的网络中，在实际的网络中已经基本不用。本书作者在从业的十几年来从来没有在实际的网络系统中见到过 RIP，自己也没有部署过 RIP。

3. IGRP & EIGRP

内部网关路由协议（Interior Gateway Routing Protocol，IGRP）和增强型内部网关路由协议（Enhance Interior Gateway Routing Protocol，EIGRP）也是比较知名的 IGP，使用 IP

进行封装，其 IP 协议号是 88，是比较典型的距离矢量路由选择协议，为思科私有协议，只能在运行在思科设备上，其他厂家的设备不支持此协议。如果同一个园区网中有不同厂家的设备需要互联互通，则需要进行路由重发布（Redistribution），不仅会增加网络复杂度，也不利于实现和维护，效率也低。为了防止被厂家绑定，很多使用思科设备的网络中也不运行此协议，因为在实际网络中基本也用不到。

4．IS-IS

运营商网络的 IGP 最常使用的路由选择协议是中间系统到中间系统（Intermediate System to Intermediate System，IS-IS）。IS-IS 是使用以太网封装的，其以太网类型（Ethernet Type）是 0x22F4，也是一个链路状态路由选择协议，因为其特性少和对 ISPF 的支持，因此显得更加简单、高效，不仅能够支持更大规模的网络，而且收敛速度更快，非常适合规模比较大且不需要精细化控制和快速收敛的运营商网络。IS-IS 是由 ISO 设计的，主要用于 CLNP 网络。IS-IS 是在 ISO/IEC 10589 中描述的，在 RFC 1195 中添加了对 IP 网络的支持。

2.6.2 EGP

在不同的自治域系统（Autonomous System，AS）或路由域之间传递路由信息时，我们通常使用外部网关协议（External Gateway Protocol，EGP）。EGP 其实有两层含义，一层是外部网关路由协议的总称，另一个是单指具体的外部路由协议本身，后者已经被 BGP 取代。

典型的 EGP 就是边界网关协议（Border Gateway Protocol，BGP），它是使用 TCP 封装的，其 TCP 端口号是 179。BGP 不同于其他路由选择协议，它不使用链路状态或距离矢量计算路由，可直接传递路由信息。严格意义上来说，BGP 是一个距离矢量路由选择协议，如在计算路由时参考了经过 AS 的数量。BGP 常用于大型园区网之间、自治域系统之间、不同的路由选择域之间等，可以管理规模非常大的网络。互联网使用的路由选择协议就是 BGP，BGP 是在 RFC 4271 中描述的。

2.7 MPLS

多协议标签交换（Multiprotocol Label Switching，MPLS）是介于 OSI 模型的数据链路层与网络层之间的协议，所以有的文献说它是一个 2.5 层的协议，甚至有些文献干脆把 MPLS 协议作用的部分称为 MPLS 层。MPLS 协议可以支持上层的 IPv4、IPv6、IPX、CLNP 等，所以称之为多协议；也可以支持下层的 Frame Relay、ATM、Ethernet 等多种网络类型。MPLS 协议为上层的数据包添加 4 B 的 MPLS 报头，在 MPLS 域内进行标签转发，转发效率高。在数据包出 MPLS 域之前会将标签去掉，从而形成了一个由 MPLS 构成的虚拟专用网（Virtual Private Network，VPN）隧道。MPLS 层不是必需的，在园区网中基本用不到，但在运营商网络中的应用却非常普遍。

与 MPLS 相关的比较重要的 RFC 标准如下：

（1）RFC 3031：定义了 MPLS 的体系结构，其文档名称为 *Multiprotocol Label Switching Architecture*，文档等级是推荐标准（Proposed Standard），文档链接地址是 https://datatracker.ietf.org/doc/rfc3031/?include_text=1。

（2）RFC 3032：定义了 MPLS 的标签格式，其文档名称为 *MPLS Label Stack Encoding*，文档等级是推荐标准（Proposed Standard），文档链接地址是 https://datatracker.ietf.org/doc/rfc3032/?include_text=1。

1. MPLS 的报头格式

MPLS 的报头格式如图 2-29 所示，各字段的定义如下：

（1）Label：标签，字段长度为 20 bit。

（2）Exp：RFC 3032 中说是做实验使用的，但通常将其看成扩展位，用来部署 QoS，字段长度为 3 bit。

（3）S：栈底标识（也称为栈底位），用来标识是否是标签栈底，字段长度为 1 bit。

（4）TTL：Time to Live，与 IPv4 中的 TTL 功能相同，数据包每经过一跳就减 1，当该字段的值为 0 时丢弃数据包，可用来防环，字段长度为 8 bit。

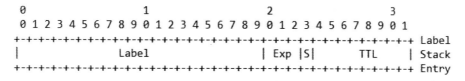

图 2-29　MPLS 的报头格式（摘自 RFC 3032）

2. MPLS 的报文示例

在 Wireshark 中显示的一个 MPLS 报文示例如图 2-30 所示。

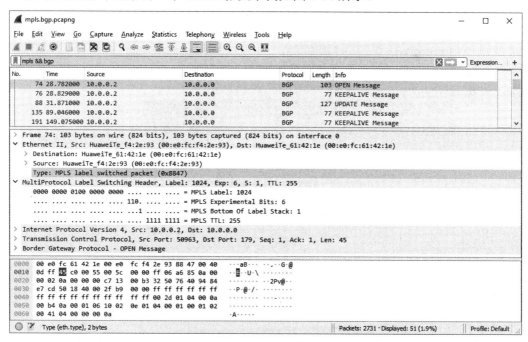

图 2-30　在 Wireshark 中显示的一个 MPLS 报文示例

从图 2-30 中可以看到如下信息：

- 以太网类型（Type）是 0x8847，表示这是一个 MPLS 单跳报文；
- 标签号（Label）是 1024，是由 BGP 分配的动态标签；

- Exp 是 6，对应的 QoS 服务类型是 CS6；
- 栈底标识（S）是 1，表示是标签栈底，里面没有更多的标签；
- TTL 是 255，表示第 1 跳。

3. 标签交换及转发过程

MPLS 的标签交换及转发过程如图 2-31 所示。

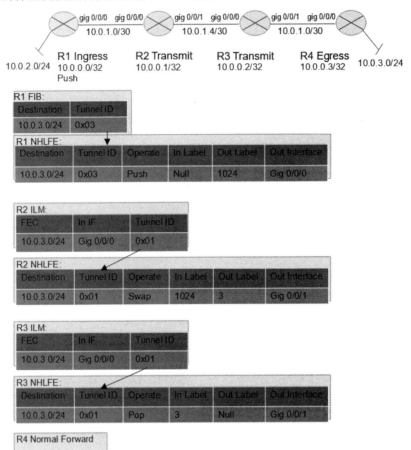

图 2-31　MPLS 的标签交换及转发过程

路由器先根据路由选择协议计算并形成路由表，也称为路由信息表（Routing Information Base，RIB），再对路由信息表中的下一跳地址进行迭代，最终得到一个出接口。这个出接口可能是路由器上真实存在的物理接口，也有可能是虚拟的隧道接口（Tunnel Interface），迭代后形成的表就是转发信息表（Forwarding Information Base，FIB）。路由器转发数据的依据是 FIB。在 FIB 中，如果目标网段对应的隧道号（Tunnel ID）是 0，则通过物理接口转发数据；反之则根据隧道号进入相应隧道转发。

在 MPLS 的路由器上，路由器还可以根据 MPLS 的标签值，查询入标签映射表（Incoming Label Map，ILM），得到隧道号（Tunnel ID）。

路由器得到目标网段对应的隧道号后，在下一跳标签转发表（Next Hop Label Forward Entry，NHLFE）中查询出接口。NHLFE 中除了记录隧道号对应的出接口，还记录了隧道号对应的标签操作类型，如压入（Push）、交换（Swap）、弹出（Pop）等。

MPLS 的路由器除了转发数据，还需要根据 NHLFE 中的记录对标签进行相应的操作。在入站 MPLS 路由器（Ingress 节点）中，上层的数据（如 IP 的数据包）需要添加 MPLS 标签（对应 Push 操作）并转发该标签；在 MPLS 路由器（Transit 节点）中，路由器需要转发带标签的数据并更新出/入接口的标签（对应 Swap 操作）；在出站 MPLS 路由器（Egress 节点）中，路由器需要去掉标签（对应 Pop 操作），数据交由上层协议（如 IP）处理。

2.8 以太网

以太是由亚里士多德提出的，被量子物理证伪，但以太网在数据通信领域大火！在以太网"统治"了局域网（Local Area Network，LAN）之后，又借助传送网把广域网打得满地找牙，如今 ISDN、PPP、HDLC、Frame-Relay 都找不到存在感了，以太网成了接入网络必不可少的技术。个人计算机和服务器等设备上的有线网卡（Network Interface Card，NIC）基本都是以太网网卡。

以太网最早是由 Xerox 公司在 1980 年推出的，后来 Xerox 公司又联合 DEC 和 Intel 成立 DIX 联盟（取 DEC、Intel 和 Xerox 的首字母）。DIX 联盟于 1982 年推出第二个版本的以太网（Ethernet II）；再后来由 IEEE 对 Ethernet II 进行规范化后于 1983 年推出，命名为 IEEE 802.3。

以太网是通过以太网类型（Ethertype）为上层应用提供服务的，不同的以太网类型对应不同的应用协议，以太网类型（Type 值）也是由 IANA 通过在线数据库地址管理的，该在线数据库的链接地址为 https://www.iana.org/assignments/ieee-802-numbers/ieee-802-numbers.xhtml。

常见的以太网类型及对应协议如表 2-11 所示。

表 2-11　常见的以太网类型及对应协议

以太网类型	对应协议
0x0000～0x05DC	IEEE 802.3 Length Field
0x0100～0x01FF	Experimental
0x0800	Internet Protocol version 4
0x0805	X.25 Level 3
0x0806	Address Resolution Protocol
0x0808	Frame Relay ARP
0x22F3	TRILL
0x22F4	L2-IS-IS
0x8100	Customer VLAN Tag Type (C-Tag, formerly called the Q-Tag)
0x8181	STP, HIPPI-ST
0x86DD	Internet Protocol version 6
0x8808	IEEE 802.3 Ethernet,Passive Optical Network (EPON)
0x880B	Point-to-Point Protocol (PPP)
0x8847	MPLS

续表

以太网类型	对应协议
0x8848	MPLS with Upstream-Assigned Label
0x8863	PPP over Ethernet (PPPoE)，Discovery Stage
0x8864	PPP over Ethernet (PPPoE)，Session Stage
0x888E	IEEE 802.1x, Port-based Network Access Control
0x88A8	IEEE 802.1q, Service VLAN Tag Identifier (S-Tag)

2.8.1 以太网的报文格式

Ethernet II 的报文格式如图 2-32 所示，具体的字段含义如下所述。

（1）Destination Address：目的地址，字段长度为 6 B，表示接收端的物理地址，即通常所说的 MAC 地址。目的地址是一个用 48 bit 的二进制数表示的地址。

（2）Source Address：源地址，字段长度为 6 B，表示发送端的物理地址。源地址也是一个用 48 bit 的二进制数表示的地址。

（3）Type/Length：类型/长度，字段长度为 2 B，表示帧数据的长度或上层应用的类型，该字段的值为 0～1500 时表示长度，值为 1536～65535 时表示上层的协议类型，如 0x0800 表示 IP、0x0806 表示 ARP。在普通的数据帧时，该字段表示 Type；当封装 Dot1Q 数据帧时，该字段表示 Length，Type 由 Dot1Q 字段中的 TPID 表示。

（4）Data：数据，可变长度，字段长度为 46～1500 B。

（5）FCS：帧校验序列，一般是循环冗余校验，字段长度为 4 B，是对整个数据封装的校验。

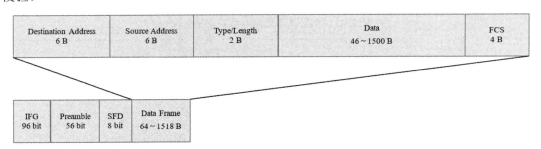

图 2-32 Ethernet II 的报文格式

Ethernet II 的报头长度是 18 B，数据的最小长度是 46 B、最大长度为 1500 B，整个报文长度是 64～1518 B。最大长度也称为最大传输单元（Maximum Transmission Unit，MTU）。

在以太网中，当 MAC 层检测到小于 64 B 的数据帧（Data Frame）时会把该数据帧当成残帧丢弃。如果确实有小于 64 B 的数据帧要传输，则通过填充内容为 0 的八位组的方式来补齐到 64 B，填充内容不作为 IP 数据包的一部分，也不包含在报头的总字段长度中。这是一个非常巧妙的设计，既保证了小于最小帧长度的数据得以正常传输，又避免了把填充数据当成正常业务数据。

我们通常将以太网数据帧最大长度（MTU）设置是 1500 B，也就是说通过以太网发送的数据包的最大长度是 1500 B。一般的网关设备都支持全长数据帧，如有必要还会对其进行分段。在接收端，如果系统无法接收全长数据帧，则应采取措施阻止这种发送，如设置 TCP 的最大分段大小选项，即大块数据在发送时就会被先分段。

以上关于以太网数据帧长度，超小数据帧和超大数据帧的处理参考自 RFC 894，文档链接地址为 https://datatracker.ietf.org/doc/rfc894/?include_text=1。

在实际中，1500 B 是默认的以太网数据帧最大长度，但不是固定的，用户可以根据需要修改其大小，尤其是在网络设备之间互联时，如交换机之间的互联，可通过开启 Jumbo Frame 的方式来传输更大的数据帧。其实，在目前的大多数交换机中，在 1 Gbps 及以上速率的设备之间链路上，都使用更大的 MTU，如 9216 B、10232 B 等。在帧封装开销不变的情况下，增大 MTU 可以提高数据传输效率。

在 Wireshark 中显示的一个典型以太网数据帧示例如图 2-33 所示。

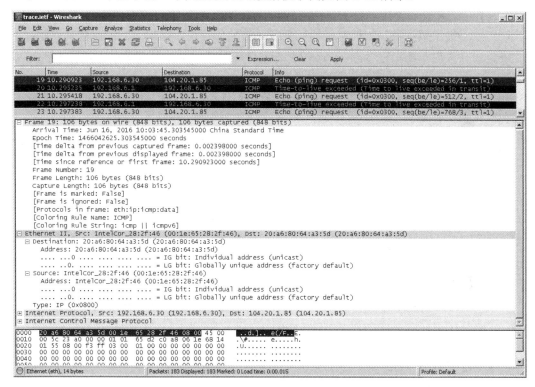

图 2-33　在 Wireshark 中显示的一个典型以太网数据帧示例

从图 2-33 中可以看到如下信息：

- 源 MAC 地址是 00:1e:65:28:2f:26；
- 目的 MAC 地址是 20:a6:80:64:a3:5d；
- 封装的协议是 IP（0x0800）。

Ethernet II 的数据帧信息是网络接入层中的 LLC 层的信息，其内容已经开始包含数据层面的信息。

2.8.2　关于数据链路层封装的一个不成熟思考

以太网是二层局域网中的事实标准，有"一统天下"之势。但局域网本身也存在一些问题，例如：①没有老化机制，当发生环路时，一个数据帧可以在二层网络中无限传输，直到环路消失为止；②二层网络中缺少类似 ICMP 的跟踪定位工具协议，帧结构相对简单，很难定位网络问题；③48 bit 的 MAC 地址在未来已经无法满足实际需求。

数据链路层封装当初是怎么被设计出来的呢？如果没有这一层封装，又会带来什么问题呢？

二层网络有两个好处：①具有 VLAN，通过 VLAN 可以使组网变得更加简单方便，成本低廉；②数据链路层进行了介质无关封装，使 IP 能够轻松应用于各种传输介质。对于网络层（或 IP）来说，不管底层的传输介质是光、铜线，还是电磁波，更不用管载波信号是电、光，还是载波，也不用管传输速率、数据编码、介质访问控制的方式等，只要做好寻址（网际互联）就好了。如果 IPv6 发展出合适的扩展报头及处理机制，那么网络接入层是否可以只进行硬件差异屏蔽，不用进行封装与转发呢？如果不封装，那么又该如何屏蔽差异、如何统一地向上层提供服务呢？工程实现的复杂度又该如何解决？如果上面的问题都能解决，数据链路层被取代也不是没有可能，IPv6 交换机也不是没有可能。关键是以上相互矛盾的问题能解决吗？

MPLS 及其他其他依赖以太网的技术又该怎么办呢？对它们将产生什么样的影响呢？有什么替代的方案吗？

从数据链路层封装到直接在网络层封装，该如何过渡呢？两种封装应该如何共存呢？

2.8.3 MAC 地址

TCP/IP 将网络接入层划为逻辑链路控制（Logical Link Control，LLC）层和介质访问控制（Media Access Control，MAC）层。介质访问控制地址是最受我们关注的一个存在，它有 48 bit，经常用 12 个十六进制数来表示。MAC 地址的特点如下：

（1）MAC 地址一个烧录（Burn In）地址，一次写入，不再更改。

（2）MAC 地址的前 24 bit 是组织唯一标识符（Organizationally Unique Identifier，OUI），表示一个组织，可以通过链接 https://mac-oui.com/可查询 OUI 和组织的对应关系。

（3）MAC 地址的后 24 bit 是流水号，即某个组织分配的产品序号，所以设备的 MAC 地址在正常情况下是不会重复的。

（4）MAC 地址的唯一性，可以帮助我们锁定某一台设备。

MAC 地址是由 IANA 通过在线数据库管理的，该在线数据库的链接地址是 https://www.iana.org/assignments/ethernet-numbers/ethernet-numbers.xhtml。

有关 IP 地址与 MAC 地址的一个问题。

既然有了 IP 地址，为什么还需要 MAC 地址？或者说有了 MAC 地址还需要 IP 地址吗？

地址是标识。既然是标识，就要考虑两个问题：一是标识空间，即能标识多少对象；二是标识目的，标识的目的是区别和辨识，地址标识还涉及到寻址，从 MAC 地址的寻址空间和地址结构来看，它在设计之初并没有充分考虑好寻址的需要，只是实现了本地化的标识和有限范围的寻址。实际上，MAC 地址和 IP 地址是各自独立，谁也替代不了谁的。MAC 地址是以太网标识，而以太网所承载的业务并不仅仅只有 IP，能承载 IP 业务的链路类型也不仅仅只有以太网。虽说 IP 与介质无关，其实还是通过模块化思想来降低问题复杂度，进而解决问题的。如果 IP 的下层采用 PPP、HDLC、Frame Relay 或 ATM 等进行封装，哪里还有什么 MAC 地址；如果以太网对上层提供 MPLS 或 IS-IS，哪里还有什么 IP 地址。

2.8.4 Dot1Q

在中继链路上通常要承载多个 VLAN，为了区分不同的 VLAN 数据帧，就需要为不同的 VLAN 数据帧添加一个标识，这个标识就是 VLAN Tag。在本地链路上传输 VLAN 数据帧不需要添加 VLAN Tag（也称为打 Tag），只有中继链路上传输 VLAN 数据帧时才需要打 Tag。

802.1Q 也称为 Dot1Q，是 IEEE 标准，用于标识中继链路上的 VLAN 数据帧，最多支持 4094 个 VLAN。Dot1Q 会对原始的数据帧进行修改，在源 MAC 地址（Source Address）和长度类型（Length/Type）字段之间加入 4 B 的 Dot1Q Tag，并重新计算帧校验序列（FCS）。

1．Dot1Q 的帧格式

Dot1Q 的帧结构如图 2-34 所示，各字段的含义如下所述。

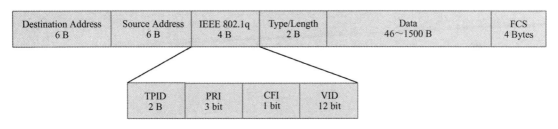

图 2-34　Dot1Q 的帧结构

（1）TPID：协议标识符（Tag Protocal Identifier），字段长度为 3 B，用来标识上层协议，与以太网报文中的 Type/Length 字段作用一样，而此时的 Type/Length 字段只表示 Length。

（2）PRI：优先级（Priority），字段长度为 3 bit，只能表示 0~7，可用于部署 QoS。

（3）CFI：权威格式标识（Canonical Format Indicator），字段长度为 1 bit，用于兼容令牌环，0 表示以太网，MAC 地址是权威格式；1 表示令牌环，MAC 地址不是权威格式。

（3）VID：VLAN ID，字段长度为 12 bit，可表示 0~4095，即 2^{12}，共 4096 个 VLAN ID。

2．Dot1Q 的帧示例

在 Wireshark 中显示的一个 Dot1Q 帧示例如图 2-35 所示。

从图 2-35 中可以看到如下信息：

- 这是一个 Ethernet II 数据帧；
- 目的 MAC 地址是 54:89:98:51:27:dd；
- 源 MAC 地址是 54:89:98:f2:51:2a；
- Type 值是 0x8100，是 Dot1Q 帧。

Dot1Q 帧封装中各字段的含义如下：

- PRI 是 0（默认值），尽力而为转发；
- CFI 是 0，表示是 MAC 地址是权威格式；
- VLAN ID 是 10；
- Type 值是 0x0800，表示上层协议是 IPv4。

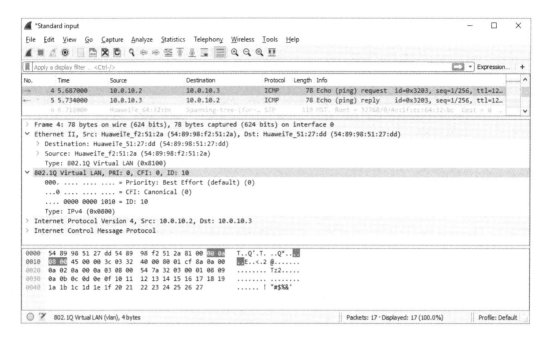

图 2-35　在 Wireshark 中显示的一个 Dot1Q 帧示例

2.9 物理信号

物理层是底层，其主要功能是将数字数据信号化，另外还提供接口形式、引脚定义、电压和光强等。所有的数字数据都会被转换成由 0 和 1 组成的编码，这些编码在以电为信号的网络中由高低电压或电压的变化来表示，在以光为信号的网络中由有无光或有无光的变化来表示，在以电磁波为信号的网络中由有无载波和载波的变化来表示，我们把将数字数据信号化为物理信号的过程称为**数字数据的信号化**。

2.9.1　帧的物理信息

很多文档或教材中会把以太网帧之前的**前导**（Preamble，也称为前同步码，由 56 bit 二进制数构成，即 10101010 10101010 10101010 10101010 10101010 10101010 10101010）、**帧起始定界符**（Start of Frame Delimiter，SFD，由 8 bit 的二进制数构成，即 10101011），以及**帧间隙**（Inter Frame Gap，IFG）都视为以太网帧的组成部分。这种说法也有其合理之处，但更合理的理解是把它当成帧的物理信息来看待，因为以上信息都是数据帧前后的固定物理信号。前导和帧起始定界符共 64 bit，用来在数据帧之前进行字节时钟同步，帧间隙是完整以太帧之间至少 96 bit 的传输空闲时间，一般在前导之前而不是在整个数据帧之后，因为在字节时钟同步之前会先检测链路是否空闲。前导、帧起始定界符和帧间隙如图 2-32 所示。

从图 2-33 中也可以看到帧的物理信息：
- 帧序号 19，是指帧在本次抓包中的排序，仅在本次抓包中有意义；
- 接收时间是中国标准时间（China Standard Time）2016 年 6 月 16 日 10 时 03 分 45.303545000 秒；

- 新纪元时间（Epoch Time）是 1466042625.303545000 seconds；
- 距离上一帧捕获时间是 0.002398000 seconds；
- 距离上一帧显示时间是 0.002398000 seconds；
- 距离第一帧时间是 10.290923000 seconds；
- 帧序号是 19；
- 帧长度是 106 B（848 bit）；
- 捕获长度是 106 B（848 bit）；
- 帧没有被标记；
- 帧没有被忽略；
- 着色规则名称（Coloring Rule Name）是 ICMP；
- 着色规则字串（Coloring Rule String）是 ICMP 或 ICMPv6；

帧的物理信息其实是物理层的信息，是从物理世界直接得到的信息。物理层是通过一串特殊的字符来判断帧起止的，其实也可以把这一串特殊的字符看成数据链路层帧的前导字段。

2.9.2 帧间隙与帧时隙

计算机设备在发送数据帧时并不是连续的，即每发送完一个数据帧后需要等待一段时间才发送下一个数据帧，其目的是让接收端能够处理接收到的数据帧，而不至于发生拥塞。我们通常把这个等待的时间间隔称为**帧间隔**或**帧间隙**（Inter Frame Gap，IFG），它表示一个站点在连续发送数据时，数据帧与数据帧之间的空闲时间或间隔时长，但其量纲却不是时间（time），而是比特（bit）。在一般情况下，以太网默认的帧间隔是 96 bit，它指的是 96 bit 的数据通过线路传输的时间。在华为等厂家的交换机上可以修改帧间隔或帧间隙的值，但建议保持默认值。设置帧间隔或帧间隙有两个目的：一是防止接收端因为来不及处理数据帧而将其丢失；二是防止冲突。

帧时隙（Inter Frame Slot，IFS）也称为**帧时槽**，用来表示每一个数据帧占用的最小时间长度。以太网中的帧时隙是 512 bit，它是由 46 B 的最小数据帧长度 +18 B 的报头信息计算得来的。在 10/100 Mbps 的以太网中，如果在 512 bit 的时间内仍然没有收到数据帧，则认为链路是空闲的，而小于 512 bit 的帧则会被看成残帧。

一个完整的以太网数据帧是 672 bit，即在有效数据帧的基础上再加上 64 bit 的前导和帧起始定界符、96 bit 的帧间隙（共 160 bit）。如果要计算接口的实际数据流量，前导和帧间隙等的开销也要计算在内，在计算交换机的转发性能时要注意不要漏算前导和帧间隙等的开销。

定义帧时隙是为了共享链路，从而提高链路的利用率，此机制是通过带冲突检测的载波侦听多路访问（Carrier Sense Multiple Access/Collision Detection，CSMA/CD）实现的。在 10 Mbps 的以太网中，512 bit 的数据传输的时间是 51.2 μs，按照 5-4-3 原则，可知最远传输距离是 2500 m。从电磁波传输的角度来看，512 bit 的数据在 10 Mbps 的以太网最远可传输 2800 m。在 100 Mbps 以太网中，完成 512 bit 的数据传输需要 5.12 μs，在以电磁波为信号的以太网中可传输约 200 m。

在 IEEE 802.11 无线网络中，因为隐蔽站问题（Hidden Station Problem）和暴露站问题（Exposed Station Problem），无法做到有效的冲突检测，采用的是带冲突避免的载波侦听多路访问（Carrier Sense Multiple Access/Collision Avoidance，CSMA/CA）。CSMA/CA 实际上是一种半双工的通信方式，这大大降低了无线网络的通信效率。

2.9.3　影响以太网通信距离的因素

响以太网通信距离的首要因素是基于帧间隔和帧时隙基础上的 CSMA/CD，其实就是一种介质访问控制协议。当然通信距离也受到了物理的限制，如 10 Gbps 以上的以太网采用的是全双工链路，虽然全双工链路没有冲突检测，但即使使用较高等级的线缆，通信距离也会受到限制，如 40GBase-T（IEEE 802.3bq-2016）使用的是 Cat-8 等级的双绞线，其最长通信距离也只有 33 m。

这时影响通信距离的主要因素就成了超高频信号的远距离传输和检测。有一个专门的词汇描述这个问题，即码间串扰（InterSymbol Interference，ISI）。在信道带宽不变的情况下，要想提升信息吞吐量只能增加信号的频率，而频率的增加意味着单位时间内脉冲数量的增加。如果脉冲的时域不变，数量的增加就会导致相邻脉冲的之间相互干扰，信号受干扰后就影响检出，而缩短脉冲时域会因为信号出现的时间太短而检出困难。距离越长表现得越明显。

另外，最长通信距离的定义还考虑了现实因素，早期的以太网也有比较大的通信距离（如 10Base5、1Base5、10Base2 等），但为了满足大多数应用场景的通信距离需求，同时又要兼顾线路的使用效率，最后才普遍采用了 100 m 这个最长通信距离。这可以认为是工程技术艺术化的处理结果吧！

在一些通信距离较远，而又无法添加中继设备的场景中，我们还需要用到另外一个技术，即长距离以太网（Long Reach Ethernet，LRE）。它除了可以增强物理信号和提高信号检测能力，最重要的一点就是修改了帧间隙。因为修改了帧间隙，所以 LRE 设备都需要成对使用，否则时隙不一致就会导致冲突的产生。

归根到底你会发现，其实最根本的影响因素原来是人们的需要。只有能满足需求的技术才是有用的技术，只有有用的技术才有价值，只有能够不停满足需要的技术才能生生不息。由此可见以太网及 IEEE、IETF 等的强大之处。

2.10　PPP

2.10.1　PPP 简介

广域网技术有很多，如异步传输模式（Asynchronous Transfer Mode，ATM）、数字用户线（Digital Subscriber Line，DSL）、高级数据链接控制（High-Level Data Link Control，HDLC）、综合业务数字网（Integrated Services Digital Network，ISDN）、帧中继（Frame-Relay，FR）、点到点协议（Point-to-Point Protocol，PPP）等。以上种种，或因传输带宽，或因扩展性，或因物理层的支持等，现在都已经基本上被局域网（如以太网）+传送网（如 SDH、WDM 等）的组合模式取代了。

PPP 既支持同步链路也支持异步链路，而且支持认证，具有很强的扩展性，如承载在以太网上的 PPPoE（Point-to-Point Protocol over Ethernet，以太网上的点到点协议）、承载在 ATM 上的 PPPoA（Point-to-Point Protocol over ATM，异步传输模式上的点到点协议）等。PPP 向上可以承载 IP 和 IPX 等多种协议。

PPP 的最新定义是在 RFC 1661 描述的，RFC 1661 的文档名称为 *Point-to-Point Protocol*，发布于 1994 年 7 月，最近一次更新时间是 2020 年 1 月 21 日，文档等级是互联网标准（Internet Standard），文档链接地址为 https://datatracker.ietf.org/doc/rfc1661/?include_text=1。

2.10.2 PPP 的链路建立过程

PPP 的链路建立过程如图 2-36 所示，具体如下：

（1）物理层通过 Up 事件通知链路层，进入 Establish 阶段，链路控制协议（Link Control Protocol，LCP）开始工作，协商链路参数，如魔术字（Magic-Number）、最大接收单元（Maximum Receive Unit，MRU），使用单链路还是多链路，是否压缩，认证协议等。链路协商好之后，进入 Opened 状态，协商与认证相关的信息。

（2）在 Authenticate 阶段，认证协议开始工作，支持无认证、CHAP（Challenge-Handshake Authentication Protocol）认证和 PAP（Password Authentication Protocol）认证等。

（3）无论认证成功还是无认证，都会进入 Network 阶段，网络控制协议（Network Control Protocol，NCP）开始工作。

（4）当认证失败（Failed）或网络断开（Closed）时，进入 Terminate 阶段，开始拆除链路，LCP 状态转为 Down 状态。

（5）链路拆除完成，最终进入 Dead 阶段。

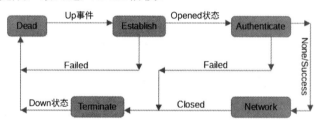

图 2-36　PPP 链路建立过程

LCP 在 PPP 链路的整个生命周期中起到了关重要的作用，链路的建立、维护和拆除等都是由 LCP 负责的。在 Network 阶段，NCP 开始工作，NCP 协商有 IPCP（IP Control Protocol）、MPLSCP（MPLS Control Protocol）等，其中 IPCP 主要协商双方的 IP 地址等，可以是互推地址模式，也可以是一方为另一方分配地址，双方的地址即便不是在同一个网段也可以通信，IPCP 在向对端通告本端地址时，会形成一个 32 bit 的主机路由。当 LCP 和 NCP 都处在 Open 状态时（双 Open），双方才能正常通信。

在 PPP 链路上就没有诸如 ARP 等地址解析协议，主要原因有两点：一是，这是一个点到点链路而不是多路访问链路；二是，有互推地址或一端为另外一端分配地址的机制。

2.11　典型的数据封装

在数据封装中，传输层要封装 TCP 报头，最小报头长度为 20 B；网络层要封装 IP 报头，最小报头长度为 20 B；数据链路层要封装 Ethernet II 报头，最小报头长度为 18 B；每封装一次 Dot1Q 报头就会增加 4 B。一般情况下，以太网的数据内容都不会把 1500 B 填满，常常比最大数据长度小得多，所以当我们看一个数据帧时，会有一种厚重的信封里装着一张小纸条儿的感觉。如果再算上信令的开销，实际数据的传输效率远比我们想象的低得多。另外，对于带宽和转发设备的系统性能消耗也是一个不容忽视的问题。好在硬件性能在快速上升、成本在下降，让大家根本就不需要在乎这点额外开销了。

2.12 数据传输示例

在浏览器的地址栏里填入网址（如 http://www.ietf.org/）并按下回车键，我们可以看到 IETF 的网页，这中间发生了什么？

浏览器首先调用 socket() 函数在本地创建未被占用的非知名的随机端口；然后调用 connect() 函数与远端主机 www.ietf.org 的 80 端口连接；待 TCP 连接建立成功后，使用 write() 函数对 HTTP GET 进行封装，并发送给主机 www.ietf.org。

如果我们刚刚访问过主机 www.ietf.org，那么主机对应的 IP 地址就被保存在计算机的缓存中（安装 Windows 系统的计算机可通过"ipconfig /displaydns"查看）。如果在缓存中没有查到对应的 IP 地址，就再去查询 etc/hosts 文件；如果在该文件中也没有查到对应的 IP 地址，就会向 DNS Server 发起递归查询，直至找到主机 www.ietf.org 的 IP 地址，并把它封装到 IP 报头的目的地址字段，把源地址封装计算机的对应出接口的 IP 地址中，Protocol 字段被标记为 6。

数据在数据链路层中会被封装以太网标记，其中源 MAC 地址封装计算机对应出接口的 MAC 地址，目的地址封装在目的 IP 地址对应的下一跳的 MAC 地址。如果 ARP 表中有下一跳 MAC 地址，就直接进行封装；如果没有，就通过发送 ARP Request 进行查询，收到对应的 ARP Reply，就可以完成 ARP 表项，从而完成数据链路层的封装。封装后的数据会到达物理层，经过编码转化后形成二进制比特流（Bit Flowing）。

如果中间转发设备有以太网交换机，则交换机会根据数据帧的目的 MAC 地址和源 MAC 地址，通过查 MAC 地址表（MAC Address Table）和相关的策略进行转发，且保持原数据帧不变。如果中间转发设备有路由器设备，则路由器收到数据帧后会查看其报头，如果 Ethernet II Type 字段的值是 0x0800，就将数据帧交给 IPv4 进程处理。路由器的功能是依据网络层地址转发数据包，转发的依据是转发信息表（Forwarding Information Base，FIB），转发信息表来自路由信息表（Routing Information Base，RIB），路由信息表取决于路由选择协议。路由器在将数据转发出去之前需要像主机那样从上层到下层重新进行封装，不过这里的封装是从网络层及以下开始的，需要重新添加以太网的帧头信息，我们把这个过程称为重新成帧。在重新成帧时，因为要封装目的 MAC 地址字段，所以需要查询 ARP 表，这里的目的 MAC 地址字段同样填充的是目的 IP 地址对应的下一跳 IP 地址的 MAC 地址。

转发设备是路由器设备，但 Ethernet II Type 字段的值是 0x8847 或 0x8848，因此路由器会将数据发送到 MPLS 进程处理，并根据 MPLS 标签进行转发。

中间可能还经过了传送网设备或其他转发设备，但这些设备基本上都是把 IP 数据包当作业务来处理的，做的工作主要是打包、封装、转发、解封，最后还原为 IP 数据包。

数据经过多次查表转发（MAC 地址表、标签映射表、转发信息表等），终于来到了接收端，即 IETF 的 Web 服务器。在 TCP 连接请求到达主机 www.ietf.org 之前，Web 服务器使用 socket()函数创建一个端口，端口号是 80，用 bind()函数使该端口与网络层地址相关联，并使用 listen()函数监听该端口，等待用户的 TCP 连接请求。当计算机发送的 TCP 连接请求被传送到主机 www.ietf.org 时，依次从以太网封装开始向上层解封。以太网层封装的 Ethernet II Type 字段的值是 0x0800，因此送给网络层，由 IP 来处理；网络层发现 IP Protocol 字段的值是 6，因此送给传输层，由 TCP 来处理；传输层发现 TCP 端口号是 80，主机 www.ietf.org 上的 HTTP 应用服务使用 accept()函数接收计算机发送过来的 TCP 连接请求。

TCP 连接建立之后，主机 www.ietf.org 就收到了计算机发过来的 HTTP GET 请求，HTTP 服务进程根据 HTTP GET 请求的内容，向计算机回复相应的 HTML 文档。回复的 HTML 文档同样要经过从上层到下层的封装，经过网络设备的转发，当到计算机后，再经过由下层到上层的逐层解封，最终送到计算机上发出 HTTP GET 请求的应用程序——浏览器。浏览器收到 HTML 文档后会将其解析并呈现出来，于是就出现了如图 2-37 所示的页面。

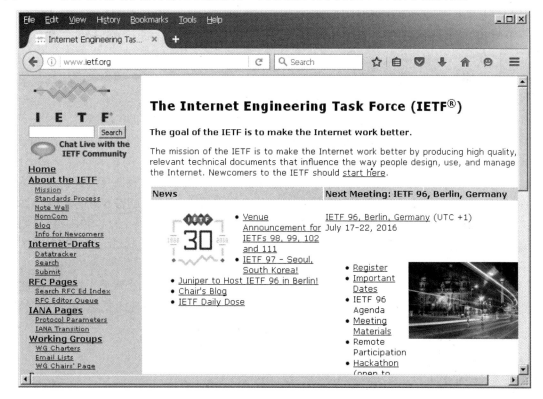

图 2-37　浏览器中显示的页面

不管在服务器和客户端，数据都是由应用层产生并逐层向下传输的。在接收端，数据先由物理层接收并逐层向上传输，最终送给应用层的应用程序。中继设备只关心物理层；交换机关心的是数据链路层和物理层，重点在数据链路层；路由器关心的是下面三层，重点在网络层；个人计算机或服务器等端计算设备或主机设备拥有相对完备的协议栈，但端计算设备和主机设备重点关注的是应用层。

2.13 再谈数据通信网络的模型

通过前面的讨论，相信读者对数据通信网络有了更深的理解，不会再受到任何一种不切实际的形式的蛊惑。从数据的角度的来看：

应用层（Application Layer）或用户接口层（User Interface Layer）将用户信息编码成计算机能处理的数据，为用户提供面向网络的应用，如 HTTPS、SMTP、IMAP、NFS、SFTP、SSH、DNS、DHCP 等。

网络数据接口层（Network Data Interface Layer）或 Socket 层提供数据进入网络的接口，如 TCP、UDP、SCTP 等。

互联网层（Internet Layer）或 IP 层提供数据封装标识和网际互联，如 IPv4、IPv6，是被讨论得最多的一层，也可以被认为是最重要的一层。

介质无关层（Media Independent Layer）为互联网层提供与介质无关的封装，如以太网（Ethernet II）、HDLC、PPP、Frame-Relay、ATM 等。

其中我们熟知的以太网又分为上层的 LLC（Logical Link Control，逻辑链路控制）层和下层的 MAC（Media Access Control，介质访问控制）层。

物理层（Physical Layer）提供网络设备的网络接口和物理信号的传输服务。

硬件厂商会把物理层和介质无关层合并在了一起，形成了网络接入层（Network Access Layer）。

路由选择协议其实是路由器上的应用，是为了替基于 IP 封装的数据包选择合适的下一跳而采取的一整套计算方法。这些应用可能是基于 UDP 封装（如使用 UPD 520 端口的 RIP）、TCP 封装（如使用 TCP 179 端口的 BGP）、IP 封装（如 IP 协议号为 89 的 OSPF）或以太网封装（如以太网类型为 0x22F4 的 IS-IS）的，但它们都有一个共同的目标，就是确定由 IP 封装的数据包的下一跳在哪里。

讨论到这里你会发现，网络模型的具体形式是什么其实并没有那么重要，真正重要的是各协议之间的调用关系。我们应该真正了解和知道的是某一个协议出现的原因、解决的问题、存在的问题、如何补救应对、它服务于谁、又依赖于谁的服务。

2.14 思考题

（1）长距离以太网设备为什么要成对使用？

（2）为什么采用双绞线传输介质的以太网的最长通信距离只有 100 m？

（3）数据在进入网络时已经被分段了，为什么网络层还设置了分段功能？

（4）以太网报文中的目的 MAC 地址是如何确定的？

（5）为什么有 IP 地址还要有 MAC 地址？或者有 MAC 地址还要有 IP 地址？

（6）既然 IPv6 有丰富的扩展报头，能否扩展出替代 MAC 地址的一套东西？

（7）在采用 TCP、IP 默认封装的情况下，单个以太网数据帧的最大业务数据长度可能有多大？

（8）相对于网络层组网来说，为什么数据链路层组网容易出问题，且影响面大，难以排查？

（9）网络中有哪些协议会产生广播？广播有什么弊端？IPv6 中是如何替代广播的？

（10）为什么 IP v4 报文有报头长度（IHL）的字段，而 UDP 没有？

（11）在 TCP 连接的建立和拆除过程中，确认数据包也有可能丢失，为什么没有确认机制？

（12）有哪些办法可以取代低效的 TCP，并保留它的可靠性？

（13）IPv6 报头中为什么没有像 IPv4 一样的分段标识（Flag）和片偏移字段（Fragment Offset）？

（14）IPv6 报头中为什么没有像 IPv4 一样的报头长度（IHL）字段？

（15）从管理、技术、现实的情况出发，思考一下为什么网络中为什么没有遇到 MAC 地址冲突。

（16）数据在网络上传输的过程中，要经过不同类型的网络设备，源 IP 地址、目的 IP 地址、源 MAC 地址、目的 MAC 地址经过这些设备后是否会重新封装？如何封装？

（17）全栈升级到 IPv6 需要考虑到哪些方面的问题？需要用到哪些技术？有哪些注意事项？

（18）根据本章的介绍，画出各协议之间的相互关系（即协议地图）。

第 3 章
常用的传输介质

数据从信源到信宿需要传输介质。

3.1 概述

信息的传播需借助传输介质，铜、光、电磁波是目前使用最广泛的三种传输介质。本章所讨论的传输介质都是 IEEE 802.3 标准和 IEEE 802.11 标准描述的介质类型。

有线局域网络的铜介质（包括同轴线、双绞线）和光介质都是基于 IEEE 802.3 标准的；无线局域网的电磁波介质则是基于 IEEE 802.11 标准的，最早是在 1997 年提出的。

TCP/IP 模型的网络接入层功能同时包含 OSI 模型的数据链路层和物理层功能，而 IEEE 802.3 标准和 IEEE 802.11 标准描述的就是 TCP/IP 模型的网络接入层，这两个标准不仅定义了介质类型、组网拓扑、介质访问控制方式，还定义了编码方式和接口形式等。

3.2 以太网的命名规则

以太网的命名规则如下：

（1）前面的数字表示速率，如 10、100、1000、2.5G、5G、10G、25G、40G、50G、100G 等，单位是 bps。

（2）BASE、BROAD、PASS 等表示信号。

- BASE：Baseband，表示基带信号。
- BROAD：Broadband，表示宽带信号。
- PASS，Passband，表示通带信号。

（3）T、S、L、E、Z、B、P、C、K、F、H 等表示介质类型。

- T：Twisted Pair，表示双绞线。
- S：850 nm Short Wavelength，表示 850 nm 的短波多模光纤。
- L：1300 nm Long Wavelength，表示 1300 nm 的长波单模光纤。
- E 和 Z：1500 nm Extra Long Wavelength，表示 1500 nm 的超长波单模光纤。
- B：Bi-directional Fiber，表示双向光纤，通常是单模的，用于波分复用（WDM）。
- P：Passive Optical Network，表示 PON，即无源光网络。

- C：Opper/Twinax，表示铜线或双绞线。
- K：Copper Backplane Netword，表示由铜线组成的背板或底板。
- F：Fiber，表示各种波长光纤。
- H：Plastic Optical Fiber，表示塑料光纤。

(4) 2、5、36 等表示同轴线的传输距离。2 表示 185 m，5 表示 500 m，36 表示 3600 m。

(5) X、R 表示编码方式。

- X：8B/10B 编码，100 Mbps 以太网使用 4B/5B 编码，如 100 BASE-TX、100 BASE-FX；1 Gbps 以太网大多使用 8B/10B 编码，如 1000 BASE-LX、1000 BASE-SX。
- R：大块编码方式，即 64B/66B 编码，10 Gbps 或更高速的以太网大多使用这种编码方式，如 10 BASE-LR、10 BASE-SR。

(6) 1、2、4、10：在局域网中表示物理线路可被分割的段数，在广域网中表示以千米为单位的传输距离。

10 Mbps 的以太网使用的是曼彻斯特码，因此不标识编码类型，大多数双绞线都使用唯一编码，所以通常只使用 T。

3.3 铜介质

3.3.1 同轴线

几乎每家每户都能见到同轴线，如家中闭路电视（CCTV）使用的线缆。目前，同轴线在数据通信领域已经很少使用了，随着"光纤到户"和"三网合一"的推进，同轴线逐渐退出了市场。部分地区的广电公司曾经通过同轴线为用户同时提供广播电视业务和数据业务，通过不同的载波频率来区分不同的业务，从而在同一条物理线路上同时提供两个不同的业务，当然还需要 Modem 的参与。我们通常把同轴线的 Modem 称为 Cable Modem。

同轴线的结构如图 3-1 所示，由外向内依次是保护外套、外导体（屏蔽层）、绝缘介质和内导体。

(1) 保护外套（Outer Jacket）：即最外面是一层绝缘层，起保护作用，一般采用聚乙烯制作。

(2) 外导体（Braided Copper Shielding）：也是屏蔽层，有双重作用，既作为传输回路的一根导线，传输低电平，又具有屏蔽作用。

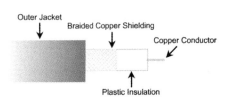

图 3-1 同轴线的结构

(3) 绝缘介质（Plastic Insulation）：通常采用 PE 材质制作，主要作用是提高抗干扰性能，还有防水和防氧化侵蚀的作用。

(4) 内导体（Copper Conductor）：铜芯，是同轴线的轴心部分，同轴线就是以内导体为轴心制作的线缆。

同轴线通常使用 BNC 连接器（BNC Connector），只是不同型号线缆的连接器大小不同。

1. 常见的以太网同轴线标准

同轴线在数据通信市场基本上现在已经见不到了，有线电视还在用，属于以太网早期的线缆,由于很难再提升带宽,因此已经逐渐被市场淘汰了。常见的以太网同轴线标准如表 3-1 所示。

表 3-1 常见的以太网同轴线标准

名 称	标 准	连接头	最大传输距离/m	线缆要求	其 他
10BASE5	IEEE 802.3-1983	N	500	RG-8X	10 Mbps 的带宽,安装布线比较麻烦
10BASE2	IEEE 802.3a-1983	BNC	185	RG-58	10 Mbps 的带宽,布线方便、成本低

2. Cable Modem

Cable Modem 在 "三网合一" 初期短暂地冒了下泡,现在也很少见到了。Cable Modem 的作用和电话线 Modem 相似,不同的是电话线 Modem 分离和合成的信号是语音业务与数据网络业务的信号,而 Cable Modem 分离和合成的信号是广播电视业务与数据网络业务的信号。随着 "光纤到户" 的推进,现在已经很难看到 Cable Modem 了。

3.3.2 双绞线

双绞线是由一对带绝缘层的铜导线按一定的密度绞合在一起制成的,每对铜导线之间具有相互的干扰抵消作用。常用的有一对、二对、四对双绞线。使用双绞线的以太网的最大传输速率是 40 Gbps,50 Gbps 及更高传输速率的以太网不再使用双绞线,通常使用光纤。

1. 双绞线结构

完全屏蔽双绞线从外到内依次是:①最外层是外套;②接下来是金属编织的屏蔽网;③第 3 层是铝箔屏蔽层;④第 4 层是由铝箔屏蔽层包裹的双绞线对;⑤最里面是按一定密度相互绞合在一起的带有绝缘层的铜导线。完全屏蔽双绞线结构示意图如图 3-2 所示。

非完全屏蔽双绞线可能会缺少一到两层的屏蔽层,非屏蔽双绞线没有屏蔽层。非屏蔽双绞线结构示意图如图 3-3 所示。

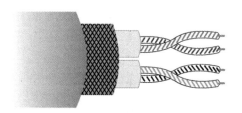
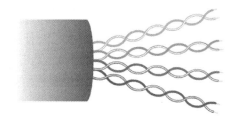

图 3-2 全屏蔽双绞线结构示意图　　图 3-3 非屏蔽双绞线结构示意图

双绞线实物图片如图 3-4 所示。

图 3-4 双绞线图片(四对、UTP、Cat-6)

2. 常用的以太网双绞线标准

双绞线主要应用于终端设备与网络设备的互联，双绞线在 1 Gbps 以太网中的应用还比较多，10 Gbps 及以上的以太网基本上全部使用光纤了。常用的以太网双绞线标准如表 3-2 所示。

表 3-2 常用的以太网双绞线标准

名 称	标 准	连 接 头	最大传输距离/m	线缆要求	编 码
10Base-T	IEEE 802.3i-1990	8P8C、IEC 60603-7	100	Cat-3	4B/5B
100Base-TX	IEEE 802.3u-1995	8P8C、IEC 60603-7	100	Cat-5	4B/5B
1000Base-T	IEEE 802.3ab-1999	8P8C、IEC 60603-7	100	Cat-5e	8B/10B
10GBASE-T	IEEE 802.3an-2006	8P8C、IEC 60603-7	55、100	Cat-6、Cat-6a	64B/66B

连接头中的 8P8C 就是我们常说的 8Pin 水晶头，实际上我们常说的水晶头和信息模块都是在 IEC 60603-7-1 中定义的。

3. 各种使用场景的线缆

室外线主要用于室外，比较硬，有较厚实的外套，可以抵抗室外的恶劣环境和防拉伸，成本比同样标准的室内线要高很多。

室内线主要用在室内，没有厚实的外套，相对较软，便于走线，成本比同样标准的室外线低很多。

4. 常用的双绞线标准等级

Cat-5e：就是我们在工程中常说的超五类线标准，是最常用的线缆标准。Cat-5e 是为千兆位以太网制定的，但实际中很多千兆位以太网选用了 Cat-6 标准的线缆，但不可思议的是水晶头使用的是 Cat-5e 标准的水晶头。

Cat-6：就是我们在工程中常说的六类线标准，也是目前比较常见的双绞线标准。千兆位以太网经常使用 Cat-6 标准的线缆，其实 Cat-6 标准的线缆可以承载 10 Gbps 的数据传输速率，传输距离约为 55 m（标准中定义的是 180 ft，约为 55 m）。六类线与超五类线在外观上的最大不同是，前者的线径更粗，而且中间还多了一个十字骨，这给施工增加了一些难度，也就是说，六类线比超五类线制作更费劲儿一些。

Cat-6a 和 Cat-7：在市面上也有使用这两类标准的线缆，但比较少见。这两类标准的线缆都能够以 10 Gbps 的速率来传输数据，传输距离约为 100 m（330 ft）。但实际中的 10 Gbps 及以上速率的以太网基本上都采用光介质，网络接口基本上也都是光口。实际上 Cat-6a F/UTP 及以上的线缆才能满足 10GBase-T 的要求，Cat-6a UTP 及以下线缆不能满足 10GBase-T 的要求。

5. 双绞线的封装形式

非屏蔽双绞线（Unshielded Twisted Pair，UTP）：在实际中用得最多，不带金属屏蔽层，制作相对容易。

屏蔽双绞线（Shielded Twisted Pair，STP）：一般用在可能有外部干扰的场合或者对内部干扰要求比较高的情况，屏蔽双绞线的外套下面还有金属屏蔽层。

屏蔽双绞线还可以分为全屏蔽双绞线和半屏蔽双绞线。

铝箔屏蔽双绞线（Foil Twisted Pair，FTP）：屏蔽双绞线的一种，4 对线的外面有一个屏蔽层，每一对线缆并没有屏蔽，主要用于对抗外部干扰。

双屏蔽双绞线（Secure Foil Twisted Pair，SFTP）：屏蔽双绞线的一种，每一对线都有铝箔屏蔽层，4 对线的外面还有一层铝箔加编织网屏蔽层，最外面才是外套。双屏蔽双绞线的屏蔽效果最好，既可以对抗外部干扰，也可以对抗内部干扰。当然成本也比较高，应用在对抗干扰和速率要求都比较高的场合。

常用的双绞线封装形式如表 3-3 所示。

表 3-3　常用的双绞线封装形式

行业内的名称	ISO/IEC 11801 中的名称	线缆屏蔽层	双绞线的屏蔽层
UTP	U/UTP	无	无
STP, SCTP, PIMF	U/FTP	无	铝箔屏蔽层
FTP, STP, SCTP	F/UTP	铝箔屏蔽层	无
STP, SCTP	S/UTP	编织网屏蔽层	无
SFTP, SFTP, STP	SF/UTP	编织网屏蔽层、铝箔屏蔽层	无
FFTP	F/FTP	铝箔屏蔽层	铝箔屏蔽层
SSTP, SFTP, STP, PIMF	S/FTP	编织网屏蔽层	铝箔屏蔽层
SSTP, SFTP	SF/FTP	编织网屏蔽层、铝箔屏蔽层	铝箔屏蔽层

在 ISO/IEC 11801 中，U 表示 Unshielded（无屏蔽层）；F 表示 Foil Shielding（铝箔屏蔽层）；S 表示 Braided Shielding（编织网屏蔽层），仅在外层使用；TP 表示 Twisted Pair（2 对双绞线）；TQ 表示 Twisted Quad（4 对双绞线），4 对双绞线采用独立屏蔽层。

6．水晶头

RJ-45 连接器通常是指实际中的水晶头，其实它的另外一个名字是 8P8C；RJ-45 插槽通常称为信息模块，它的另外一个名字是 IEC 60603-7。信息模块和面板共同构成了信息点，很多信息点同时具有 RJ-45 和 RJ-11 两种插槽。

RJ-11（4Pin）水晶头多用于有线电话的连接，如图 3-5 所示。有线电话实际上只用 2 条线缆，压在 RJ-11（4Pin）水晶头中间位置即可。另外还有 RJ-11（6Pin）水晶头，在实际中也会经常用到。

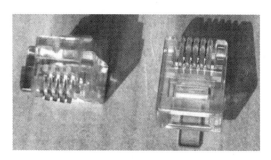

图 3-5　RJ-11（4Pin）水晶头图片

RJ-45 水晶头（采用 CAT-5e 标准的线缆）如图 3-6 所示，多用于有线以太网，是目前使用得最广泛的水晶头。

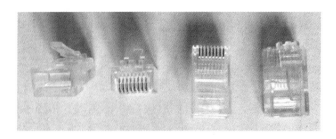

图 3-6　RJ-45 水晶头图片（采用 Cat-5e 标准的线缆）

RJ-45 水晶头（采用 CAT-6 标准的线缆）如图 3-7 所示，多用于有线以太网。

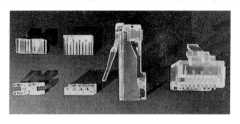

图 3-7　RJ-45 水晶头图片（采用 Cat-6 标准的线缆）

采用 Cat-5e 标准线缆的水晶头（称为五类水晶头）只有一个部件，线孔在一个平面排列；采用 Cat-6 标准线缆的部分水晶头（称为六类水晶头）只有一个部件，线孔不在同一个平面排列。一个部件的 Cat-6 水晶头在制作时相对容易一些，但容易受人为因素的影响，不同的人做出来的六类水晶头的差异可能比较大。市面上还有一些水晶头厂家做了一些改进，提供了两个部件和三个部件的六类水晶头，这类水晶头在制作时稍麻烦一些，但只要按照部件安装顺序和要求去做，质量差异不会太明显，基本都能合格。

7．双绞线的线序标准

双绞线的线序有以下两个标准：

TIA/EIA-568A（T568A）：顺序为绿白、绿、橙白、蓝、蓝白、橙、棕白、棕。

TIA/EIA-568B（T568B）：顺序为橙白、橙、绿白、蓝、蓝白、绿、棕白、棕。

TIA/EIA-568A 标准先于 TIA/EIA-568B 标准发布，目前基本都使用 TIA/EIA-568B 标准。TIA/EIA-568A 标准和 TIA/EIA-568B 标准如图 3-8 所示。

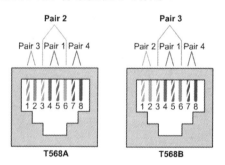

图 3-8　TIA/EIA-568A 标准和 TIA/EIA-568B 标准

8．直连线

直连线又称为直通线，其制作方法是两端都使用 TIA/EIA-568B 标准或 TIA/EIA-568A

标准接线，在实际中普遍采用前者。

理论上讲，对于用户定义的线序，只要两端的线序一致就是直通线，但会增加线路上的串扰。笔者碰到的一个实际案例是，某用户通过一台交换机进行组网（星状网络），自定义了水晶头线序，在只接入两三台设备时网络能够正常工作，但接入的设备过多时就会出现各种稀奇古怪的通断问题。笔者被请去解决网络不稳定的技术问题，看了现场后让用户重新做了水晶头，就解决了这些问题。这个案例发生在一个重大展会的前一天，笔者为了赶去解决这些问题连晚饭都没有顾上吃，为赶路还花去一笔不小的费用，真是让人有些哭笑不得。

直通线应用在不对等且相邻层的设备之间，如计算机与交换机之间、交换机与路由器之间。

直通线两端的引脚定义如表 3-4 所示。

表 3-4　直通线两端的引脚定义

直通线一端的引脚定义		直通线另一端的引脚定义	
信　号	引脚编号	引脚编号	信　号
Tx+	1	1	Tx+
Tx−	2	2	Tx−
Rx+	3	3	Rx+
—	4	4	—
—	5	5	—
Rx−	6	6	Rx−
—	7	7	—
—	8	8	—

9．交叉线

交叉线的常用制作方法是一端按照 T568B 标准接线，另一端按照 T568A 标准接线。

交叉线应用在对等设备之间（如计算机和计算机之间、交换机与交换机之间）或隔层的设备之间（如计算机与路由器之间）。

本来两台交换机相连应该只能是使用交叉线，这是因为交换机的端口定义都是一样的，只有交叉线才能保证数据的正常收发，但现在的大部分网络设备接口都具有自识别并进行调整的功能。换句话说，使用直通线连接两台交换机也是可以的，但仍不推荐这样使用，这是因为不能保证所有的网络设备接口都一定有这样的功能。两台对等设备相连，直通线可能可以，但交叉线肯定可以。为保险起见，对等设备之间最好使用交叉线。

交叉线两端的引脚定义如表 3-5 所示。

表 3-5　交叉线两端的引脚定义

交叉线一端的引脚定义		交叉线另一端的引脚定义	
信　号	引脚编号	引脚编号	信　号
Tx+	1	3	Rx+
Tx−	2	6	Rx−
Rx+	3	1	Tx+

续表

交叉线一端的引脚定义		交叉线另一端的引脚定义	
信　号	引 脚 编 号	引 脚 编 号	信　号
—	4	4	—
—	5	5	—
Rx−	6	2	Tx−
—	7	7	—
—	8	8	—

10．反转线

反转线的常用制作方法是一端按照 T568B 标准接线，另外一端按照 T568B 标准的倒序接线。反转线常作为连接网络设备 Console 口的控制线。

反转线两端的引脚定义如表 3-6 所示。

表 3-6　反转线两端的引脚定义

反转线一端的引脚定义		反转线另一端的引脚定义	
信　号	引 脚 编 号	引 脚 编 号	信　号
Tx+	1	8	—
Tx−	2	7	—
Rx+	3	6	Rx−
—	4	5	—
—	5	4	—
Rx−	6	3	Rx+
—	7	2	Tx−
—	8	1	Tx+

以上三种类型的线缆，在制作时不建议用户自定义线序，建议按照标准老老实实地去制作。小聪明不可取，前人总结的经验和标准更可信。

11．双绞线接头引发的问题

在网络中，因为双绞线接头质量导致的问题千奇百怪、五花八门！

- 外观看似良好，但就是不通；
- 网卡状态显示接通，但就是没有数据；
- 时通时断，时断时续；
- 同一台交换机上接两三根线时通信正常，数量一多，整体不通，但各台设备的网卡显示的线缆连接都是正常的；
- 网卡状态显示正常，数据也能交互，但达不到的最大速率；
- 网卡的显示速率正常，但实际速率却不达标；
- 同一台服务器有两个网口，做了绑定后绑定口不能用；
- 部分业务数据能正常通信，部分业务数据不能。

上述这些问题，在很多时候重做水晶头就解决了！

12. Cat-5e 标准的 UTP 双绞线接头制作技巧

这里以 Cat-5e 标准的 UTP 双绞线为例介绍双绞线接头的制作技巧。

（1）剪掉外套的长度。长度没有具体要求，原则是方便后面的工序，并兼顾现场需求，长度一般取 1.5～2 个水晶头的长度。在新布线的场景中，可以稍长一些，以方便制作，但 1.5～2 个水晶头的长度也已经足够了，过长并没有实际意义，只会浪费双绞线。在已经布好线的场景中，后来发现有问题，需要重新做接头，很多时候要求剪掉外套的长度不能过长，否则会影响布线，尤其是在机架一端。

（2）排线序。解开每一对线芯并将其捋直，根据需要排列各种颜色的线芯，注意不要交叉线芯，也不要过度分离线芯。

（3）剪线长度。在捋直线芯时可能会导致握在手中的、未剥线的部分弯曲，此时应将其捋直并一直保持到压线完成。如果在压线后再捋直可能会导致部分线芯脱离水晶头，导致接触质量下降或不太标，尤其是在使用 Cat-6 标准的 STP 双绞线的场景中，线芯弯曲会导致线芯在水晶头顶端的弯曲内弧线对过长，而弯曲外弧线对则过短。剪线长度应稍大于一个水晶头的长度。若线芯的外套较紧，则稍留短一些；若线芯的外套较松，则稍留长一些。剪线后不要松手，也不要移动线芯，否则会导致剪好的线芯变得不齐。

（4）插入水晶头。将线芯插入水晶头时不能松手，插入后要再次检查线序，确认无误后将线芯都顶到了水晶头的顶端，线芯的外套长度应能够保障外套压在水晶头的塑料卡子下面。

对于具有三个部件的 Cat-6 标准水晶头，应先安装第一个分隔线对的部件（也称为分线卡），将 4 对线先分成 4 组，其中一对线要穿过分线卡的小孔，其他 3 对线经过缺口压入分线卡即可。

在将线芯插入水晶头时，需要先将线芯的前端剪掉一小部分，因为在捋直线芯时其前端会过于弯曲，从而导致线芯无法插入水晶头。掌握剪掉线芯前端这一小部分长度的原则是：剩余长度以超过线孔部件的长度，并且保证所有的线芯比较直顺。两个部件接好并对齐，再用网线钳剪掉线孔部件前面多余的线芯，最后将线芯连同两个部件一起插入水晶头中。

（5）压线。把水晶头插进 8Pin 的压线孔，用力压下去，保证水晶头上的金属片和卡子都压下去，卡子压住双绞线的外套。在压好线前，不要松手或移动网线，否则已经剪齐的线就有可能变得不齐，就会使有的线芯顶不到头，导致金属片压不到或压不牢线芯。

有些网线钳下压的 8 个"牙齿"可能会有一点点长，如果全力压到底会导致水晶头金属片插入的深度过深，从而使水晶头金属面在插入到 RJ-45 网口时不能与接口的金属丝良好接触，导致最终做好的接头还是不达标，所以在压线时注意观察，如果"牙齿"过长就不要全力压到底。

13. Cat-6 标准的双绞线与 STP 双绞线

Cat-6 标准的双绞线与 Cat-5e 标准的双绞线制作技巧基本相同。在制作 Cat-6 标准的双绞线时，不仅要剪掉外套，还要剪掉中间的十字骨架。十字骨架尽可能剪到和外套一样齐，这样方便双绞线的线芯往水晶头里面推进。

STP 双绞线与 UTP 双绞线相比，多了一些金属屏蔽层，在剪掉金属屏蔽网时，最好沿外套的不同外围面多剪两刀，保证屏蔽层与外套对齐。如果是全屏蔽双绞线，则每个线对上的金属屏蔽层用手撕下来即可,不需要用网线钳去剪,但撕掉的长度不宜过长,否则会失去屏蔽作用。

另外,对于 Cat-6 标准的 STP 双绞线,它不仅有金属屏蔽层,还有十字骨架的线,不用说,在制作时也要剪了金属屏蔽层和十字骨架,并且要对齐。

在处理屏蔽层时一定注意不要下手太狠,剪掉、剪整齐并不意味着连外套里面的屏蔽层也要剪掉,要知道串扰基本上都是在水晶头处产生的。

对于双绞线来说,制作 Cat-5e 标准的 UTP 双绞线水晶头是基本要求,这种水晶头能做好,其他双绞线水晶头的制作也不是问题。

14. 10 项测试

线缆的好坏有很多评估指标,常用的测试项如下:

- Wire Map:接线图。
- Insertion Loss:插入损耗。
- Near-End Crosstalk(NEXT):近端串扰。
- Power Sum Near-End Crosstalk(PSNEXT):综合近端串扰。
- Equal-Level Far-End Crosstalk(ELFEXT):等效远端串扰。
- Power Sum Equal-Level Far-End Crosstalk(PSELFEXT):综合等效远端串扰。
- Return Loss:回波损耗。
- Propagation Delay:传播时延或时延
- Cable Length:线缆长度。
- Delay Skew:时延抖动。

上述的测试项引自 CCNA3.1,目的是为告诉读者,线缆的好坏不仅仅是插上去有信号、能 Ping 通这么简单,还要考虑实际的数据传输速率和对相邻线缆的影响等。制作线缆最见一个人的基本功和做事态度,切不可轻视。

15. 常见的接线错误

常见的接线图错误如图 3-9 所示,常见的线序错误如图 3-10 所示,水晶头的对比如图 3-11 所示。

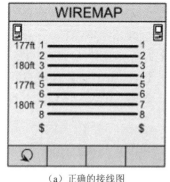
(a)正确的接线图

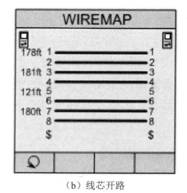
(b)线芯开路

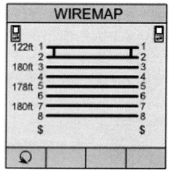
(c)线芯短路

图 3-9 常见接线图错误

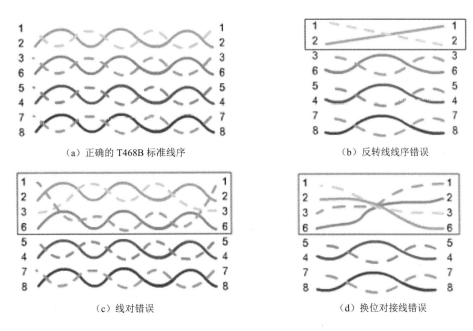

图 3-10　常见的线序错误

（a）不好的水晶头

（b）好的水晶头

图 3-11　水晶头的对比

16．常见错误汇总

- 线序错误，表现为线路不通、有电信号但 Ping 不通或者达不到预期的数据传输速率。
- 剪线不整齐，导致部分线芯开路或接触不良，表现同线序错误。
- 金属片没有压下去，导致部分线芯开路或接触不良，表现同线序错误。
- 线芯没有被捋直，插不进水晶头或不能顶到头。
- 分离线对或交叉线对错误，导致串扰增加，达不到预期的数据传输速率。
- 线缆的外套没有压在水晶头卡子下，不能抗拉伸，同时会降低抗干扰能力，影响实际的数据传输速率。

17．RJ-45 信息模块

有些时候，双绞线并不是直接插入交换机或路由器的，而是插入墙上的信息模块。信息模块压线会用到一个名为打线钳的工具。信息模块的制作也比较简单，根据接线标准和模块上的颜色指示，将打线钳较长的切刀向外，垂直压下，多余的部分会被向外的切刀切掉。注意不要剥线太长。

使用打线钳将线芯压入信息模块如图 3-12 所示，图中的线序符合 T568B 标准。

图 3-12　使用打线钳将线芯压入信息模块

3.4 光介质

光（光波）也是一种电磁波，在通信中常用的是波长为 850 nm、1310 nm、1550 nm 等的光，长距离通信用长波，其最长传输距离可达 100 km。

传播光的常用介质是光纤，光纤的内径和外径分别用两个数字表示，如 9/125 μm 表示内径为 9 μm，外径为 125 μm。纤芯是光纤的核心，是光的传输通路，其上的附着层主要用于对纤芯进行保护，形成了光纤的外径。多模光纤和单模光纤的线径如图 3-13 所示，其中前三个图表示多模光纤。

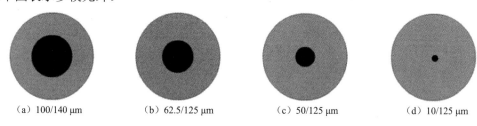

（a）100/140 μm　　（b）62.5/125 μm　　（c）50/125 μm　　（d）10/125 μm

图 3-13　多模光纤和单模光纤的线径

3.4.1 光纤的结构

从光纤断面来看，光纤的结构可以分为三层，如图 3-14 所示，从外到内分别是：

- 外套保护层（Coating or Buffer），提供光纤的保护功能；
- 缓冲层（Cladding），缓冲外力冲击或挤压；
- 纤芯（Core），用来传输光信号。

从缓冲层和纤芯的距离来看，光纤进一步可分为松外套光纤和紧外套光纤，如图 3-15 所示，左侧是松外套光纤，右侧是紧外套光纤。

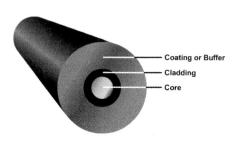

图 3-14　光纤的结构

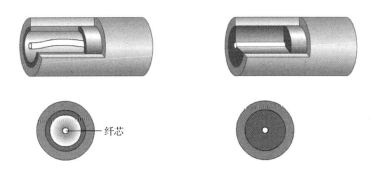

图 3-15 松外套光纤和紧外套光纤

3.4.2 单模光纤与多模光纤

常用的光纤型号有 50/125 μm（A1a）、62.5/125 μm（A1b）、100/140 μm（A1d）和 10/125μm。多模光纤的纤芯直径（线径）通常比较大，一般为 50 μm、62.5 μm，可传输多种模式的光波，但会产生光色散，传输距离有限，通常只有 550 m 或 850 m。单模光纤的线径通常比较小，一般为 10 μm，用来传输单一模式的光波，传输距离远，通常可达到千米级。

一般来说，单模光纤的价格要比多模光纤高，但近年来二者的价格差别已经不太明显了，甚至有时还会出现戏剧性的反转。

3.4.3 常用的光纤标准等级

光纤的标准有两大体系，分别是由 ITU-T 和 ISO 制定的。ITU-T 制定了 G 系列光纤的标准，除 G.651 外，其他的都是单模光纤标准。ITU-T 制定的光纤标准如表 3-7 所示。

表 3-7 ITU-T 制定的光纤标准

类 型	名 称	特 点	应 用
G.651	多模渐变型折射率光纤	适用于传输 850 nm、1310 nm 的光波，弯曲半径约为 15 mm，成本较低	主要应用于局域网，不适合远距离传输，多用于 FTTH 的室内场景
G.652	色散非位移光纤	主要用于传输 1310 nm 的光波，也可传输 1550 nm 的光波。传输 1310nm 的光波时色散为零，衰减为 0.3～0.4 dB/km，色散系数为 0～3.5 ps/nm·km；传输 1550 nm 的光波时损耗最小，衰减为 0.19～0.25 dB/km，色散系数为 15～18 ps/nm·km。不适合数据传输速率为 2.5 Gbps、长距离的场合	应用最为广泛
G.653	色散位移光纤	传输 1550 nm 的光波时色散降至最低，从而使光损耗降至最低	非常适合长距离单信道光通信系统。应用较少，原因是 1550 nm 附近的信道噪声会引起非线性效应
G.654	截止波长位移光纤	传输 1550 nm 的光波时损耗最低，低于 G.652、G.653、G.655 类型的光纤，因此也称为低损耗光纤，色彩散系数与 G.652 类型光纤相同	主要用于海底和地面长距离传输
G.655	非零色散位移光纤	传输 1550 nm 的光波时色散接近于零，但不是零	早期用于 WDM 系统和长距离通信，现在应用较少

续表

类型	名称	特点	应用
G.656	低斜率非零色散位移光纤	传输 1460～1625 nm 的光波时衰减较低，但在波长小于 1530 nm 时，对于 WDM 系统来说色散太低，因此不适合传输 1460～1530 nm 的光波	主要用于高速率、大容量、长距离的场景
G.657	耐弯光纤	对弯曲损耗不敏感，弯曲半径最小可达 5～10 mm	是 FTTH 中的常用光纤

注：表 3-7 中的内容由广东亿源通科技股份有限公司提供。

ISO 制定了 OM（Optical Mode，光纤模式）系列多模光纤的标准。ISO 制定的光纤标准如表 3-8 所示。

表 3-8 ISO 制定的光纤的标准

名称	颜色	纤芯尺寸/μm	主要性能
OM1	橙色	62.5	数据传输速率为 1 Gbps，适合传输 850 nm 的光波，最长传输距离为 300 m
OM2	橙色	50	数据传输速率为 1 Gbps，适合传输 850 nm 的光波，最长传输距离为 600 m
OM3	海蓝色	50	数据传输速率为 10 Gbps，适合传输 850 nm 的光波，最长传输距离为 300 m
OM4	海蓝色	50	数据传输速率为 10 Gbps，适合传输 850 nm 的光波，最长传输距离为 550 m
OM5	石灰绿色	50	数据传输速率为 100 Gbps，适合传输 850 nm、953 nm 的光波，最长传输距离为 400 m

注：表 3-8 中的内容由广东亿源通科技股份有限公司提供，最长传输距离和速率有关。

3.4.4 光纤连接器

光纤连接器的名称有两部分，中间用 "/" 隔开，如 LC/PC。"/" 前面表示不同外观规格的连接器型号，如 LC、FC、SC、ST；"/" 后面表示连接头截面工艺或研磨工艺，如 APC、UPC、PC，其中 APC 的性能最好，UPC 次之，PC 最一般。光纤连接器的名称含义如表 3-9 所示。

表 3-9 光纤连接器的名称含义

	英文缩写	英文全称	描述
连接器型号	LC	Lucent Connector 或 Little Connetor	小型长方头或小方头
	FC	Ferrule Connector	圆头螺口，接头是金属接头，一般在 ODF 侧采用
	SC	Subcriber Connector 或 Small Connector	标准方形接头或大方头
	ST	Straint Tip	圆头卡口
	MT-RJ	Mechanical Transfer Registered Jack	方形、一头双纤、收发一体
截面工艺	PC	Physical Contact	接头截面是平的，实际上是微球面研磨抛光
	UPC	Ultra PC	超抛光物理接触
	EUPC	Enhance Ultra PC	增强超抛光物理接触
	APC	Angel PC	呈 8° 角并做微球面研磨抛光

ST 和 FC 在外观上看上去有一些相似，都是圆柱形的，且有一个白色的纤芯伸出，但 ST 使用的是卡口，FC 使用的是螺口。SC 与 LC 也有一些相似，都是方头，但 SC 没有卡子，

个头也更大,通常被称为大方头;LC 有一个卡子,个头小,通常被称为小方头。

FC 连接器如图 3-16 所示,ST 和 SC 连接器如图 3-17 所示,LC 连接器如图 3-18 所示。

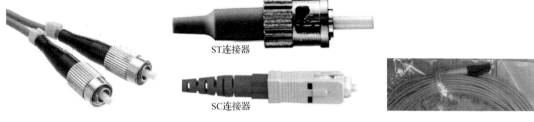

图 3-16　FC 连接器　　　　图 3-17　ST 和 SC 连接器　　　　图 3-18　LC 连接器

3.4.5　常用的以太网光纤标准

光纤最明显的优势是大带宽、长传输距离和较强的抗干扰能力,非常适合长距离和设备间互联。常用的以太网光纤标准如表 3-10 所示。

表 3-10　常用的以太网光纤标准

以太网名称	采用的标准	连接器型号	最大传输距离	光介质	编码
100BASE-FX	IEEE 802.3u-1995	ST、SC	400 m(半双工)、2 km(全双工)	多模光纤	4B/5B、NRZI
100BASE-BX10	IEEE 802.3ah-2004	ST、SC、LC	10 km(全双工)	单模光纤	4B/5B、NRZI
1000BASE-SX	IEEE 802.3u-1998	ST、SC、LC	550 m	多模光纤(850 nm)	8B/10B、NRZ
1000BASE-LX	IEEE 802.3u-1998	SC、LC	5 km	单模光纤(1310 nm)	8B/10B、NRZ
1000BASE-BX10	IEEE 802.3ah-2004	SC、LC	10 km	单模光纤(1310 nm)	8B/10B
1000BASE-LX10	IEEE 802.3ah-2004	SC、LC	10 km	单模光纤(1310 nm)	8B/10B
10GBASE-SR	IEEE 802.3ae-2002	SC、LC	550 m	多模光纤(850 nm)	64B/66B
10GBASE-LX4	IEEE 802.3ae-2002	SC、LC	10 km	单模光纤(1310 nm)	8B/10B
10GBASE-LR	IEEE 802.3ae-2002	SC、LC	10 km	单模光纤(1310 nm)	64B/66B
10GBASE-ER	IEEE 802.3ae-2002	SC、LC	30 km	单模光纤(1550 nm)	64B/66B
40GBASE-LR4	IEEE 802.3ba-2010	SC、LC	10 km	单模光纤(1310 nm)	64B/66B
40GBASE-ER4	IEEE 802.3ba-2010	SC、LC	40 km	单模光纤(1550 nm)	64B/66B
50GBASE-SR	IEEE 802.3cd-2018	LC、SC	100 m(OM4)	多模光纤(850 nm)	64B/66B
50GBASE-FR	IEEE 802.3cd-2018	LC、SC	2 km(PAM-4)	PAM-4	64B/66B
50GBASE-LR	IEEE 802.3cd-2018	LC、SC	10 km(PAM-4)	单模光纤(1310 nm)	64B/66B
50GBASE-ER	IEEE 802.3cd-2018	LC、SC	30 km(PAM-4)	单模光纤(1550 nm)	64B/66B
100GBASE-SR10	IEEE 802.3ba-2010	MPO	100 m(OM3)、150 m(OM4)	多模光纤(850 nm)	64B/66B
100GBASE-SR4	IEEE 802.3bm-2015	MPO	70 m(OM3)、100 m(OM4)	多模光纤(850 nm)	64B/66B
100GBASE-SR2	IEEE 802.3cd-2018	MPO	70 m(OM3)、100 m(OM4)	多模光纤(850 nm)	64B/66B
100GBASE-LR4	IEEE 802.3ba-2010	MPO	70 m(OM3)、100 m(OM4)	单模光纤(1310 nm)	64B/66B
100GBASE-DR	IEEE 802.3cu-2021	LC、SC	500 m	单模光纤(1310 nm)	64B/66B
100GBASE-FR	IEEE 802.3cu-2021	LC、SC	2 km	多模光纤	64B/66B

续表

以太网名称	采用的标准	连接器型号	最大传输距离	光介质	编码
100GBASE-LR	IEEE 802.3cu-2021	LC、SC	10 km	单模光纤（1310 nm）	64B/66B
100GBASE-ZR	IEEE 802.3ct-2019	LC、SC	80 km（DWDM）	单模光纤（1550 nm）	64B/66B
200GBASE-DR4	IEEE 802.3bs-2017	MPO	500 m	单模光纤（1310 nm）	64B/66B
200GBASE-FR4	IEEE 802.3bs-2017	LC、SC	2 km	多模光纤	64B/66B
200GBASE-LR4	IEEE 802.3bs-2017	LC、SC	10 km	单模光纤（1310 nm）	64B/66B
200GBASE-SR4	IEEE 802.3cd-2018	MPO	100 m（OM4）、70 m（OM3）	多模光纤（850 nm）	64B/66B
400GBASE-SR16	IEEE 802.3bs-2017	MPO	100 m（OM4）、70 m（OM3）	多模光纤（850 nm）	64B/66B
400GBASE-DR4	IEEE 802.3bs-2017	MPO	500 m	单模光纤（1310 nm）	64B/66B
400GBASE-FR8	IEEE 802.3bs-2017	LC、SC	2 km（PAM-4、SM）	多模光纤	64B/66B
400GBASE-LR8	IEEE 802.3bs-2017	LC、SC	10 km（PAM-4、SM）	单模光纤（1310 nm）	64B/66B
400GBASE-FR4	IEEE 802.3cu	MPO	2 km（SM）	多模光纤	64B/66B
400GBASE-LR4	IEEE 802.3cu	MPO	10 km	单模光纤（1310 nm）	64B/66B
400GBASE-SR8	IEEE 802.3cm-2020	LC、SC	100 m	多模光纤（850 nm）	64B/66B
400GBASE-ER8	IEEE 802.3cn-2019	LC、SC	40 km	单模光纤（1550 nm）	64B/66B
400GBASE-ZR	IEEE 802.3ct	LC、SC	80 km（DWDM）	单模光纤（1550 nm）	64B/66B

3.4.6 光模块

光模块（Optical Module）实际上就是一个光电转换器，它可以将电信号转换成光信号后发射出去，也可以将接收到的光信号转换成电信号。光模块的作用利用光的物理性质，把更多的数据传输到更远的地方。图3-19给出了华为公司的SFP光模块结构，结构说明如表3-11所示。

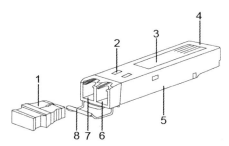

图3-19 华为公司的SFP光模块结构（图片来自华为技术支持网站）

表3-11 华为公司的SFP光模块结构说明

结构	说明
防尘帽（1）	用于保护光纤接头、光纤适配器、光模块的光端口以及其他设备的端口不受外部环境污染和外力损坏
裙片（2）	用于保证光模块和设备光端口之间良好的搭接，只在SFP封装的光模块上存在
标签（3）	用于标识光模块的关键参数及厂家信息等

续表

结　构	说　明
接头（4）	用于光模块和单板之间的连接，将信号传输给光模块、为光模块供电等
壳体（5）	用于保护内部元器件，主要有1*9外壳和SFP外壳两种
接收端口（6）	光纤接收端口
发送端口（7）	光纤发送端口
拉手扣（8）	用于拔插光模块，且为了辨识方便，不同波段对应的拉手扣的颜色是不一样的

1．不同封装类型的光模块

（1）SFP（Small Form-factor Pluggable）光模块：体型小巧、可热插拔，支持LC连接器，可用在高密度端口板。

（2）eSFP（enhanced Small Form-factor Pluggable）光模块：增强型SFP光模块，是指具有电压、温度、偏置电流、发送光功率、接收光功率等监控功能的SFP光模块。目前所有的SFP光模块都具有这些功能，因此也就把eSFP光模块都统一称为SFP光模块了。华为公司的SFP/eSFP光模块如图3-20所示。

图3-20　华为公司的SFP/eSFP光模块（图片来自华为技术支持网站）

（3）SFP+（Small Form-factor Pluggable Plus）光模块：是指提升了速率的SFP光模块，因为提升了速率，所以对EMI敏感，SFP28光模块的壳体上的裙片较多。华为公司的SFP+光模块如图3-21所示。

图3-21　华为公司的SFP+光模块（图片来自华为技术支持网站）

（4）SFP28（Small Form-factor Pluggable 28）光模块：端口封装大小与SFP+光模块相同，最大数据传输速率为25 Gbps。华为公司的SFP28光模块如图3-22所示。

图 3-22　华为的 SFP28 光模块（图片来自华为技术支持网站）

（5）QSFP+（Quad Small Form-factor Pluggable Plus）光模块：四通道小型可热插拔光模块，QSFP+光模块支持 MPO 连接器，相比 SFP+光模块其尺寸更大。华为公司的 QSFP+光模块如图 3-23 所示。

图 3-23　华为公司的 QSFP+光模块（图片来自华为技术支持网站）

（6）CXP（120 Gbps Capability eXtended- form-actor Pluggable）光模块：是一种可热插拔的高密并行光模块，在发送和接收（Tx/Rx）方向各提供 12 个通道，仅适用于短距离多模链路。华为公司的 CXP 光模块如图 3-24 所示。

图 3-24　华为公司的 CXP 光模块（图片来自华为技术支持网站）

（7）CFP（Centum Form-factor Pluggable）光模块：尺寸为 144.75 mm×82 mm×813.6 mm，是一种高速可热插拔的新型光模块标准。华为公司的 CFP 光模块如图 3-25 所示。

图 3-25　华为公司的 CFP 光模块（图片来自华为技术支持网站）

（8）QSFP28（Quad Small Form-factor Pluggable 28）光模块：端口封装大小与 QSFP+相

同，最大数据传输速率为 100 Gbps。华为公司的 QSFP28 光模块如图 3-26 所示。

图 3-26　华为公司的 QSFP28 光模块（图片来自华为技术支持网站）

（9）QSFP-DD（Quad Small Form Factor Pluggable-Double Density）光模块：双密度四通道小型可热插拔封装光模块，是 QSFP-DD MSA 小组定义的一种高速可热插拔的光模块。华为公司的 CFP-DD 光模块如图 3-27 所示。

图 3-27　华为公司的 CFP-DD 光模块（图片来自华为技术支持网站）

2．不同波长的光模块

（1）单模光模块：中心波长为 1310 nm 或 1550 nm，传输距离长，相对成本高。

（2）多模光模块：中心波长为 850 nm，传输距离短，相对成本低。

3．光模块的性能指标

衡量光模块性能的指标有很多，如平均发射光功率、消光比、光信号中心波长、过载光功率、接收灵敏度、接收光功率、端口速率、传输距离等。其中最后两个指标是最受关注的，这两个指标也是一个综合性指标，即端口速率和传输距离实际上是由前面的指标决定的。

光模块部分内容参考了华为技术支持网站的《什么是光模块以及光模块常见问题》，链接地址为 https://support.huawei.com/enterprise/zh/doc/EDOC1100130745。

3.4.7　光纤适配器

光纤适配器是指法兰盘或法兰头（Flange），其实就是光纤的连接头，用来将两条光纤连接在一起，但又不用熔接光纤。常用的是 LC-LC 法兰头，也有 SC-SC 和 ST-ST 法兰头等。

3.4.8　光衰减器

当传输距离较近、接收光功率过强时，就需要使用光衰减器。光衰减器的目的是降低过强的光功率，避免损坏接收器件。光衰减器的功能是通过位移或衰减片实现的，虽然也有可调光衰减器和智能光衰减器，但在数据通信网络中基本上用不到。光衰减值一般在 1～25 dB 之间可选，通常使用 1 dB、2 dB、3 dB、5 dB、10 dB 等，其他的光衰减值可以通过这几个值组合得到。光衰减器的端口大多是 LC 端口。

3.4.9 使用光介质的安全注意事项

1．人身安全

不要用眼睛直视光器件的接头或端口，不管光器件是否在工作，一定要养成这样的习惯！为了避免对眼睛的伤害，在进入光通信机房时，有条件的最好能带上护目镜。

2．器件的安全

没有使用的光纤不要接入到光模块中，没有使用的光模块不要接入到插槽中。已经拆了包装，但没有使用的光器件，使用防尘帽或防尘塞进行保护。这既是对器件的保护，也是对人的保护。

另外，在铺设光纤时，避免走线弯曲角度太大，轻则影响光信号，重则危及光纤安全。图 3-28 很好地说明了光线的入射角对接收端光信号的影响。

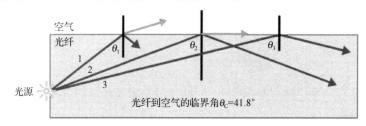

图 3-28　光线的入射角对接收端光信号的影响

图 3-28 中，光线 1 的入射角 $\theta_1 < \theta_C$，因此光线 1 发生折射和反射；光线 2 的入射角 $\theta_2 = \theta_C$，因此光线 2 发生折射和反射；光线 3 的入射角 $\theta_3 > \theta_C$，因此光线 3 发生反射。

3.5 无线介质

无线介质通常是指电磁波啦！无线网络目前已经在家庭和企业中得到了广泛的应用。

3.5.1 Wi-Fi 和 IEEE 802.11

Wi-Fi 和 IEEE 802.11 都是由 IEEE 定义的无线标准（见表 3-12）。

Wi-Fi 有两层含义：第一层是指 Wi-Fi 联盟（Wi-Fi Alliance，WFA）或无线联网技术；第二层是指 WFA 所拥有的 Wi-Fi 商标。WFA 是一个商业组织，通过该组织认证的设备是相互兼容的。Wi-Fi 实际使用的标准是 IEEE 802.11a、IEEE 802.11b 和 IEEE 802.11g 等。

Wi-Fi 从属于 IEEE 802.11 协议簇，我们常用的无线标准也可以写成 Wi-Fi IEEE 802.11。

表 3-12　常见无线标准

名　称	发布时间	最大数据传输速率	工作频段	信道带宽	更多描述
IEEE 802.11	1997 年	2 Mbps	2.4 GHz	—	—

续表

名 称	发布时间	最大数据传输速率	工作频段	信道带宽	更多描述
IEEE 802.11b	1999年7月	11 Mbps	2.4 GHz	20 MHz	使用 DSSS 调制，支持 Wi-Fi 1
IEEE 802.11a	1999年7月	54 Mbps	5 GHz	20 MHz	使用 OFDM 调制，支持 Wi-Fi 2
IEEE 802.11g	2003年6月	54 Mbps	2.4 GHz	20 MHz	使用 CCK、DSSS 或 OFDM 调制，支持 Wi-Fi 3
IEEE 802.11n	2009年5月	600 Mbps	2.4 GHz 或 5 GHz	20 MHz 或 40 MHz	支持 4×4 的 MIMO（Multi-Input Multi-Output）、64-QAM 或 OFDM 调制，支持 Wi-Fi 4
IEEE 802.11ac	2012年2月	6.93 Gbps	2.4 GHz 或 5 GHz	20、40 和 80 MHz；160 MHz 或 80 + 80 MHz（可选）	使用 OFDM 调制，支持 MU-MIMO、Wi-Fi 5
IEEE 802.11ax	2019年9月	600.4 Mbps（1SS）9607.8 Mbps（8SS）	2.4 GHz 或 5 GHz	20、40 或 80 MHz	使用 1024-QAM 或 OFDMA 调制，支持 MU-MIMO、Wi-Fi 6

3.5.2 工程实现

在日常生活中，我们喜欢把接入点（Access Point，AP）称为热点（Hot Point，HP），或者直接使用其英文缩写 AP。接入点又分为瘦 AP（Thin AP）和胖 AP（Fat AP），依据各自的特性应用在不同的场景。

1．胖 AP

胖 AP 可以独立完成网络的接入及认证工作，因此每一个胖 AP（如无线路由器）都需要配置。家庭及小型办公环境一般使用胖 AP，其优点是简单方便、组网成本低，但可接入的用户数量少。

2．瘦 AP

使用瘦 AP 进行组网时，不能或也不需要单独配置每一个瘦 AP。瘦 AP 是通过无线接入点控制器（Wireless Access Point Controller）下发配置的。当网络中需要部署的热点数量较多时，单独管理每一个热点是不太现实的，调整每一个热点的信道和功率就足以累坏管理员了，而且还不能自适应地调整信道和功率。无线接入点控制器就很好地解决了这个问题，无线接入点控制器可以管理网络中所有的热点，同时还可以管理终端用户和内/外网的接入等。

3.5.3 带宽规划

对于多用户无线接入联网的场景，除了家庭用户，一般会涉及带宽配置。带宽配置的原则是：

用户总最大带宽≥出接口最大带宽（运营商网络承诺信息速率）≥用户总的保证带宽

例如，某公司有 100 个无线终端用户，网络出接口的最大带宽是 200 Mbps，网络管理员为每个用户分配带宽的原则是：每个用户的保证带宽是 2 Mbps，每个用户的最大带宽是 4 Mbps。

所有用户的最大带宽之和超过网络出接口的带宽，是可行的。因为不可能所有用户都同时用到最大带宽，或者不是每个用户都会同时在线，即使每个用户都同时在线，也不会同时用到向用户承诺的带宽最大值。所有用户总的保证带宽不能大于出接口最大带宽，否则当所有的用户都在线，并用到网络管理承诺的保证带宽时，就无法实现对用户承诺的带宽了。

实际上，在进行带宽规划时还要考虑用户类型、用户上网行为、业务类型、用户上网习惯等，在分配带宽时可能会出现用户总的保证带宽稍大于出接口最大带宽的情况。

3.5.4　使用无线网络的安全注意事项

无线网络的安全问题一直都是大家所关心的话题。无线网络被蹭网后还是很可怕的，个人隐私有可能会被泄露，个人安全也有可能受到威胁。

提升无线网络的安全，可以从以下几个方面着手。

1．接入安全

（1）采用相对比较安全的接入认证方式，最好使用 WPA2-PSK、WPA2 或 WPA3 等加密认证方式，不推荐使用 WEP 或 WPA-PSK 加密认证方式（被破解的概率较高）。

（2）接入认证的密码要有一定的复杂度，如采用由多种字符组成（大小字母、数字、特殊符号）的具有一定长度（10 位以上）的密码；不要使用相同的字符、连续数字、常用短语等作为密码，这些都是弱密码。

（3）隐藏无线网络的 SSID。

（4）不要共享无线网络，也不要让不太熟知的用户接入无线网络。

（5）最好能定期更新安全接入的密码。

（6）设置客人 SSID，实行主客分离。

2．设备的管理账号

修改设备默认的管理账号及密码。

3．用户安全

（1）不接入不熟悉的无线网络，最好不要接入公共、免费的热点。

（2）不在不熟悉的无线网络中使用敏感应用，如不要通过机场、车站、图书馆、酒店等的无线网络登录网上银行。

（3）在不使用无线网络时，请关闭移动网络设备的无线功能。不要问为什么！

3.5.5　Wi-Fi 6

Wi-Fi 6 采用 IEEE 802.11ax 标准，支持 2.4 GHz 和 5 GHz 两个频段，同时还支持 MU-MIMO。Wi-Fi 6 的理论吞吐量最高可达 9.6 Gbps，Wi-Fi 6 的商用产品是在 2019 年年中推出的。

3.6 思考题

（1）限制以太网中双绞线数据传输速率的因素有哪些？
（2）为什么光纤缠绕过多就会影响其传输距离？
（3）免费热点存在哪些安全风险？
（4）你知道的组网手段还有哪些？

第 4 章
网络设备之路由器

路由器是最具有代表性的网络设备。

4.1 概述

信息的价值在于接受,接受的前提是传输,只有接收到信息,才有接受的可能性。不管服务端设备还是用户端设备,在信息系统中都是信息加工处理的**终端设备**,简称端设备。

在两个距离较近的端设备之间传输信息,不需要转发设备,只需要一条线缆就可以了。当两个端设备的距离较远时,承载信息的信号就会因为线缆内部的阻抗和外部干扰等衰减或失真,需要由中继设备对信号进行放大,于是**中继器**就出现了。中继器除了能够放大信号,还能够对信号进行重生,后者解决了在放大信号的同时噪声也被会放大的问题。当有多个端设备远距离互联时,就需要对中继器的端口数量进行扩展,于是**集线器**就产生了。

简单的信号放大对传输距离的增加是有限的,同时多个端设备只能共享同一个冲突域(Collision Domain),协调信道使用的冲突检测和载波侦听等机制就非常必要了。但是同一个冲突域中的设备,经常会收到不是发给自己的大量数据,网络的安全性也是个问题。为了进一步提高传输距离和通信效率,解决数据帧的精准投递,于是**网桥**就出现了。网桥可以根据需要对数据进行转发,而不是简单地复制全活动端口,有效提高了传输距离、通信效率和通信安全性。为了连接更多的冲突域,让更多的端设备接入了网络,需要对网桥的端口数量进行扩展,于是**交换机**就产生了。

连接的需求更旺盛了,网络需要覆盖的规模更大了,同时各种组织开发出了不同的连接协议和连接端口,于是**路由器**就出现了。路由器上具有不同的连接端口和连接协议,可以把全世界的端设备都连接了起来。

以上各种负责在端设备之间传输信息的设备统称为网络设备或网络转发设备。中继设备简单地对信号进行放大和重生,被认为是物理层设备或一层设备。以太网交换机或帧中继(Frame Relay,FR)交换机依据 MAC 地址或 DLCI(Data Link Connection Identifier)转发数据,被认为是数据链路层设备或二层设备。路由器根据 IP 地址转发数据,被认为是网络层设备或三层设备。在技术原理相关文档中所说的路由器,不仅指路由器本身,还包括具有路由功能的三层交换机等。在本书中,如非特别说明,当提到"路由器"或"路由器设备"时,泛指所有具有转发 IP 数据包功能的网络设备,包括路由器和三层交换机,而"交换机"一词则是指不具备根据 IP 地址转发依据功能的二层以太网交换机。在实际中所说的网络设备,有时也包含起过滤作用的安全设备等。

不管路由器设备、交换机设备，还是安全设备，都可以看成专用计算机，因为它们都采用冯·诺依曼体系结构，都是由硬件系统和软件系统组成的。

路由器是最典型的网络设备，也是数据通信网络中最重要的设备。路由器通过运行路由选择协议，计算出路由条目，进而形成路由信息表和转发信息表，为网络中的数据包提供转发服务。交换机通过构建 MAC 地址表，同样可以提供数据转发服务。安全设备的种类比较多，主要提供数据审查过滤服务和查证服务。本章以思科路由器和华为路由器为例介绍路由器的基本构成和基本操作。在网络设备的"江湖"中，门派林立，但只要掌握了思科和华为两大门派的"招式和心法"，至于其他门派，便可无师自通。

4.2 思科路由器

4.2.1 思科路由器的构成

思科路由器的结构示意图如图 4-1 所示。

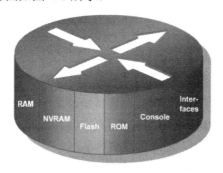

图 4-1 思科路由器的结构示意图

1. RAM

随机存取存储器（Random Access Memory，RAM）是路由器的内存，与个人计算机中内存的特性和功能相似。RAM 的最大特点是存取速度快，但设备关机后信息会丢失。

路由器在开机后会将操作系统内核加载到内存，同时加载到内存中的还有路由信息表、ARP 表、正在使用的配置文件和包转发队列等，包括一切当前运行所需的信息。内存为路由器提供了一个数据快速交换的缓存。

2. NVRAM

非易失随机存取存储器（Non-Volatile Random Access Memory，NVRAM）是指在断电后仍能保存数据的一种 RAM，用来存放配置文件。

路由器在掉电后，在当前内存中运行的配置信息会丢失；当再次开机时，路由器会把保存在 NVRAM 中的配置文件加载到内存中。

除思科设备外，多数厂家的网络设备中并没有 NVRAM，网络设备的配置文件和操作系统文件一起保存在 Flash、SD 卡或 SSD 硬盘中。

3. Flash

Flash 即闪存，因使用 Flash 存储芯片而得名。Flash 可擦写，在掉电后仍然可以保存信息，相当于个人计算机中的硬盘。Flash 用来存放完整的操作系统文件，很多网络设备厂家还会在 Flash 中存放配置文件、日志文件等。

4. ROM

只读存储器（Read Only Memory，ROM）仅允许写入一次，以后只可读取，不可写入，有一点像个人计算机中的 CMOS（Complementary Metal Oxide Semiconductor，互补金属氧化物半导体）芯片。ROM 中除了存放着系统加电自检（Power On Self Test，POST）代码和系统引导区（Bootstrap）代码，还有一个功能受限的 IOS 镜像，当功能完整的 IOS 遭到破坏后，会使用这个功能受限的 IOS 来启动路由器。

5. Console 口

Console 口提供了初始配置的接入，是一个人机接口，与个人计算机用户界面（User Interface，UI）的功能基本一样。工程技术人员常通过 Console 口来进行设备的配置和管理。现在很多网络设备不仅提供了 Console 口，还提供了网络登录的人机接口，工程技术人员可以通过网络远程管理设备，如 VTY 和 Web 等。但在进行远程登录前往往需要先通过 Console 口登录进行配置。

在设备的多种登录方式中，Console 口的权限最大。当路由器出现故障不能引导启动时，往往也只能通过 Console 口恢复。

6. Interfaces

Interfaces 即端口，用于局域网和广域网的互联，可为用户提供数据转发服务。路由器将某个端口接收到的数据，通过与转发规则进行比对后，再将数据复制到其他的端口，从而完成转发任务。

4.2.2 思科路由器的启动顺序

1. 思科路由器初始化过程

思科路由器的初始化过程如图 4-2 所示，具体如下：

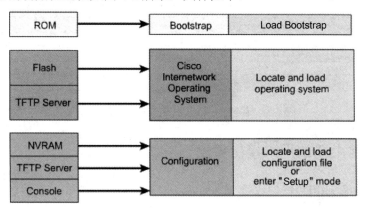

图 4-2 思科路由器的初始化过程

（1）从 ROM 加载引导程序。
（2）从 Flash 或 TFTP Server 加载路由器操作系统（IOS）。
（3）从 NVRAM、TFTP Server 或 Console 口加载配置信息。

如果找不到配置文件，就会在 Console 口提示初始化配置对话过程，并开始配置路由器的网络参数。如果找不到路由器 IOS 文件，就会进入"Setup"模式，此时加载的 IOS 就是 ROM 中功能受限的 IOS 镜像。

2. 确定思科路由器 IOS 的存放位置

这个过程比较有意思，是路由器启动的一部分。如果找不到 IOS 文件，就会加载 ROM 中功能受限的 IOS 镜像，并进入"Setup"模式。在"Setup"模式下可对路由器的 IOS 进行恢复，恢复操作就是重新上传可用的 IOS 文件。确定路由器 IOS 文件存放位置的过程如图 4-3 所示，具体步骤如下：

（1）根据配置寄存器（Configuration Registers）的值，确定可以从哪里加载 IOS。
（2）在配置寄存器允许的情况下，可以配置查找 IOS 文件的优先顺序，如先从 Flash 查找，再从 TFTP Server 查找，最后从 ROM 查找。
（3）如果在 NVRAM 中找不到系统引导指令，则从 Flash 加载一个默认的 IOS 文件。
（4）如果在 Flash 中没有找到默认的 IOS 文件，则从 TFTP Server 加载一个默认 OS 文件。
（5）如果 TFTP Server 不可用，则从 ROM 加载一个功能受限的 IOS 镜像。

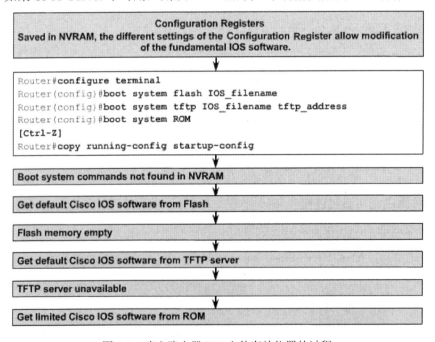

图 4-3　确定路由器 IOS 文件存放位置的过程

4.2.3　思科路由器的用户接口模式

1. 思科路由器的用户接口模式

思科路由器的用户接口模式如表 4-1 所示。

表 4-1 思科路由器的用户接口模式

用户接口模式	提 示 符	典 型 用 途
用户模式	Router>	检查路由器的状态，可进行 Ping、Traceroute 等操作，以及会话管理等
特权模式	Router#	进入到路由器，可进行会话管理、设备管理、配置管理、文件管理等
全局配置模式	Router（config）#	配置路由器的业务功能

（1）用户模式：提示符是"Router>"，是路由器操作系统层面的接口，即路由器作为一台计算机的基本功能，如检查路由器的状态、检查路由器的联网状态等。

（2）特权模式：提示符是"Router#"，是一个更高级别的路由器操作系统层面的接口，可以通过这种模式进入路由器的业务管理模式。

（3）全局配置模式：提示符是"Router（config）#"，是路由器业务层面的接口，在这种模式下可以执行全局配置命令，通过全局配置模式可进入各业务配置子模式，配置路由器的业务功能。

2．用户接口模式之间的切换

用户模式和特权模式的切换如图 4-4 所示，具体步骤如下：

（1）在用户模式下，执行 enable 命令，并根据需要输入密码，就可以进入特权模式。

（2）在特权模式下，执行 disable 或 exit 命令，就可以返回用户模式。

（3）在特权模式下，执行 configure terminal 命令，就可以进入到全局配置模式。

（4）在全局配置模式或其他配置模式下，按下组合键 Ctrl+Z 或执行 end 命令，就可以返回特权模式。

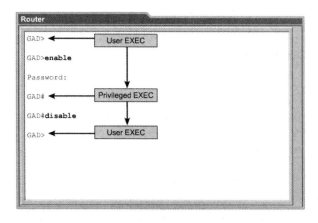

图 4-4 用户接口模式之间的切换

3．用户接口模式一览

除了上面提到的用户模式、特权模式、全局配置模式，思科路由器还有一些特殊的配置模式，用来实现具体的功能和业务参数配置，如接口模式、子接口模式等。用户接口模式如图 4-5 所示。

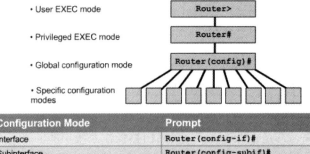

图 4-5 用户接口模式一览

4.2.4 思科路由器 IOS 的常用操作

（1）查看 IOS 版本，命令如下：

`Router>show version`

（2）查看 Flash 存储器状态，命令如下：

`Router>show flash`

（3）把 Flash 中的 IOS 文件复制到 TFTP Server，命令如下：

`Router#copy flash tftp`

（4）把 TFTP Server 中的 IOS 文件复制到 Flash，命令如下：

`Router#copy tftp flash`

4.2.5 思科路由器的命令行键盘帮助

思科路由器的命令行键盘帮助如表 4-2 所示。

表 4-2 思科路由器的命令行键盘帮助

命令行键盘帮助	说明
?	问号帮助，显示当前可执行的命令
--More--	表示还有更多的内容没有显示出来，按 Enter 键可向下滚动一行，按空格键可向下滚动一屏
Enable,en,ena	命令可以缩写，以能确保缩写后命令的唯一性为原则
Ctrl+P 或向上方向键	调出上一条历史命令，可重复执行
^	标记错误的命令及位置
Tab	如果命令是唯一的，则补全命令；如果命令不是不唯一的，则按两次 Tab 键后会提示可以执行的命令

4.2.6 思科路由器的增强编辑

思科路由器的增强编辑快捷键如表 4-3 所示。

表 4-3 思科路由器的增强编辑快捷键

快 捷 键	说　　明	快 捷 键	说　　明
Ctrl+A	将光标移动到行首	Ctrl+E	将光标移动到行尾
Ctrl+B 或向左方向键	将光标向前移动一个字符	Ctrl+F 或向右方向键	将光标向后移动一个字符
Esc+B	将光标向前移动一个单词	Esc+F	将光标向后移动一个单词
Ctrl+Z 或 end	返回特权模式	—	—

4.2.7 思科路由器的命令历史

在思科路由器中，命令历史的默认大小是 256 行。思科路由器的命令历史的操作如表 4-4 所示。

表 4-4 思科路由器的命令历史的操作

操作命令或快捷键	说　　明	操作命令或快捷键	说　　明
Ctrl+P 或向上方向键	调出上一条命令，可连续调出	Ctrl+N 或向下方向键	调出下一条命令，可连续调出
Router>show history	显示命令历史	Router>terminal history size	设置命令历史的大小
Router>terminal no editing	禁用增强编辑	Router>terminal editing	启用增强编辑

4.3 华为路由器

华为路由器与思科路由器的结构基本相同，但华为路由器中没有 ROM，其配置文件与操作系统文件存放在 Flash 中。华为路由器没有用户接口模式这一概念，取而代之的是视图，以及基于视图的用户权限操作指令和基于视图的访问控制（View-based Access Control Model，VACM）。

4.3.1 华为路由器的视图及切换

要管理设备、实现业务需求，就需要先登录到路由器。用户登录华为路由器后首先进入的是用户视图。用户视图只能执行系统管理和文件管理等相关操作；业务查看操作需要在系统视图中进行；业务需求实现等操作需要在系统视图中进行。系统视图是进入其他视图的前提，在任何视图下，只要执行 return 命令，就可以返回用户视图，从而保存修改过的配置。华为路由器的视图及切换如图 4-6 所示。

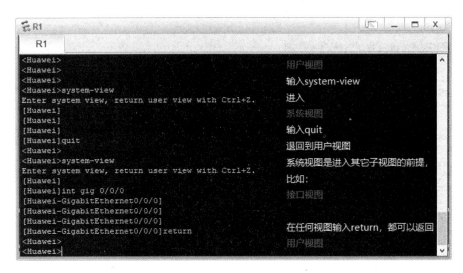

图 4-6　华为路由器的视图及其切换

4.3.2　华为路由器的常用操作

（1）查看操作系统版本，命令如下：

`<Huawei>display version`

（2）查看 Flash 存储器上的文件，命令如下：

`<Huawei>dir`

（3）查看当前视图下的配置，命令如下：

`<Huawei>display this`

（4）查看系统时钟，命令如下：

`<Huawei>display clock`

4.3.3　华为路由器的命令行键盘帮助

华为路由器的命令行键盘帮助如表 4-5 所示。

表 4-5　华为路由器的命令行键盘帮助

命令行键盘帮助	说　　明
?	问号帮助，显示当前可执行的命令
--More--	表示还有更多的内容没有显示出来，按 Enter 键可向下滚动一行，按空格键可向下滚动一屏
system-view,system,sys	命令可以缩写，以能确保缩写后命令的唯一性为原则
^	标记错误命令
Tab	如果命令是唯一的，则补全命令；如果命令不是不唯一的，则按两次 Tab 键后会提示可以执行的命令

4.3.4　华为路由器的增强编辑

华为路由器的增强编辑快捷键如表 4-3 所示。

表 4-6　华为路由器的增强编辑快捷键

快 捷 键	说　　明	快 捷 键	说　　明
Ctrl+A	将光标移动到行首	Ctrl+E	将光标移动到行尾
Ctrl+B 或向左方向键	将光标向前移动一个字符	Ctrl+F 或向右方向键	将光标向后移动一个字符
Esc-B	将光标向前移动一个单词	Esc-F	将光标向后移动一个单词
Ctrl+Z 或 return	返回特权模式	—	—

4.3.5　华为路由器的命令历史

华为路由器默认的命令历史大小是 10 行，可通过相关的命令进行修改。华为路由器命令历史的操作如表 4-7 所示。

表 4-7　华为路由器命令历史的操作

操作命令或快捷键	说　　明	操作命令或快捷键	说　　明
Ctrl+P 或向上方向键	调出上一条命令,可连续调出	Ctrl+N 或向下方向键	调出下一条命令,可连续调出
\<Huawei\>display history	显示命令历史	\<Huawei\>history-command max-size	设置命令历史的大小

4.4　总结

网络设备是一台特殊用途的计算机，这台计算的使用和操作与普通计算机有些许不同，有过操作系统（如类 UNIX 系统）使用经验的读者会更容易理解和上手。

4.5　思考题

计算机是否也可以作为一台路由器或交换机？如果是，需要哪些条件？

第 5 章 虚拟终端

连接网络设备需要使用虚拟终端工具。

5.1 虚拟终端概述

很久很久以前，在计算机刚刚诞生的时候，人机交互的功能是由专门的终端设备实现的。这类终端不仅提供了人机界面，还提供了操作人员与计算机通信的接口。这种连接方式一直沿用到具有多任务、多用户功能的大型计算机上。随着工业技术的发展和计算机的普及，专门的终端设备已经很少见到了，但终端连接的需求依然存在。这种需求通常是由一类应用程序满足的，它就是虚拟终端（Virtual Terminal，VT）或伪终端（Pseudo Terminal，PTY）类程序。虚拟终端类的应用程序有很多，它们依然发挥着终端的作用，但连接的已不再是大型机，而是一些特殊用途的工业设备，最常见的就是路由器、交换机、UNIX 主机和 Linux 主机等。

路由器上的 Console 口因为使用串行通信（RS-232），在生产中也被称为串口，它的理论传输距离比较短，在 9600 波特率的情况下只有 15 m，因此 Console 口权限通常也被认为是物理权限。Console 口是最常用的管理接口，在设备出现故障，且其他登录方式都不能使用的情况下，它仍然具有登录能力。现在的很多虚拟终端不仅提供串口连接方式，还能通过 Telnet、SSH、SFTP、Rlogin 等网络协议进行网络连接，正好能满足通过网络远程管理目标设备的需求。

5.1.1 常用的虚拟终端

（1）PuTTY：是基于 MIT License 发布的（MIT License 是一个类似 BSD License 的商业非常友好的授权），该软件小巧可靠、功能丰富，提供了源码和主流操作系统的下载（二进制代码格式），是 Windows 系统中的最佳选择。

（2）Hyper Terminal：是 Windows 系统中的一个常用虚拟终端程序，中文名字就是虚拟终端。Hyper Terminal 是微软公司从 Hilgraeve 公司购买的，Windows XP 和 Windows Server 2003 中自带 Hyper Terminal，后续版本的 Windows 系统中没有 Hyper Terminal。Hyper Terminal 的使用体验较为一般，没有 SSH 连接和运行脚本的功能。

（3）SecureCRT：是 Windows 系统中的一个比较优秀的虚拟终端程序，但它是收费软件，使用该软件需要获取授权，不提供试用版。虽然网上有破解版的 SecureCRT 可以下载，但作者不建议使用破解版的 SecureCRT。

（4）Xshell：是 Windows 系统中的一个非常优秀的虚拟终端程序，该软件是收费软件，但学校和家庭用户可免费获得和使用。Xshell 的功能丰富，可定制化程度高，使用体验好。

（5）MobaXterm：是 Windows 系统中的一个超全能的终端仿真程序。该软件是收费软件，但家庭用户可免费获得和使用。MobaXterm 除了支持常用的远程连接功能，还支持 VNC、NFS、XDP 等，不仅提供了客户端功能，还提供了服务器功能。MobaXterm 可以免安装直接运行。

（6）Minicom、Cutecom 和 Qcom：是 Linux 系统中的开源免费的虚拟终端软件。Minicom 受到更多 Linux 发行版的支持，也更符合用户使用习惯。Cutecom 和 Qcom 也很有特色，如软件本身对命令历史的记录等。

5.1.2 如何选择合适的虚拟终端

关于如何选择虚拟终端，很多人都征求过作者的意见。本节主要介绍作者的意见，供读者参考，在具体的实践中需要考虑每个人使用计算机的习惯等因素。

（1）PuTTY 是 Windows 系统的首选，虽然它可以运行在 Linux 系统上，但 Linux 系统上有更好的选择，推荐理由是功能强大、免费授权。次选是 Xshell 或 MobaXterm，虽然这两个虚拟终端的功能也十分强大，但毕竟是收费软件，相应的免费版本的使用场景受限，如果在商业中使用，需要注意相关的法律问题。

（2）Minicom 是 Linux 系统的首选，它与 Linux 系统一样都是基于 GPL 发布的，支持的连接类型只有串口，网络连接可以用其他工具实现，如 SSH 或 Telnet 等。

（3）Mac 系统的首选是 PuTTY，次选是 Minicom。

作者在 Windows 和 Mac 系统中使用 PuTTY，在 Linux 系统在使用 Minicom。希望读者也和作者有一样的使用习惯。

虚拟终端的常用功能包括连接设备、捕获文本、下载文件、上传文件、运行脚本，接下来本章将从这几个功能入手介绍几款常用虚拟终端的使用方法和技巧。

5.2 虚拟终端与计算机的连接

台式计算机与网络设备的连接如图 5-1 所示，台式计算机通常都自带 RS-232C 串口，接口为 DB9 公头，也就是我们常说的 COM 口。

笔记本电脑通常没有 COM 口，在使用笔记本电脑管理网络设备时，需要使用一条 USB 转串口的转接线。这种转接线市场上有卖，售价从十几元到上百元不等。如果手头不太拮据，则建议买一条稍微贵一点的。一般来说贵一点的可靠性更好一些，万一在做业务割接时不停地出现连接不稳定的现象，就得不偿失了。如果使用不太频繁，或者使用的串口速率（波特率）不高，转接线的质量就没有那么重要了。USB/RS-232 转接线和串口线如图 5-2 所示。市场上还可以买到一种 USB/RS-232 一体化转接线（见图 5-2），它的集成化程度更高，把 DB9 连接头都省掉了，使用更加方便。

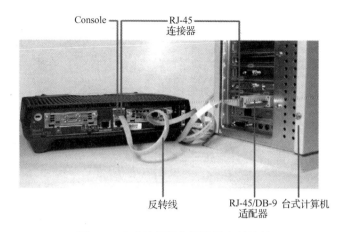

图 5-1 台式计算机与网络设备的连接

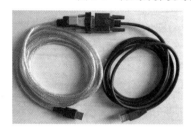 

图 5-2 USB/RS-232 转接线和串口线以及 USB/RS-232 一体化转接线

作者曾使用过 Bluetooth/RS-232 转接线。其优点是比较方便，笔记本电脑上不用接线，蓝牙的传输距离可以达到 10 m，只有在第一次使用时需要进行笔记本电脑和转接线的配对（Pair）；缺点是收工时拿起笔记本电脑就走，忘了拿转接线。

在使用 USB/RS-232 转接线时，对于 Windows 系统来说首先要解决的就是驱动问题，只有正确安装驱动程序，USB/RS-232 转接线才能正常工作。将 USB/RS-232 转接线插入计算机的 USB 接口后，运行附带的驱动程序，如果驱动程序安装失败，或者驱动程序安装好后还不能正常工作，则需要检查之前是否安装过其他串口驱动，不同厂家的串口驱动是有冲突的。

安装好驱动程序后，可以在设备管理器中看到相关的串口设备（见图 5-3）。需要注意的是，在 Windows XP 等版本较老的系统中，安装驱动程序时 USB/RS-232 转接线连接在哪一个 USB 接口，以后就只能在这个 USB 接口上使用 USB/RS-232 转接线，没有安装过驱动程序的 USB 接口不能使用 USB/RS-232 转接线。如果想在其他 USB 接口上使用 USB/RS-232 转接线，则需要再次安装驱动程序。在版本较新的系统中，如 Windows 7、Windows 10 和 Windows 11 等，就不存在这个问题，只要安装一次驱动程序，所有的 USB 接口都可以使用 USB/RS-232 转接线。

Windows 中常用的虚拟终端有 PuTTY、Hyper Terminal、SecureCRT、Xshell、MobaXterm 等。

如果计算机中的操作系统是 UNIX、Linux 或 Mac，则在使用 USB/RS-232 转接线时通常不需要安装驱动程序，直接将 USB/RS-232 转接线插到计算机的 USB 接口就可以使用，因为这些系统已经自带了相关的驱动程序。

类 UNIX 系统中有很多虚拟终端可以使用，最常用的是 Minicom、CuteCom、Qcom、PuTTY 等。

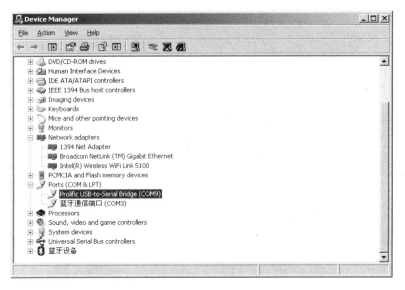

图 5-3 在设备管理器中看到相关的串口设备

在连接计算机和网络设备时,根据线缆的接口形状连接起来就可以了。需要注意的是,DB9 和 USB 接口都是分正反的,对不上的话插不进去,如果暴力插入只会损坏设备。

5.3 Hyper Terminal 的使用

1. 运行 Hyper Terminal

从 Windows 系统的开始菜单或在 Hyper Terminal 的安装目录中可以运行 Hyper Terminal。按下快捷键 Win+R,可以在 Run 对话框中输入 "hypertrm" 来运行 Hyper Terminal,如图 5-4 所示。

为新建的终端连接起个名字,如 "niuhai",如图 5-5 所示。

设置终端连接使用的串口号,如图 5-6 所示。

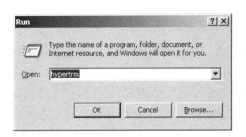

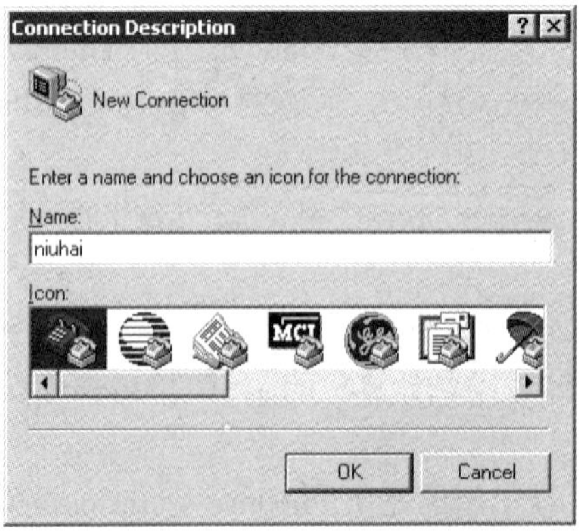

图 5-4 在 Run 对话框中运行 Hyper Terminal

图 5-5 为新建的终端连接命名

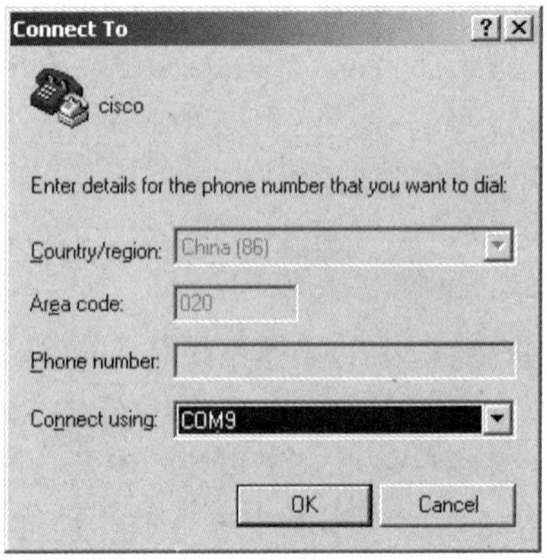

图 5-6 设置终端连接使用的串口号

2．通过网络连接到要管理的设备

Hyper Terminal 通过网络连接要管理的设备时，使用的协议是 Telnet，因为该协议非常简便，目前仍有很多人在使用。Hyper Terminal 支持的连接方式只有这两种，即串口和 TCP/IP（Winsock）。通过网络连接要管理的设备如图 5-7 所示。

3．设置串口参数

按照图 5-8 设置串口参数，常用的参数是 9600 波特率、8 个数据位、无校验、1 个停止位、无流控。

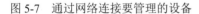
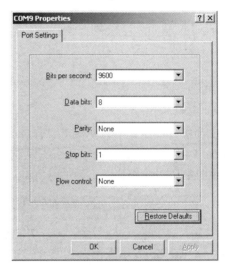

图 5-7　通过网络连接要管理的设备　　图 5-8　设置串口参数

"9600，8，N，1"是一组非常常用的串口参数，不管连接思科设备、华为设备还是华三（H3C）设备，使用的都是这一组串口参数。

4．进入设备管理界面

在 Hyper Terminal 连接到要管理的设备后，即可进入设备管理界面，如图 5-9 所示。

图 5-9　通过 Hyper Terminal 进入设备管理界面

5. 捕获文本

在设备管理界面中选择菜单"Transfer"→"Capture Text...",如图 5-10 所示,即可打开如图 5-11 所示的"Capture Text"对话框,在该对话框中可以选择文本的保存位置。这个功能非常有用,它可以将虚拟终端显示出来的内容捕获到一个文件中,方便日志回溯和分析。

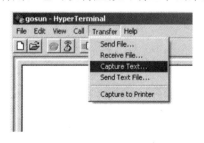

图 5-10 选择菜单"Transfer"→"Capture Text..."　　图 5-11 "Capture Text"对话框

6. 下载文件

在设备管理界面中选择菜单"Transfer"→"Receive File...",如图 5-12 所示,即可打开如图 5-13 所示的"Receive File"对话框,在该对话框中可以选择文件的保存位置,并选择所使用的串口传输协议,常用的是 Xmodem。

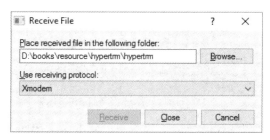

图 5-12 选择菜单"Transfer"→"Receive File..."　　图 5-13 "Receive File"对话框

7. 上传文件

在设备管理界面中选择菜单"Transfer"→"Send File...",如图 5-14 所示,即可打开图 5-15 所示的"Send File"对话框,在该对话框中可以选择要上传的文件位置,并选择所使用的串口传输协议,常用的是 Xmodem。

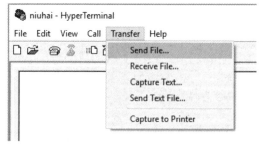

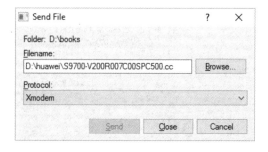

图 5-14 选择菜单"Transfer"→"Send File..."　　图 5-15 "Send File"对话框

8. 打开 Hyper Terminal 失败

在 Windows 7、Windows Server 2008 以及更新版本的系统中,通常无法按照上述的方法打开 Hyper Terminal，这是因为系统在默认的情况下没有安装 Hyper Terminal。

此时只要把可执行程序文件和动态连接库文件从 Windows XP 或 Windows Server 2003 中复制过来即可。复制过来的文件可以放在与原文件对应的目录，也可以放在一个自定义的目录，但最好保证是同一个目录，否则可能会因为环境变量 PATH 的原因，找不到相关的动态连接库文件，导致可执行文件无法运行。这样一番操作下来，还不如使用 PuTTY、Xshell、MobaXterm 等省事儿，而且后者的功能还更加丰富。

只复制 hypertrm.exe 和 hypertrm.dll 就可以运行和使用 Hyper Terminal，但没有图标和帮助。复制 hticons.dll、hypertrm.chm、hypertrm.hlp 这三个文件后，才会显示图标和帮助信息，使用体验也会更好一些。Hyper Terminal 的相关文件及说明如表 5-1 所示，建议复制表 5-1 中的前三个文件。

表 5-1　Hyper Terminal 的相关文件及说明

文 件 名	默认的位置	重 要 性	说　　明
hypertrm.exe	C:\Program Files\Windows NT	必需	Hyper Terminal 的可执行程序
hypertrm.dll	C:\Windows\System32	必需	运行 Hyper Terminal 所需的动态链接库
hticons.dll	C:\Windows\System32	可选	运行 Hyper Terminal 所需的相关图标
hypertrm.chm	C:\WINDOWS\Help	可选	Hyper Terminal 的帮助文件
hypertrm.hlp	C:\WINDOWS\Help	可选	Hyper Terminal 的帮助文件

5.4 PuTTY 的使用

PuTTY 是一款功能强大的远程管理程序，不仅开放源代码、免费授权，而且还拥有简洁的界面和"小巧的身段"（完整功能的 64 位 0.78 版只有 3619 KB），深受广大资深 ICT 从业人员的青睐。PuTTY 的 GUI 界面（图形用户界面）非常容易上手，其 TUI 界面（文本用户界面）也同样好用，是最值得推荐的虚拟终端之一。

很多虚拟终端都受到了 PuTTY 的影响，PuTTY 支持多种常见连接协议，如 Raw、Telnet、Rlogin、SSH、Serial 等。PuTTY 最吸引人的地方就是开源，PuTTY 官方提供了 UNIX、Windows、Mac 等系统的源码，用户下载源码后，根据安装包中 Readme 文件的说明，即可编译出在 Windows、Linux、Mac 等系统运行的二进制可执行程序，当然也可以根据自己的需要进行二次开发。除了源码，官方还提供了多种操作系统的二进制安装包，可满足不同场景的安装需求。PuTTY 的当前最新版本是 0.78，用户可在其官网下载。

PuTTY 安装包中除了包含 putty.exe 文件，还有 plink.exe、pscp.exe、psftp.exe 等文件。

putty.exe 是安装包中最常用也是最重要的程序，是实现 Serial、SSH、Telnet 等连接的客户端。

plink.exe 是 putty.exe 的命令行模式，可以通过参数调用多种终端连接方式。

pscp.exe 是一个基于 SCP 的命令行客户端，用来实现安全的文件远程复制。

psftp.exe 是一个基于 SFTP 的命令行客户端，用来实现安全的文件传输，功能与 FTP 类似。

1．安装 PuTTY

双击 PuTTY 的安装包，即可根据安装向导轻松地完成安装。如果不需要修改安装路径，则每一步都按默认设置即可。安装完成后会打开一个 Readme 文档，建议读者浏览一下，该文档包含了简单使用说明和常见问题的解决方法。

安装 PuTTY 后只创建了开始菜单快捷方式，并没有创建桌面快捷方式和快速启动，因此可通过开始菜单来运行 PuTTY，也可以在其安装目录中双击相应的程序来运行 PuTTY。

2．新建一个会话

启动 PuTTY 后会打开新建会话界面，如图 5-16 所示。这个界面是会话基本选项的配置界面，主要用于配置连接协议、连接地址等选项。用户可以将设置好的会话保存起来，下次使用该会话时选中这个会话名即可，省去了再次配置的麻烦。

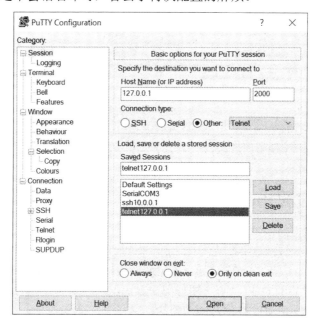

图 5-16　新建会话界面

3．鼠标动作设置

在默认情况下，PuTTY 的复制与粘贴都是通过鼠标操作来完成的。

复制：按下鼠标左键，选中窗口中的文本，松开左键，即可自动复制到剪贴板。

粘贴：在窗口文本区按下鼠标右键，即可完成粘贴。这个功能可能会造成一些错乱。

如果想在窗口文本区弹出右键菜单，可以在按下鼠标右键之前按住键盘上的 Ctrl 键。如果嫌按 Ctrl 键麻烦，则可以修改这个操作。在新建会话界面左侧的"Category"（分类）中选择"Selection"（选择），可在右侧打开如图 5-17 所示的"Options controlling copy and paste"（复制粘贴选项控制）界面，选择"Action of mouse buttons"（鼠标按键动作）下的"Windows (Middle extends, Right brings up menu)"，即可将鼠标按键动作设置为 Windows 模式。设置后用户在窗口文本区按下鼠标右键后就不会自动粘贴了，取而代之的是调出右键菜单，如图 5-18 所示。

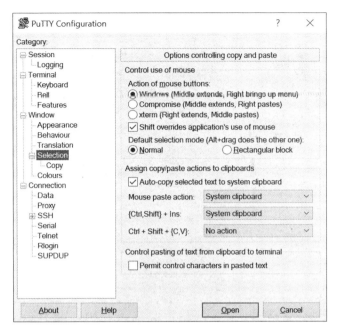

图 5-17 "Options controlling copy and paste"窗口

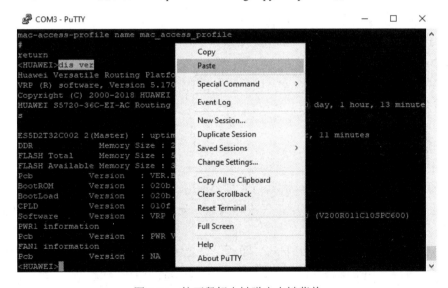

图 5-18 按下鼠标右键弹出右键菜单

4. 会话日志

在使用 PuTTY 时很容易忽略的一个配置选项，就是记录会话日志，但它非常重要。如果没有记录会话日志，基于日志分析的巡检工作、问题的追踪回溯、故障定位、远程求助等，甚至所有基于日志才能开展的工作都将无法进行。在实际中无论如何怎么强调记录会话日志选项的重要性都不为过。配置会话日志的界面如图 5-19 所示。

例如，我们选择所有可输出的日志，并将其保存在特定位置。在填写日志文件名字时有一个小技巧，可以像图 5-19 那样填写。具体说明如下：

图 5-19　配置会话日志界面

- D:\putty.log\：日志文件存放的位置。
- &H：主机名。
- &P：端口号。
- &Y：年。
- &M：月。
- &D：日。
- &T：时分秒。
- .log：日志文件的扩展名。

中间的"."是分隔符，用户可根据个人习惯使用"_"或"-"代替，最好使用英文字符，否则可能会出现乱码或日志文件保存失败等问题。强烈建议读者按照上面的示例配置会话日志。

每一个会话都要单独配置会话日志，然后保存会话，下一次使用这个会话选中会话名后单击"Load"按钮即可加载会话，会话日志的配置也会被同时加载。

5．开启会话

在初次开启会话时需要配置会话参数。如果开启的是已经保存的会话，在选中会话名后单击"Load"按钮即可加载会话参数。在会话参数设置完成或加载完成后，通过图 5-16 所示的基本选项配置界面、图 5-17 所示的复制粘贴选项控制界面或图 5-19 中的"Open"按钮来开启会话。开启的 PuTTY 会话窗口如图 5-20 所示。

PuTTY 除了可以使用 GUI 界面开启会话，也可以使用 TUI 界面（如命令行方式）来开启会话。运行 PuTTY 安装目录下的 plink.exe 就可以使用 TUI 界面了，它是 PuTTY 的命令行方式。在 TUI 界面中可以使用脚本文件，从而扩展更多的功能。作者本人更喜欢 TUI 界面，觉得它更简洁有趣。

图 5-20　开启的 PuTTY 会话窗口

6．会话参数的修改

在已经建立会话连接后，有时候需要修改会话参数或打开新的会话，此时可以右键单击当前会话窗口的标题栏，在弹出的右键菜单中选择相关的操作。例如，在建立连接时没有设置记录会话日志，就可以右键单击当前会话窗口的标题栏，在弹出的右键菜单中选择"Change Settings..."选项，可以重新设置会话参数。右键菜单不仅可以修改当前会话的参数，还可以新建会话和复制当前会话等。PuTTY 会话窗口标题栏的右键菜单如图 5-21 所示。

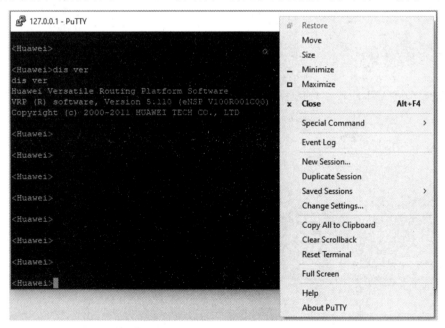

图 5-21　PuTTY 会话窗口标题栏的右键菜单

选择图 5-21 所示右键菜单中的"New Session..."选项后，可以打开一个如图 5-16 所示的新建会话界面；选择"Saved Sessions"选项可以保存会话，再次单击已保存的会话就可以打开该会话；选择"Full Screen"选项可以打开一个全屏的黑底白字界面，单击全屏界面的左上角就可以调出会话窗口右键菜单，从而取消全屏。全屏状态的外观非常酷，值得一试。

1）Serial 会话

在新设备开局上线时通常会用到 Serial 会话，以便配置网络管理；硬件工程师或嵌入式软件工程师在进行专用设备的开发调试时也会用到 Serial 会话。

普通台式计算机通常只有一个串口，串口号是 COM1。特殊计算机（或称为工控机）上一般会有多个串口，在使用时要注意串口号不能填错。在笔记本电脑上，通常会使用 USB/RS-232 转接线，需要用户自己到设备管理器中去查询串口号。所有的串口号都需要用户手工填写，软件不能读取串口号。串口号不能填错，错了就无法建立连接。串口号的填写类似于 COM1、COM2、COM3 等，具体的串口号可在设备管理器中查看，如图 5-22 所示。

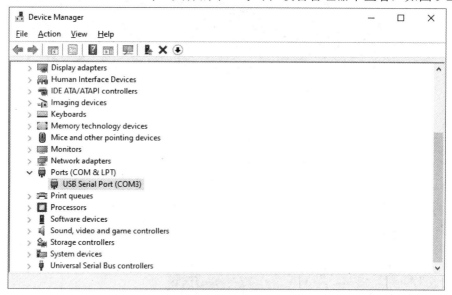

图 5-22　在设备管理器中查询串口号

Serial 会话的基本配置选项如图 5-23 所示。

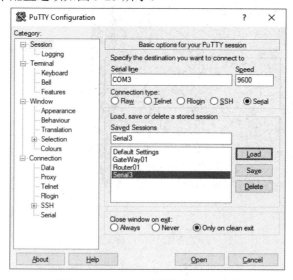

图 5-23　Serial 会话的基本配置选项

完成基本配置选项后，接下来就要配置串口参数。不论网络工程师、硬件工程师，还是嵌入软件工程师，使用得最多的串口参数都是"9600，8，N，1"，即波特率为 9600、8 个数据位、无校验、无流控、1 个停止位，如图 5-24 所示。

所有参数配置都完成后先不要急着打开会话，要先保存会话，再打开它，这样在下次使用这个会话时就无须再进行配置了。

2）SSH 会话

安全外壳（Secure Shell，SSH）也称为安全外壳协议，我们通常说的 SSH 在大多数情况下是指 SSH Client。远程管理 Linux 服务器和网络设备的最佳推荐是 SSH，主要原因是 SSH 的安全性和支持度比较高。新建 SSH 会话界面如图 5-25 所示。

 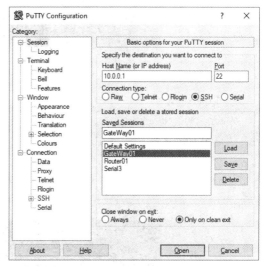

图 5-24　使用得最多的串口参数"9600，8，N，1"　　图 5-25　新建 SSH 会话界面

用户需要在图 5-25 中填写远程被管理设备的主机名或 IP 地址，通常都是通过 IP 地址进行连接的。所有参数配置都完成后先不要急着打开 SSH 会话，要先保存 SSH 会话再打开它，这样在下次使用这个 SSH 会话时就无须再进行配置了。

3）SFTP 会话

安全文件传输协议（Secure File Transfer Protocol，SFTP）可以看成文件传输协议（File Transfer Protocol，FTP）的安全版本，比 FTP 更安全。SFTP 会话可用来进行远程文件传输，经常用在设备备份升级的场合。使用 SFTP 会话时，需要先打开命令行窗口，再调用 PuTTY 安装目录下的可执行文件 psftp.exe 建立远程连接。例如，在作者的计算机中，PuTTY 的安装目录是"C:\Program Files\PuTTY"，因此需要在这个目录下运行 psftp.exe，加上合适的参数后就可以登录远程主机传输文件。SFTP 会话的运行如图 5-26 所示。

4）Telnet 会话

Telnet 会话经常用在远程管理或本机虚拟设备管理中，但远程管理由于安全原因逐渐被 SSH 会话替代。Telnet 会话的创建过程与 SSH 会话类似，只是在进行远程管理时通常使用端口 23。在创建 Telnet 会话时，同样是先配置基本连接参数再配置记录会话日志，在打开 Telnet 会话前要先保存 Telnet 会话。

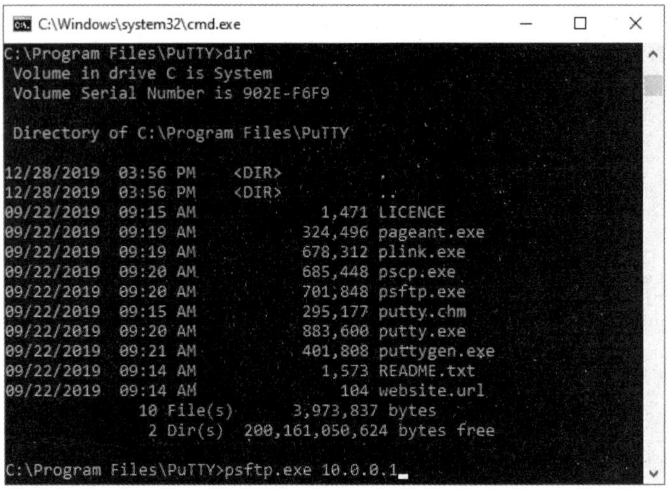

图 5-26 SFTP 会话的运行

5）SCP 会话

安全复制（Secure Copy，SCP）是基于 SSH 实现的，SCP 会话的连接和文件传输都是加密的，相对比较安全。使用 SCP 会话的方式与 SFTP 会话相似，需要在命令行窗口中运行 pscp.exe 程序。运行 pscp.exe 程序时需要指明该程序的目录和相应的参数。SCP 会话的运行如图 5-27 所示。

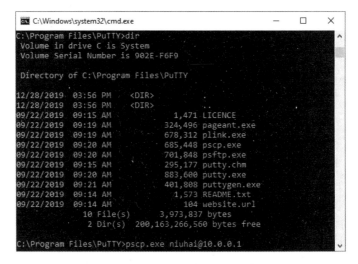

图 5-27 SCP 会话的运行

不带参数直接运行 pscp.exe 程序，会显示程序的使用帮助，从帮助中我们可以看到，pscp.exe 程序也可以通过参数 "-sftp" 来使用 SFTP 连接。

5.5 Xshell 的使用

Xshell 是 Windows 系统中的一款非常有效的虚拟终端，支持的连接协议有 Serial、SSH、SFTP、Telnet、Rlogin 等。Xshell 对其基本操作都预定义了快捷键。Xshell 是收费软件，在非商业环境（如家庭和学习）中可以使用它的免费版本，但有使用时长限制。

1．新建一个会话

在 Xshell 中，既可以通过快捷键 Alt+N，也可以通过菜单"File"→"New..."来新建一个会话。

1）Serial 会话

在 Xshell 界面中，选择菜单"File"→"New..."或使用快捷键 Alt+N，可打开新建会话对话框，其中的"Name"项为必填项，用来给会话命名，如 serial，但不能使用 COM3 之类的系统预留名称或包含非法字符的名称，而且名称长度也有限制（不过输入的名称长度通常达不到上限），推荐使用简单且一目了然的名称。"Protocol"项中选择"SERIAL"。"Description"项用来为会话添加描述信息，是选填项，但建议填写描述信息，可方便以后使用。其他项目保持默认即可。单击"OK"按钮即可确认并保存新建的会话。新建 Serial 会话如图 5-28 所示。

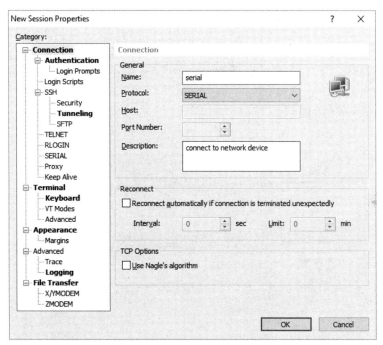

图 5-28　新建 Serial 会话

设置完 Serial 会话的信息后，还需要设置串口参数，我们将串口参数设置成最常用的"9600，8，N，1"，如图 5-29 所示，单击"OK"按钮保存串口参数的设置。

2）SSH 会话

在 Xshell 界面中，选择菜单"File"→"New..."或使用快捷键 Alt+N，可打开新建会话对话框。其中的"Protocol"项选择"SSH"；"Name"项是必填项，用来给会话命名，如 web；"Host"项是必填项，可以填写被管理主机的主机名或 IP 地址，通常填写 IP 地址，使用主机名需要由域名系统支持；"Port Number"项也是必填项，如果服务器没有修改过端口号则保持默认设置；"Description"项是选填项，用来给会话添加备注信息。单击"OK"按钮即可确认并保存新建的会话。新建 SSH 会话如图 5-30 所示。

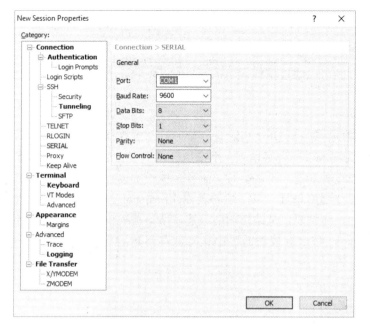

图 5-29　Serial 会话的串口参数设置

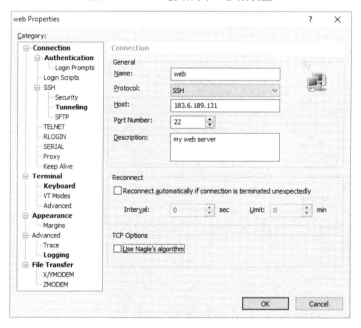

图 5-30　新建 SSH 会话

3）SFTP 会话

在 Xshell 界面中，选择菜单"File"→"New..."或使用快捷键 Alt+N，可打开新建会话对话框。其中的"Protocol"项选择"SFTP"；"Name"项是必填项，用来给会话命名，如 sftp.web.server；"Host"项是必填项，可以填写被管理主机的主机名或 IP 地址，通常填写 IP 地址；"Port Number"项也是必填项，如果服务器没有修改过端口号则保持默认设置；"Description"项是选填项，用来给会话添加备注信息。单击"OK"按钮即可确认并保存新建的会话。新建 SFTP 会话如图 5-31 所示。

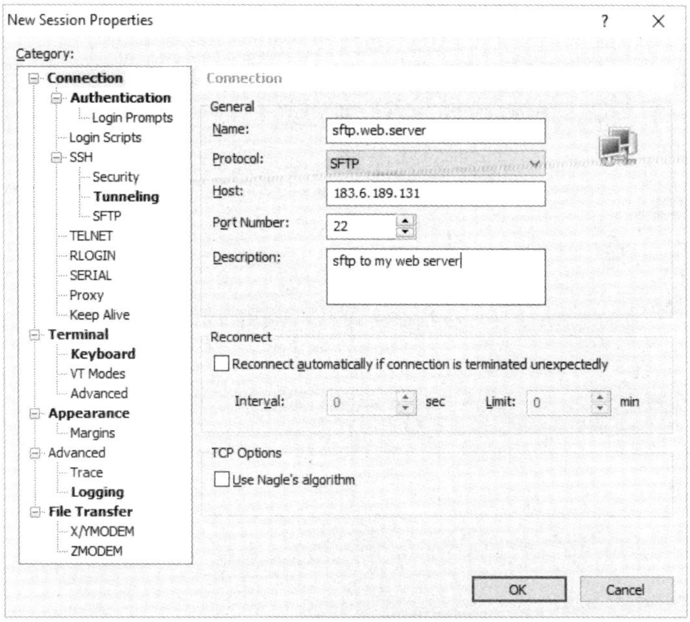

图 5-31 新建 SFTP 会话

4）Telnet 会话

在 Xshell 界面中，选择菜单"File"→"New..."或使用快捷键 Alt+N，可打开新建会话对话框。其中的"Protocol"项选择"TELNET"；"Name"项是必填项，用来给会话命名，如 telnet；"Host"项是必填项，可以填写被管理主机的主机名或 IP 地址，通常填写 IP 地址；"Port Number"项也是必填项，如果服务器没有修改过端口号则保持默认设置；"Description"项是选填项，用来给会话添加备注信息。单击"OK"按钮即可确认并保存新建的会话。新建 Telnet 会话如图 5-32 所示。

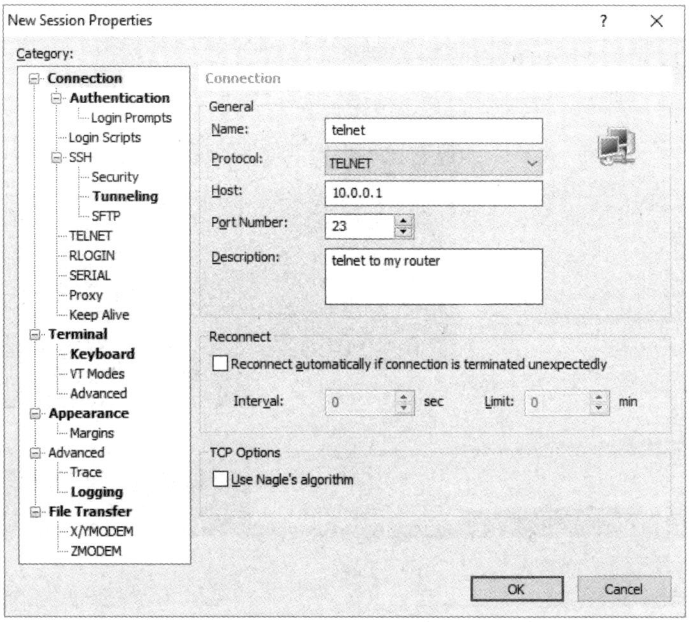

图 5-32 新建 Telnet 会话

2. 打开已有会话

在 Xshell 界面中，选择菜单"File"→"Open..."或使用快捷键 Alt+O，可打开会话对话框，选中其中一个会话，单击"Connect"按钮或者双击这个会话即可打开已有的会话，如图 5-33 所示。

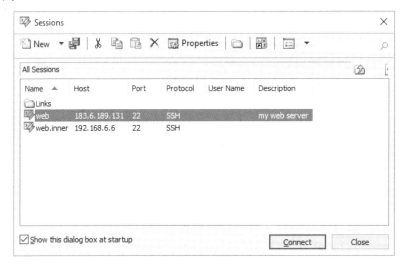

图 5-33　打开已有的会话

3. 使用串口下载文件

在 Xshell 界面中，选择菜单"File"→"Transfer"→"XMODEM"→"Receive with XMODEM..."，如图 5-34 所示，可打开接收文件对话框，该对话框用于设置接收文件的保存位置，如图 5-35 所示。

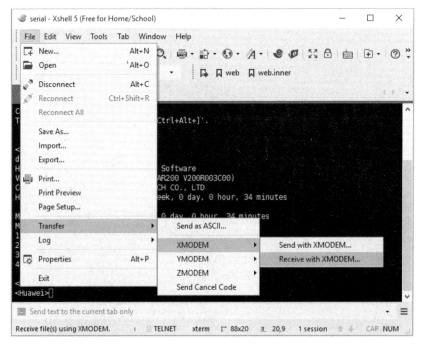

图 5-34　选择菜单"File"→"Transfer"→"XMODEM"→"Receive with XMODEM..."

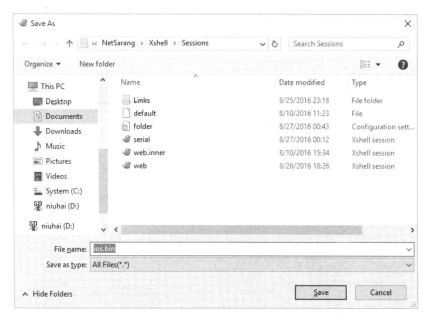

图 5-35　设置接收文件的保存位置

4．使用串口上传文件

在 Xshell 界面中，选择菜单"File"→"Transfer"→"XMODEM"→"Send with XMODEM..."，如图 5-36 所示，可打开发送文件对话框，该对话框用于选择待发送的文件，如图 5-37 所示。

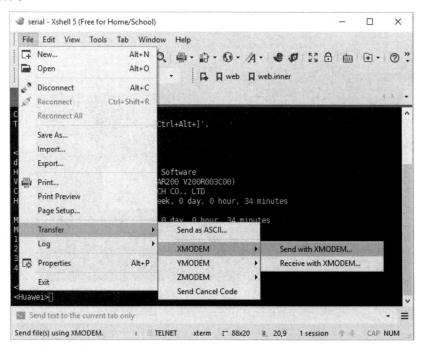

图 5-36　选择菜单"File"→"Transfer"→"XMODEM"→"Send with XMODEM..."

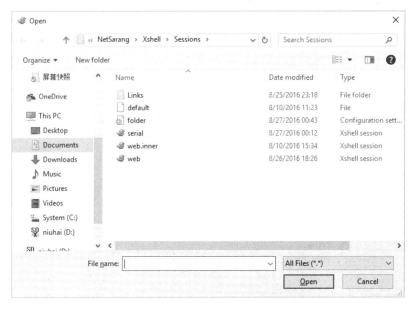

图 5-37　选择待发送的文件

5．运行脚本

在 Xshell 界面中，选择菜单"Tools"→"Script"→"Run"，如图 5-38 所示，可打开"Open"对话框，在该对话框中选择待运行的脚本后单击"Open"按钮即可运行选中的脚本，如图 5-39 所示。Xshell 还提供了常用的脚本示例，真是太贴心了！

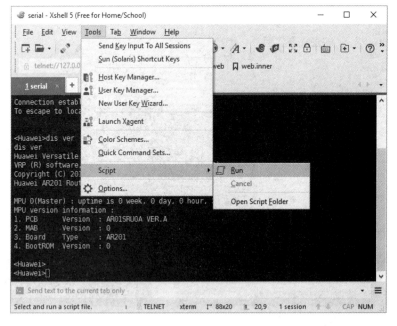

图 5-38　选择菜单"Tools"→"Script"→"Run"

6．日志记录

日志记录相当于 Hyper Terminal 中的捕获文本，就是把操作设备时在界面中显示的所有记录保存到指定的文件中。日志记录是一个非常有用的功能，我们要求打开虚拟终端连接后要做的第一件事就是开启日志记录。PuTTY 需要为每一个会话配置日志记录，Xshell 的日志记录配置是全局生效的，可用于所有的会话。

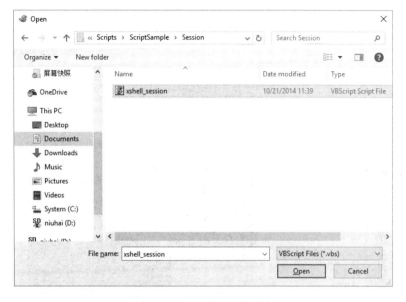

图 5-39　选择待运行的脚本

1）自动开启日志记录

在 Xshell 界面中，通过快捷键 Alt+P 可打开会话属性对话框。在左边的"Category"中选择"Advanced"下的"Logging"，在右边中"Log Options"中勾选复选框"Start logging upon connection"，即可自动开启日志记录功能，如图 5-40 所示。另外，复选框"Prompt me to choose a file path when logging starts"（在开始记录时提示文件保存路径）和"Add timestamp at the beginning of each line"（在每一行行首添加时间戳）都是非常有用的功能。

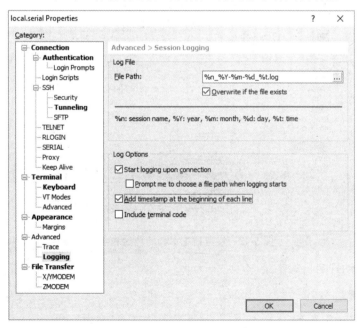

图 5-40　自动开启日志记录功能

2）手动开启日志记录

如果会话已经开始，但忘记开启日志记录，则可以手动开启日志记录。在 Xshell 界面中，选择菜单"File"→"Log"→"Start..."，如图 5-41 所示，在打开的对话框中设置日志保存的位置和名称后，如图 5-42 所示，单击"Save"按钮即可开启日志记录。

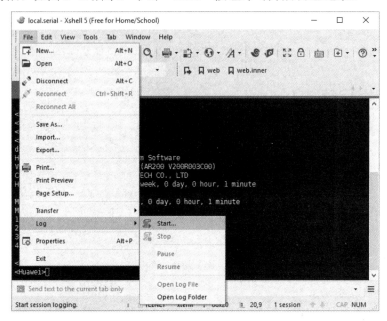

图 5-41　选择菜单"File"→"Log"→"Start..."

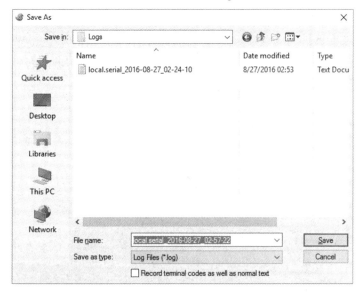

图 5-42　设置日志保存的位置和名称

推荐使用自动开启日志记录。

7．界面设置

1）默认的富功能界面

Xshell 的默认界面是富功能界面，如图 5-43 所示。

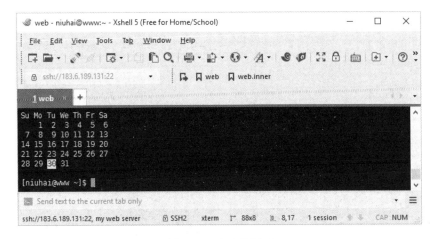

图 5-43　富功能界面

2）轻界面

通过菜单"View"可以设置轻界面，如图 5-44 所示。

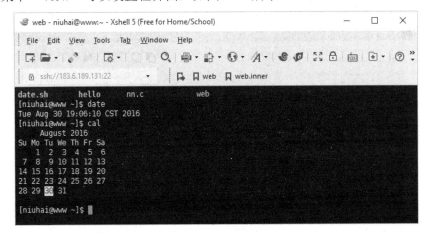

图 5-44　轻界面

3）超轻界面

通过菜单"View"可以设置超轻界面，如图 5-45 所示。

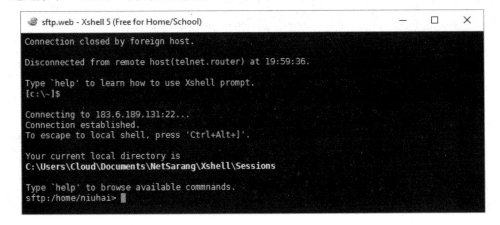

图 5-45　超轻界面

4)多窗口平铺

在 Xshell 的界面中,只要用鼠标轻轻拖动标签,就可以随心所欲地实现各种平铺效果。多窗口平铺如图 5-46 所示。

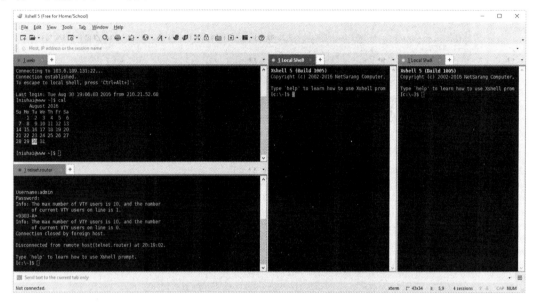

图 5-46　多窗口平铺

5)全屏

最帅的当然是全屏啦!通过快捷键 Alt+Enter 或者选择菜单 "View" → "Full Screen" 即可实现全屏。作者最喜欢的是快捷键 Shift+Alt+Enter(实现的是多窗口全屏),通过快捷键 Alt+Tab 可以切换各个窗口。多窗口全屏如图 5-47 所示。退出全屏或多窗口全屏使用的快捷键与进入全屏或多窗口全屏的快捷键是一样的。

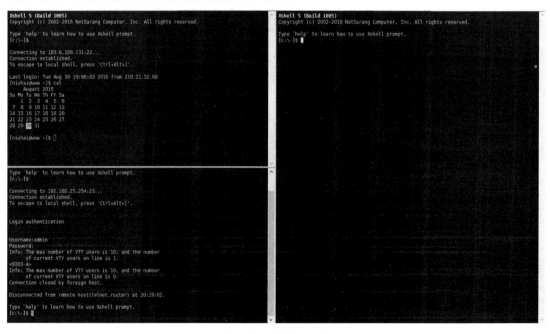

图 5-47　多窗口全屏

6）半透明

Xshell 窗口界面还可以半透明地显示，通过快捷键 Alt+R 可在不透明窗口和半透明窗口之间进行切换。如果半透明窗口的背景是组网拓扑，则可以省去在查看网络拓扑和输入命令之间来回进行切换的麻烦，但不足之处是显示的效果没有那么清晰了，比较费眼睛。半透明窗口如图 5-48 所示。

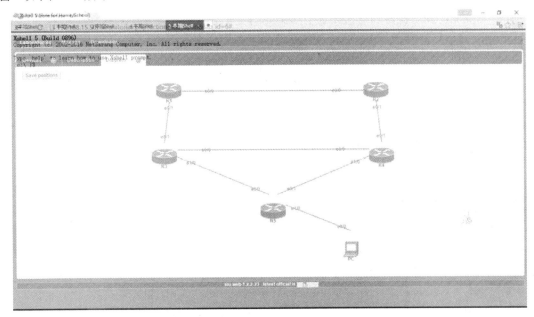

图 5-48　半透明窗口

8．自定义快捷键

自定义快捷键是一项"帅到没朋友"的功能，它可以让你的 Xshell 与众不同地强大或好用，虽然作者很少使用这项功能，但还是要向自由精神致敬！自定义快捷键的界面如图 5-49 所示。

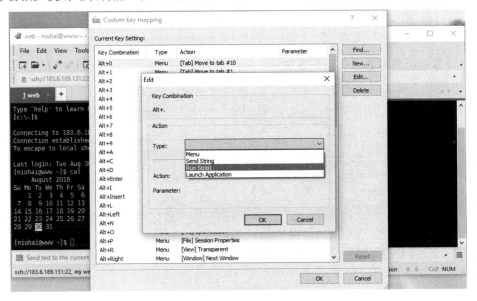

图 5-49　自定义快捷键的界面

5.6 SecureCRT 和 MobaXterm 的使用

SecureCRT 和 MobaXterm 都是 Windows 系统中不错的虚拟终端，都支持标签式多虚拟终端连接，SecureCRT 支持的连接协议有 Serial（串行连接，如我们常用 RS-232 串口）、Telnet、Telnet/SSL、SSH1、SSH2、Rlogin、TAPI、Raw 等，MobaXterm 支持的连接协议更多，甚至还包括 VNC、RDP，以及 Server 等功能。

当然，SecureCRT 和 MobaXterm 也支持日志记录、文件上传及下载、运行脚本等功能。SecureCRT 不提供试用版，虽然网上有所谓的破解版，但作者强烈不建议使用破解版！MobaXterm 有试用版和非商业用途免费版。SecureCRT 和 MobaXterm 的使用方法可以参考 PuTTY 和 Xshell，本书不再赘述。

5.7 Minicom 的使用

Minicom 是类 UNIX 系统的首选虚拟终端，虽然 CuteCom 和 Qcom 等也很不错，但相比较而言，作者还是推荐使用 Minicom，因为它的界面非常简洁，这也是作者喜欢它的主要原因。

在类 UNIX 系统中使用虚拟终端非常方便，使用 USB/RS-232 转接线也不需要安装驱动程序，系统自带了各种串口的驱动程序。在作者多年的从业经历中，还没有遇到过需要在 Linux 系统中安装串口驱动程序的情况。

1. 安装 Minicom

用户既可以使用系统提供的包管理器在线安装 Minicom 二进制版本（这是最便捷的方式），也可以到 Minicom 官网下载二进制的安装包或者源码（需要自己编译）。不过，使用源码安装前需要先准备好 GCC。

2. 设置运行参数并保存到配置文件

运行和配置 Minicom 需要管理员权限，可以使用管理员用户登录，也可以把普通用户加入 "/etc/sudoers"，在运行 Minicom 时需要在命令前增加 "sudo"。有关 Linux 用户管理的更多内容请读者参考相关的资料。

管理员用户配置 Minicom 参数的命令如下：

```
#minicom -s
```

普通用户配置 Minicom 参数的命令如下：

```
%sudo minicom -s
```

Minicom 参数设置界面如图 5-50 所示。

选中 "Serial port setup" 后按 Enter 键，可进入串口参数设置界面，如图 5-51 所示，需要设置的项有 A、E、F、G 等。

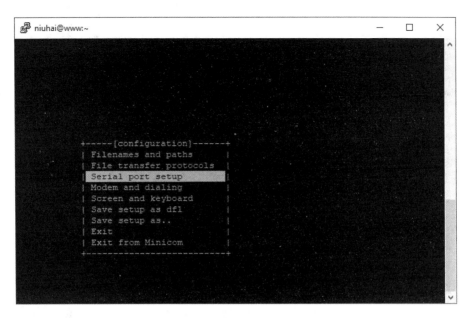

图 5-50　Minicom 参数设置界面

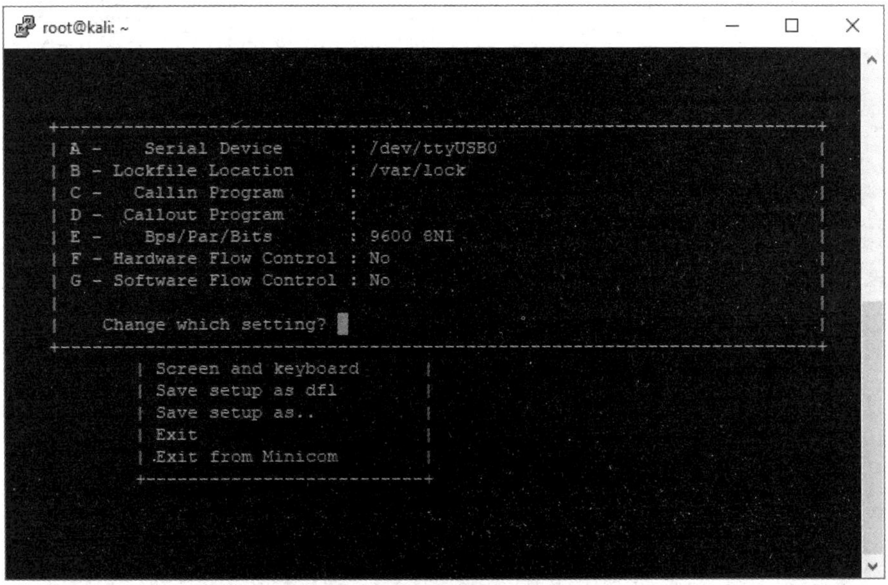

图 5-51　串口参数设置界面

A 项：Serial Device（串口设备），如果使用的是本机串口，设备名称一般是"/dev/ttyS0"；如果是 USB 转串口，设备名称一般是"/dev/ttyUSB0"，按字母键"A"可进入设置。具体的串口设备名称可以到"/dev"下查看。设置 A 项的命令如下：

```
#ll /dev/ | grep USB
```

E 项：Bps/Par/Bits，用来设置波特率、校验位和数据位等，按字母键"E"可进入设置。Bps/Par/Bits 的设置界面如图 5-52 所示，使用哪一个参数，直接按参数前面的字母键即可。数据通信网络中最常使用的串口参数是"9600，8，N，1"，快捷的设置方式是只按字母键"C"和字母键"Q"，当然也可以分别设置每项的参数，设置完成之后按 Enter 键可退出。

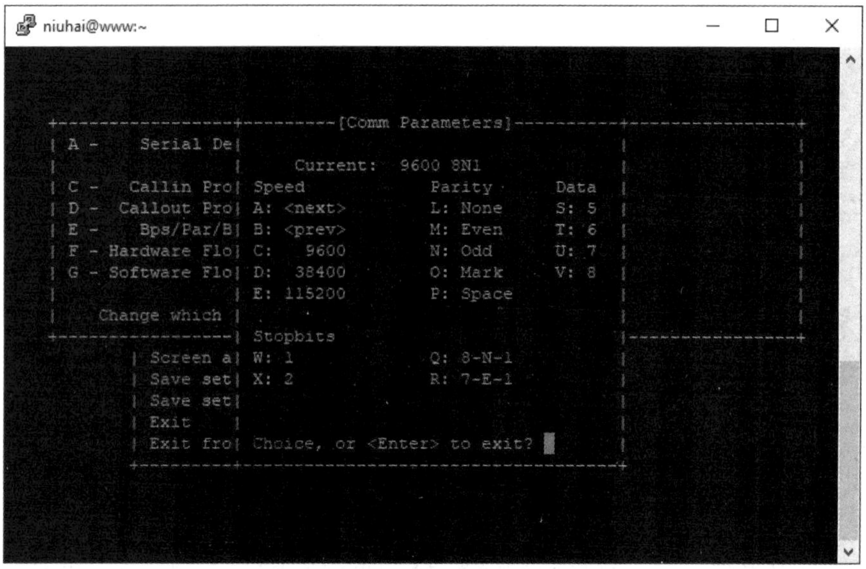

图 5-52 Bps/Par/Bits 的设置界面

F 项：Hardware Flow Control，设置为 No，按字母键"F"即可进行设置，如图 5-51 所示。

G 项：Software Flow Control，设置为 No，按字母键"G"即可进行设置，如图 5-51 所示。

3．保存参数设置

用户既可以把刚刚设置的参数保存为默认值，也可以将其保存到一个文件。对应的选项分别是"Save setup as dfl"和"Save setup as.."。

作者喜欢把设置的参数保存在配置文件。配置文件以文本的形式保存的"/etc/"目录下，以"minirc."开头。例如，保存设置参数的配置文件名为"niuhai.conf"，在"/etc/"目录下显示的文件名是"minirc.niuhai.conf"。当配置的参数需要修改时，直接修改配置文件即可。将设置的参数保存到配置文件的界面如图 5-53 所示。

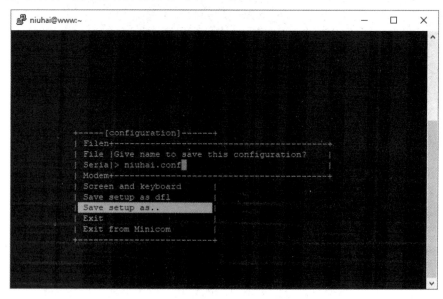

图 5-53 将设置的参数保存到配置文件的界面

4．调用 Minicom

如果将设置的参数保存为默认值，则下次使用 Minicom 时直接运行即可。当设备号或串口参数有变化时，默认的参数设置就用不了了。运行和调用 Minicom 也需要管理员权限。调用 Minicom 的示例如下：

管理员用户调用 Minicom 的命令如下：

```
#minicom
```

普通用户调用 Minicom 的命令如下：

```
$sudo minicom
```

作者建议将修改后的参数保存到配置文件，并根据不同的设备名及串口参数保存为不同的配置文件名。如果保存到配置文件，使用 Minicom 时执行下面的命令，相关的参数就带进来了。

```
#minicom <配置文件名>
```

例如，以用户 niuhai 登录到系统，上面保存的配置文件的名字是 niuhai.conf，这时就可以使用下面的命令来调用 Minicom：

```
%sudo minicom niuhai.conf
```

5．获取帮助和退出 Minicom

在使用 Minicom 的过程中，任何时候都可以通过快捷键 Ctrl+A 获取帮助、通过快捷键 Ctrl+Z 退出 Minicom。Minicom 的帮助界面如图 5-54 所示。

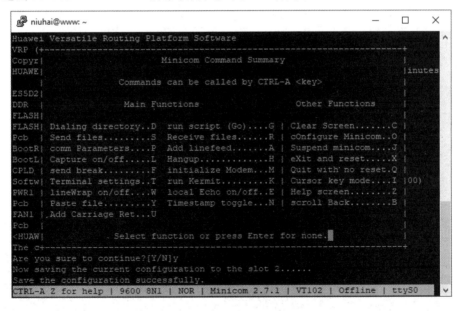

图 5-54　Minicom 的帮助界面

Minicom 的丰富功能都在帮助界面显示出来了，这里重点介绍几个常用的功能。

（1）Capture on/off：捕获文本，相当于 Hyper Terminal 里的"Capture Text"，可将界面显示的文本保存到一个文件，快捷键是 Ctrl+L。

（2）Send files：将文件发送到被管理的设备，快捷键是 Ctrl+S。

（3）Receive files：接收从被管理设备传回的文件，快捷键是 Ctrl+R。

（4）run script (Go)：运行脚本，快捷键是 Ctrl+G。

(5) Clear Screen：清屏，快捷键是 Ctrl+C。

(6) eXit and reset：退出并发送重置命令到 Modem，快捷键是 Ctrl+X。

补充一点，Minicom 最初是为了连接 Modem 而开发的，因此这里发送的重置指令对网络设备不起作用，如果不想让它发送重置指令，可以使用下面的一个功能。

(7) initialize Modem：重置 Modem 的指令都是在这里设置的，快捷键是 Ctrl+M。如果在退出 Minicom 时不想发送重置指令，则可以将这里的初始化指令删除。

6. 快捷键的使用

Minicom 具有丰富的快捷键，Minicom 所有的功能都可以用快捷键来调用。如果要调用某项功能，按下 Ctrl 和该项功能后面的字母键即可，相当方便。

7. Minicom 的常见问题

只要参数设置正确，Minicom 极少出现问题，非常稳定。但意外还是有的。

1) Minicom 运行不起来

当非正常关闭 Minicom 时，会在"/var/lock"目录下生成几个以 LCK 开头的文件，这些文件会阻止 Minicom 的运行，删掉这些文件即可运行 Minicom。

2) Minicom 的乱码

Minicom 乱码问题其实是串口线（非 USB/RS-232 转接线）的问题。作者在从业经历中碰到过一次 Minicom 乱码现象。作者同事的 Minicom 出现了乱码，但串口线在其他计算机上是正常的，不过其他计算机上运行的是 Windows 系统，导致这位老兄怀疑是操作系统的问题，换了好几次操作系统也没有解决，无意间换了一条串口线，就一切正常了，原来是这条串口线正好在这一台计算机上接触不好。Minicom 在 Linux 系统的一次乱码现象如图 5-55 所示。

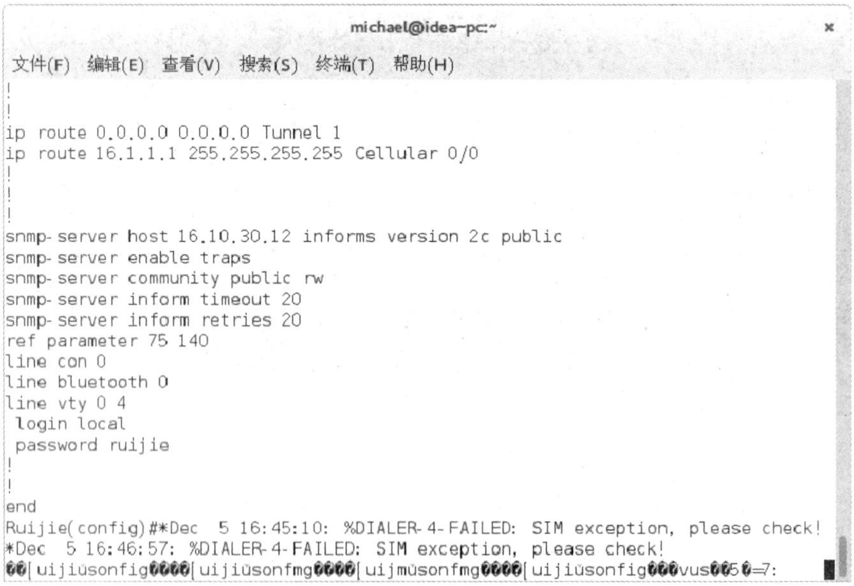

图 5-55 Minicom 在 Linux 系统的一次乱码现象

图 5-55 中上面的部分是解决完问题后的正常显示，下面的乱码部分是故障重现。故障现象主要表现为部分显示乱码，按 Enter 键不换行。尝试过更改各种参数、更换 Minicom 的

版本，甚至多次重装操作系统。也怀疑过 USB/RS-232 转接线，换用其他人正常使用的转接线还是不能解决问题，最终换了条串口线解决了乱码问题。可原来的串口线在其他计算机上没有问题啊！原来的串口线可能是多次使用后接口接触不好，但又不影响它在其他计算机上的使用，所以才造成了如此大的困扰。这很有可能和不同计算机硬件纠错能力有关。

建议在遇到 Minicom 乱码问题时，建议先检查串口参数，如果串口参数没有问题，就直接换串口线或转接线，而不是换计算机。

5.8 虚拟终端的常见问题及处理办法

1. 安装串口或虚拟串口驱动程序失败

安装驱动程序失败的问题多见于 Windows 系统，Linux 系统基本上不会有该问题。原因是计算机之前安装过其他厂家的串口驱动程序，相互之间不兼容。需要先卸载之前安装的串口驱动程序，再重新安装需要的驱动程序。

2. 打开串口失败

打开串口失败的问题多见于 Windows 系统，原因是其他应用程序占用了串口，或者选择串口号错误。有时虚拟终端的异常退出，也会导致新开启的虚拟终端打开串口失败，其本质是串口被占用，未被释放。

有时打开串口失败也有可能是因为选错了串口。台式计算机通常自带串口，一般是 COM1；笔记本电脑在安装 USB 转串口的驱动程序后，会虚拟出一个串口号。串口号可以通过设备管理器查询并修改。

3. 乱码

乱码也是最常见的问题之一，通常我们把串口连接失败和连接成功但没有会话的交互显示也视为乱码。乱码的可能原因有三个：

（1）串口参数错误。串口参数错误是造成乱码的最主要的原因，这个原因的排查最为方便。串口参数错误还会表现为会话建立失败，或者会话建立成功但会话无法进行交互。

（2）USB/RS-232 转接线故障。这是最常见的硬件故障，尤其是使用 PL232 芯片的转接线，价格便宜，但可靠性低，在重要场合不推荐使用这类转接线。如果实在买不到更好的转接线，那就多备两条吧，以免碰到现场故障措手不及。

（3）串口线故障。由于串口线故障而造成乱码的情况相对比较少。但用了很久的线，由于线缆老化或接口质量问题可能会导致乱码现象。

如果出现乱码，首先要检查串口参数；在确保参数正确后，再依次检查转接线和串口线，最后更换计算机进行测试。

作者曾经碰到过同一条串口线在某台计算机上使用不正常，换到另外一台计算机就可以正常使用的情况。这种问题的排查比较困难，如果能确定设置参数正确，那就可以大胆地怀疑线缆的问题，尤其注意检查线缆的接头。

5.9 远程 Console 口权限

有些时候，你可能想远程获取 Console 口权限，可以使用一个**网络转串口设备+虚拟串口驱动**的方式来实现。如果只是为了远程管理的话，则使用 SSH 客户端，通过网络连接是最合适做法。

作者非常不建议这种做法，其原因如下：

（1）安全问题，Console 口权限是物理权限，权限非常高，具有"生杀予夺"的权限；

（2）网络稳定性会影响连接质量；

（3）获取信息不全面，往往难以有效解决问题；

（4）经常还需要他人在现场协助，而且效率低；

（5）除非终端设备不支持网络连接管理，否则不要使用网络转串口设备。

第 6 章 密码恢复

忘记密码连不上路由器怎么办？

6.1 密码恢复概述

网络设备的密码恢复虽然使用的频次不高，但却非常重要，因为它涉及网络设备的基本知识。本章的主要目的帮助读者掌握密码恢复的技能，并加深对网络设备软/硬件的了解。

密码恢复的常见应用场景有：①长时间不登录或设置了过于复杂的密码，结果自己也不记得了；②使用的是二手设备，被原来的用户设置了密码，但自己不知道；③不正常的工作交接；④其他情况。

Console 口是我们使用最多的用户接口，其权限非常大，是设备的物理权限。本章着重介绍怎样恢复 Console 口的登录密码，其他登录方式的密码都可以通过 Console 口来重置。如果有足够的权限，也可以通过其他登录方式恢复 Console 口的登录密码。

本章主要介绍思科路由器和华为路由器的密码恢复。思科是"昔日大哥"，虽然荣光不再，但余威仍存，仍有一定的"江湖地位"。华为是当今的主流，荣光无限、势不可挡，到处都能见到。学会这两大厂商设备的使用，其他设备的使用基本上可以做到无师自通了。

我们先从"昔日大哥"说起。

6.2 思科路由器的密码恢复

从思科路由器的初始化过程（见图 4-2）可以看出，在启动思科路由器时，如果能跳过配置文件进入系统，就可以绕过登录密码直接对配置文件进行操作。

6.2.1 思科路由器的配置寄存器

思科路由器的配置寄存器总长度为 16 bit，由 4 个十六进制数组成，如 0x2102。每一位都有不同的含义，下面从低位到高位（从右到左）逐一介绍。

1. $(2)_{16} \rightarrow (0010)_2$

最低一位的十六进制数是 Boot Field，常用到的其中的第 2 位，也是整个配置寄存器中的第 2 位，即 Bit1。Bit1 决定路由启动后进入的模式。

（1）当 Boot Field 的值是十六进制数 2～F 中的任意一个值时，即$(2)_{16}$～$(F)_{16}$ 或$(0010)_2$～$(1111)_2$，路由器正常启动。

（2）当 Boot Field 的值是十六进制数 0 时，即$(0)_{16}$ 或$(0000)_2$，路由器在启动后进入 ROMMON 模式。

（3）当 Boot Field 的值是十六进制数 1 时，即$(1)_{16}$ 或$(0001)_2$，路由器在启动后进入 RXBOOT 模式。

例外情况是，当 2500 系列路由器配置寄存器的值为 0x2102 时，Flash 的属性为只读。如果要升级 IOS（思科路由器的操作系统），则必须把配置寄存器的值改为 0x2101。

2. $(0)_{16} \rightarrow (0000)_2$

常用到该十六进制数的第 3 位，也就是整个配置寄存器的第 7 位，即 Bit6。Bit6 决定路由器在启动时是否加载 NVRAM 中保存的配置文件，可用于密码恢复。

（1）当 Bit6 为 0 时，即$(0)_{16}$ 或$(0000)_2$，路由器在启动时加载 NVRAM 中的配置文件。

（2）当 Bit6 为 1 时，即$(4)_{16}$ 或$(0100)_2$，路由器在启动时不加载 NVRAM 中的配置文件。

3. $(1)_{16} \rightarrow (0001)_2$

常用到该十六进制数的第 0 位，也就是整个配置寄存器的第 9 位，即 Bit8。Bit8 决定路由器在启动时是否响应管理员按下的快捷键 Crtrl + Break。

（1）当 Bit8 为 1 时，即$(1)_{16}$ 或$(0001)_2$，路由器在任何运行模式下，只要按下 Ctrl + Break 均会立即进入 ROMMON 模式。

（2）当 Bit8 为 0 时，即$(0)_{16}$ 或$(0000)_2$，路由器在正常运行模式下按下 Crtrl + Break 无效。

4. $(2)_{16} \rightarrow (0010)_2$

常用到该十六进制数的第 2 位，也就是整个配置寄存器的第 14 位，即 Bit13。Bit13 决定路由器通过网络引导尝试的次数。

（1）当 Bit13 为 1 时，即$(1)_{16}$ 或$(0010)_2$，路由器通过网络引导的次数为 5 次。

（2）当 Bit13 为 0 时，即$(1)_{16}$ 或$(0000)_2$，路由器通过网络引导的次数为无穷多次。

6.2.2 典型的配置寄存器值

1. 0x2102

当配置寄存器的值为 0x2102 时，路由器在启动过程中会检查并加载 NVRAM 中的配置文件，以确定启动的顺序。如果路由器启动失败，则会采用默认的 ROM 中的软件进行启动。在正常情况下，配置寄存器都使用 0x2102。

2. 0x2142

当配置寄存器的值为 0x2142 时，路由器在启动过程中会忽略 NVRAM 中的配置文件，并进入初始配置对话模式，可用于密码恢复。

6.2.3 密码恢复的思路

（1）在启动路由器时，中断启动进程，进入 ROMMON 模式。

（2）将配置寄存器的值修改为 0x2142，不加载 NVRAM 中的初始配置文件，这样就可以绕过登录密码进入系统。

（3）进入系统后，将初始配置文件复制到当前运行的配置，这样就可以操作当前配置了，如查看或者修改各种登录模式的密码。

（4）将配置寄存器的值修改为 0x2102，以便加载 NVRAM 中的配置文件，防止路由器重启后没有配置信息。

（5）将当前的配置保存到配置文件，完成密码的恢复。

6.2.4 密码恢复的操作

对于不同架构的处理器架构，密码恢复的操作稍有不同。目前新的路由器基本上都采用 RISC。

1. 采用 RISC（精简指令集计算机）的路由器的密码恢复操作

（1）在路由器开机的 60 s 内，按下快捷键 Ctrl+Break，令路由器在启动后进入 ROMMON 模式。

（2）在 rommon>提示符下，输入"confreg 0x2142"，令路由器在下次启动时不加载 NVRAM 中的初始配置文件，如：

```
rommon>confreg 0x2142
```

（3）在 rommon>提示符下，输入"reset"，令路由器将重新启动，如：

```
rommon>reset
```

（4）路由器启动后进入启动配置对话过程，输入"n"并按下 Enter 键，跳过初始化配置对话过程。

（5）在 router>提示符下，输入"enable"，进入特权模式，如：

```
router>enable
```

（6）在 router#提示符下，输入"copy startup running"，将初始配置文件复制到当前运行的配置，如：

```
router#copy startup running
```

（7）如果设置的密码是明文形式，则通过"show running"可以查看到密码，如：

```
router#show running
```

（8）或者进入到线路模式，直接修改登录密码，如：

```
router(config-line)#password xxxx
```

（9）在全局配置模式下，修改"enable password"或"enable secret"，如：

```
router(config)#enable password xxxx
```

（10）在全局配置模式下，输入"config reg 0x2102"，令路由器下次按照正常的方式启动，如：

```
router(config)#config 0x2102
```

（11）保存配置文件，如：
```
router(config)#copy running startup
```

2. 采用 CISC（复杂指令集计算机）的路由器的密码恢复操作

（1）在路由器开机 60 s 内，按下 Break 键，进入 ROMMON 模式；

（2）在>提示符下，输入"o"命令，记录当前配置寄存器的值，如：
```
>o
```

（3）在>提示符下，输入"o/r 0x2142"，使路由器在下次启动时不加载初始配置文件，如：
```
>o/r 0x2142
```

（4）在>提示符下，输入"i"，重启路由器，如：
```
>i
```

接下来的操作与采用 RISC 的路由器的密码恢复操作一样，这里不再赘述。

6.2.5 注意事项

目前，大多数人使用的是笔记本电脑，笔记本电脑的键盘基本上都不是完全键盘。在正常情况下，当需要中断信号时，就需要同时按下笔记本电脑键盘上的 Fn 键和 Break 键（笔记本电脑上的 Break 键不是固定的）。例如，当查看 Windows 系统的信息时，在完全键盘按下 Windows 徽标键和 Break 键就可以了；在笔记本电脑上，就需要同时按下 Windows 徽标键、Fn 键和 Break 键。但在路由器启动时需要按下 Ctrl+Fn+Break！以下是作者的一次"血泪教训"。

作者所在的公司是某运营商网络的合作方，机房中的一台思科路由器需要修改配置。当地的同事打了报告，向运营商网络申请了操作时间，然后打电话让我从另外一个城市赶来，准备某天晚上修改配置。本来想着没啥大事，就只申请了一个人进机房，于是孤独的我独自一人背着笔记本电脑进入机房。

打开笔记本电脑后插上串口线，登录路由器时提示要密码，不知道！

问了很多人，一概不知，只好密码恢复。可是作者的笔记本电脑没有 Break 键！只好让其他同事送别的笔记本电脑过来。在送来的笔记本电脑上装 USB 转串口驱动、装虚拟终端程序。

重启路由器，按快捷键 Ctrl + Break，不行。再重启，按快捷键 Ctrl + Fn + Break，还不行。键盘坏了？可是我怎么验证这个键盘是不是好的呢？我知道 Windows 系统有一个快捷键（Windows 徽标键+ Break 键）可打开系统属性，试了下，没有问题呀！错过了时间？不可能呀！再重启，还是不行。

再给已经回去的同事打电话："你带一个有 USB 接口的完全键盘过来。"同事气得七窍生烟："深更半夜的，去哪儿弄完全键盘啊？你到底行不行？"在我苦口婆心的劝说和威逼利诱之下，完全键盘还是送过来了。问题终于解决，走出机房，天已大亮，卖早点的小贩陆续上街，而我真正用于修改配置的时间才十几分钟而已。

6.3 华为路由器的密码恢复

华为路由器除了提供 Console 口登录，还提供了多种登录方式。不管采用哪种登录方式（如 SSH、Telnet、FTP、Web），如果忘记了密码，都可以通过 Console 口登录后来重置密码。

忘记 Console 口登录密码时，也可以通过其他登录方式来恢复该密码，但需要登录的用户有足够的权限。

华为路由器的密码恢复比较简单，有比较友好的操作提示。最关键的是要在开机启动后及时中断初始化过程，进入 BootLoad Menu（启动菜单）。通过 BootLoad Menu 的提示就可以轻松恢复密码，而且不需要修改和恢复配置寄存器值。在 V200 等更新版本的软件中，甚至 BootLoad Menu 还提供了直接清除配置文件密码的选项，通过该选项可以不输入登录密码，直接进入加载了配置文件的系统，然后重新设置密码即可。

6.3.1 密码恢复的准备工作

（1）连接设备的 Console 口。
（2）在开机时，根据提示按下 Ctrl + B 或 Ctrl + E，只有 3 s 的时间，注意时机。
（3）输入 BootLoad Menu 密码，进入 BootLoad Menu；
（4）根据 BootLoad Menu 的提示进行操作即可。

6.3.2 进入 BootLoad Menu

本节以华为 S5720-36C-EI-AC（软件版本 S5720 V200R011C10SPC600）为例说明密码恢复的过程。S5720-36C-EI-AC 是一台交换机啊，本章介绍的是路由器密码恢复，这不一样啊？交换机和路由器的密码恢复是一样的，不要在乎这些细节啦，让我们开始恢复密码吧！

一切准备就绪，加电，要时刻注意启动进程，随时准备按下 Ctrl + B 或 Ctrl + E，毕竟只有 3 s。

```
     BIOS LOADING ...

     U-Boot 2012.10 (Sep 29 2017 - 19:40:33)

     BOARDNAME:   LS5D2T32C002
     DDR type: DDR3
     MEMC 0 DDR speed 533MHz
     Press Ctrl+C to run Shmoo: skipped
     Enabling DDR ECC reporting
     Clear DDR: OK
     Enabling DDR ECC correction
     DDR Tune Completed
     Enabling DDR ECC reporting
     Clear DDR: OK
     Enabling DDR ECC correction

     DRAM:  1.9 GB
     NAND:   (ONFI), 128 KB blocks, 2 KB pages, 16B OOB, 8bit width
     NAND:   chipsize 512 MB
     PCIe port in RC mode
     PCIe port 0 is not active
     In:    serial
```

```
Out:    serial
Err:    serial
Net:    registering eth
Detected spi flash with page size 64 KB, total 4 MB

Boot from main : boot num[1]

Starting kernel ...

Get log address 0xf1e00028

Starting udev
Starting Bootlog daemon: bootlogd.
Populating dev cache
net.ipv4.ip_local_port_range = 5
Starting syslogd/klogd: done
Stopping Bootlog daemon: bootlog
Wind River Linux 6.0.0.34 localhost console

localhost login: root (automatic login)

Jan  8 2019, 09:35:31
BootLoad version : 020b.0a05
Backup U-Boot ................................................... done
ifconfig: SIOCSIFHWADDR: Device or resource busy

Press Ctrl+B or Ctrl+E to enter BootLoad menu: 3  2  1

Password:
//最可能的默认密码是 Admin@huawei.com
//其次可能是 9300
//再其次可能 superman

The default password is used now. Change the password.

   BootLoad Menu

   1. Boot with default mode
   2. Enter serial submenu
   3. Enter startup submenu
   4. Enter ethernet submenu
   5. Enter filesystem submenu
   6. Enter password submenu
   7. Clear password for console user
   8. Reboot
     (Press Ctrl+E to enter diag menu)

Enter your choice(1-8): 7
```

下面对 BootLoad Menu 的各项进行说明。

（1）Boot with default mode：默认模式启动，读者可以进去看看各项子菜单。

（2）Enter serial submenu：串口子菜单，可用于密码恢复。通过该子菜单可使用串口上传或下载文件，修改串口的波特率等参数，可减少文件上传或下载时间等。将配置文件 vrpcfg.zip 下载到本地后，打开归档包，修改配置文件中与密码验证相关的配置，重新打包为 vrpcfg.zip 后上传，上传后重启交换机。

有关通过串口上传或下载文件的操作，请查阅本书第 5 章。

（3）Enter startup submenu：启动子菜单。该子菜单可用于密码恢复，其原理是修改启动过程，令交换机在启动时不加载配置文件。这样启动起来的交换机的业务配置会丢失，如果想恢复业务配置，则需要把配置文件 vrpcfg.zip 下载到本地，打开归档包，修改配置文件中与密码验证相关的配置，重新打包为 vrpcfg.zip 后上传，上传后重启交换机，加载修改后的配置文件，即可完成密码的恢复。

Enter startup submenu 内容如下，根据提示操作即可。

```
Startup Configuration Submenu
    1. Display startup configuration
    2. Modify startup configuration
    3. Return to main menu

Enter your choice(1-3): 2
Note: startup file field can not be cleared
'.'=clear field; 'Ctrl+D'=quit; Enter=use current configuration
startup type(1: Flash)
    current: 1
    new    :
Flash startup file (can not be cleared)
    current: s5720ei-v200r011c10spc600.cc
    new    :
saved-configuration file
    current: vrpcfg.zip
    new    :
patch package
    current: s5720ei-v200r010sph008.pat
    new    :
```

（4）Enter ethernet submenu：以太网子菜单。该子菜单也可用于密码恢复。通过该子菜单可进行文件的下载和上传，上传文件和下载文件使用的连接协议可以是 TFTP 或 FTP，交换机作为客户端，可以设置以太网接口的地址、要上传或下载的文件名称、文件传输的用户名和密码等。把配置文件 vrpcfg.zip 下载到本地，打开归档包，修改配置文件中与密码验证相关的配置，重新打包为 vrpcfg.zip 后上传，上传完成后重启交换机。

Enter ethernet submenu 的内容如下：

```
ETHERNET SUBMENU

    1. Update BootROM system
    2. Download file to Flash through ethernet interface
    3. Upload Configuration file through ethernet interface
```

```
    4. Modify ethernet interface boot parameter
    5. Return to main menu
```

（5）Enter filesystem submenu：文件系统子菜单，用于修改文件系统的配置。

（6）Enter password submenu：密码子菜单，用来设置 BootLoad Menu 的密码。

（7）Clear password for console user：用于清除 Console 口登录密码，可用于密码恢复，是恢复密码的最简单的方法。

（8）Reboot：用于重启。

6.3.3 BootLoad Menu 的默认密码

进入 BootLoad Menu 也需要密码，其默认密码和 BootLoad 软件的版本有关，最好查阅官方的技术文档。Admin@huawei.com、9300、supperman 和空密码是 4 个最有可能的默认密码，如果试完这 4 个密码仍然不能进入 BootLoad Menu，请查阅相关的技术文档或联系厂家售后技术支持人员。

6.3.4 恢复 BootLoad Menu 的密码

忘记进入 BootLoad Menu 的密码该怎么办呢？答案是进入系统重置即可。示例如下：

```
<HUAWEI> reset boot password
The password used to enter the boot menu by clicking Ctrl+B will be restored to the default password, continue? [Y/N] y
Info: Succeeded in setting password of boot to "Admin@huawei.com"
```

这里隐含了一个前提，就是需要以管理员用户权限进入系统。如果系统登录密码和进入 BootLoad Menu 的密码都忘记了，那就是一种比较极端的情况了。

6.3.5 极端情况

如果各种登录方式都无法登录系统，进入 BootLoad Menu 的密码也忘记了，还有办法吗？

不是所有的问题都能够得到完美解决的。如果是框式设备，主控板是可热插拔的，则拔下主控板，取出 CF 卡，在 CF 卡上修改配置文件中内容即可。但这是工业级 CF 卡，它的接口跟普通的 CF 卡接口不一样，也就是说，需要有一个工业级 CF 卡的读卡器。

如果是盒式设备，主控板就相当于主板，而且往往没有 CF 卡，用的 Flash，返厂也许能搞定，大不了换一块 Flash，虽然配置会丢失，但最起码设备还是可以用的。

6.3.6 一次意外

这是作者的一个同事的故事，也是一个悲惨的故事。俗话说"常在河边走，哪有不湿鞋"，小心翼翼的他，还是出了一次错误。这位同事在远程配置 AAA 时执行了类似下面的一条命令：

```
[Huawei-aaa]local-user niuhai services-type ftp
```

而原来的 AAA 配置是这样的：

```
local-user niuhai password cipher %$%$4u=n(Ze~[;xdTw@kZSsKB8/&%$%$
local-user niuhai privilege level 3
```

```
local-user niuhai ftp-directory cfcard:/
local-user niuhai service-type telnet terminal ftp web http
```
这样一来，上面的最后一句就变成了
```
local-user niuhai service-type ftp
```
退出系统以后，再也无法登录了！Console 口已经没有登录设备的能力了，而且连进入 BootLoad Menu 的密码也被之前的同事改过，都不记得了。也就是说，通过 BootLoad Menu 来恢复系统密码也行不通。

煎熬的生活就这样开始了，巨大的风险隐患折磨得他寝食不安。数月之后，这位同事想出一妙招：既然只有 FTP 可用，那就通过 FTP 把配置文件下载下来，修改配置文件后再将其上传，重启设备。终于又可以登录系统了，登录系统后把进入 BootLoad Menu 的密码也改了。

从这个故事可以得到两点收获：

（1）华为设备的"service-type"命令的执行结果是覆盖，而不是添加，习惯思科设备和新入行的网络管理人员最容易在这里犯错。

（2）如果知道 FTP 登录的账户和密码，也可以用这种登录方式来恢复密码，本质上都是先下载配置文件，修改配置文件后再将其上传。只要有一种登录方式还能用，其他登录方式的密码都可以得到恢复。

这个故事只是一个特例，很少有其他登录的密码都忘记了，还有一个 FTP 账户可用的情况，一般都是通过 BootLoad Menu 来恢复密码的。

6.4 思考题

（1）为什么现在的网络设备基本不使用 Ctrl + Pause 或 Break 来中断启动进程了？

（2）对于华为的设备，如果还记得 BootLoad Menu 的登录密码或其他任何一种登录方式的密码，是否就可以恢复其他登录方式的密码？为什么？如果所有登录方式的密码都忘了，该如何处理呢？

第 7 章 Wireshark 实践

Wireshark 是网络工程师，以及从事渗透测试和网络应急响应的网络安全人员的必备工具。

7.1 概述

Wireshark 是一款开源免费的网络协议分析工具，是基于 GPL 发布的，在业界具有非常广泛的应用，用户可以下载适合不同操作系统（如 Windows、Linux、Mac、各种 UNIX 等）的二进制代码包和源码，用户既可以直接下载不同操作系统对应的预编译包，也可以下载对应的源码后自行编译。

在编写本书时，Wireshark 的最新版本是 3.6.8，因此本章使用该版本介绍 Wireshark。Wireshark 的最新版本和 3.6.8 版本在常用功能上的差别不大，比较明显的不同是提升了易用性。Wireshark 3.6.8 的说明及其编译运行环境如图 7-1 所示。

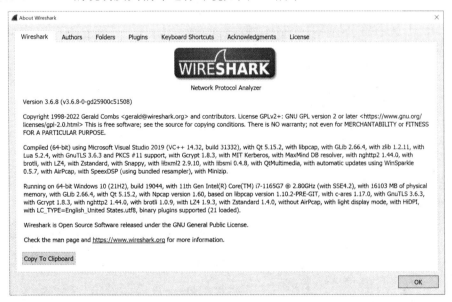

图 7-1　Wireshark 3.6.8 的说明及其编译运行环境

通过本章的学习，希望读者能够：
- 更加熟练地使用 Wireshark；
- 掌握分析网络协议的技巧；

- 进一步加深对数据通信网络专业知识的理解；
- 定位网络故障，解决网络问题；
- 为进一步提升技能创造基础条件。

7.2 Wireshark 的主界面

Wireshark 的主界面如图 7-2 所示，从上到下依次是标题栏、菜单栏、工具栏、显示过滤文本框、打开区、最近捕获并保存的文件、捕获区、捕获过滤文本框、本机所有网络接口、学习区及用户指南等。本节重点介绍显示过滤文本框、捕获过滤文本框和本机所有网络接口三部分内容。

（1）显示过滤文本框：用于输入显示过滤表达式，对已经捕获到的数据包进行过滤。如果不输入表达式，则会显示所有捕获到的数据包。

（2）捕获过滤文本框：用于输入捕获过滤表达式，可以只捕获特定的数据包。如果没有表达式，则会捕获所有监听到的数据包。

（3）本机所有网络接口：显示当前计算机的网卡及其流量状态。

选中要捕获数据包的网卡，填写捕获过滤表达式，通过快捷键 **Ctrl + E** 即可开始捕获数据包。如果不需要填写捕获过滤表达式，直接双击要捕获数据包的网卡即可开始捕获。

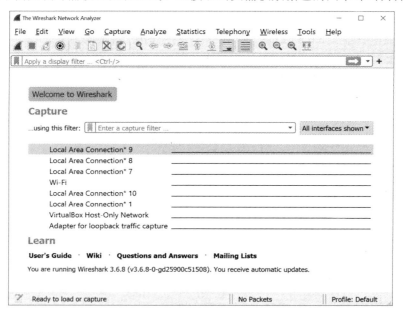

图 7-2　Wireshark 的主界面

7.3 捕获方式

在网络中，最常见的就是 C/S 和 B/S 架构的数据交互，因此在服务器或个人计算机（客户端）上捕获数据包是最常见的场景，也最能捕获到想要的数据包。

很多时候我们也需要在网络设备上捕获数据包，因为交换机分隔了冲突域，路由器分隔了广播域，监听者想要监听服务器和客户端的正常通信，就必须与通信的双方在同一个冲突域中。作为监听设备，如果与通信的服务器或客户端不在同一个冲突域，就无法捕获到相关的数据包。

可以通过以下方式来捕获数据包（抓包）：

（1）增加一台集线器（Hub），实现三方共享冲突域，但由于集线器的性能普遍不高，这种过去常用的抓包方式现在已经基本不用了。

（2）增加一台分路器（Traffic Access Point，TAP）也可达到同样的目的，分路器的数据转发性能相对较好，而且价格也不太高。

（3）端口镜像，其优点是灵活、功能强大，可以实现 1:1、1:N、N:1 的监控，甚至可以实现虚拟接口的流量监听，如分组接口。采用端口镜像的方式，不需要额外增加设备及费用，只需要在交换机上进行简单的配置即可。这种抓包方式在实际中使用得较多。

7.4 抓包实验

本节以华为的交换机为例进行说明。流量镜像涉及两种端口，分别是观察端口和镜像端口。观察端口是监听者连接的端口，用于接收被监听的流量；镜像端口是被监听的端口，用于将本端口的流量镜像到观察端口。

7.4.1 实验拓扑及端口配置

抓包实验使用华为的模拟器 eNSP（enterprise Network Simulation Platform）搭建，本书所使用的版本是 V100R003C000B510，新版本主要增加了对 CE 系列交换机的支持，其他方面差异不大。eNSP 已经不再提供下载服务了，安装与使用手册请参考 https://support.huawei.com/enterprise/en/management-system/ensp-pid-9017384。

抓包实验拓扑如图 7-3 所示，PC1 和 PC2 分别用于模拟出现通信故障的服务器和客户端，PC3 用于模拟装有 Wireshark 的监听者。

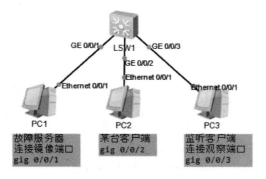

图 7-3 抓包实验拓扑

1. 观察端口的配置

执行全局配置命令：

```
[Switch]observe-port 1 interface gig 0/0/3
```
可配置观察端口。配置完成后，查看全局配置会显示如下内容：
```
#
observe-port 1 interface GigabitEthernet0/0/3
#
```

2. 镜像端口的配置

执行全局配置命令：
```
[Switch]interface gig 0/0/1
[Switch-GigabitEthernet0/0/1]port-mirroring to observe-port 1 both
```
端口 gig0/0/1 的配置如下：
```
#
interface GigabitEthernet0/0/1
 port-mirroring to observe-port 1 inbound
 port-mirroring to observe-port 1 outbound
#
```
经过以上配置，就可以把端口 gig 0/0/1 的进出流量镜像到端口 gig 0/0/3 了。

7.4.2 捕获端口上的数据包

1. 在实际网络中的捕获数据包

经过 7.4.1 节的配置，在端口 gig 0/0/3 连接的计算机上，就可以接收到服务器与客户端之间的通信流量了。这时只需要在负责监听的计算机上打开 Wireshark，选中要监听的网络端口，选择或填上过滤规则，再次双击这个端口或按下快捷键 Ctrl + E，就可以开始抓包了，如图 7-4 所示。如果想要停止抓包，则可按下快捷键 Ctrl + E。

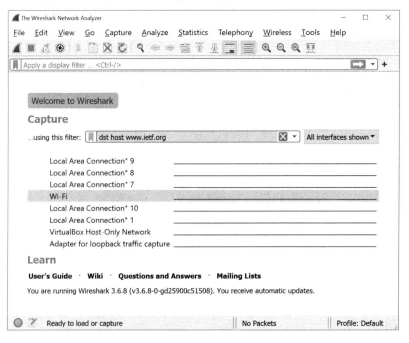

图 7-4　填入过滤规则开始抓包

如果想要实现更复杂的捕获功能，则可以依次选择菜单"Capture"→"Options..."，弹出"Capture Options"对话框，如图 7-5 所示。

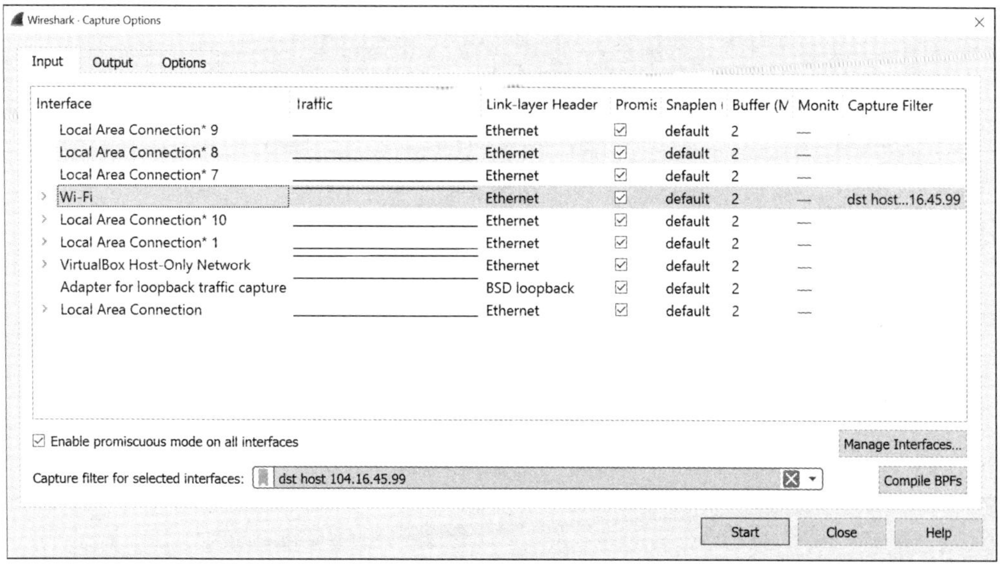

图 7-5 "Capture Options"对话框

实际的网络环境往往要复杂得多，我们有时需要监听服务器上的流量，有时需要监听客户端上的流量。不管监听哪个设备的流量，只要把该设备连接的交换机端口设置为镜像端口就可以了。

2．在实验中的捕获数据包

在只是为了学习而搭建的实验中，想要捕获某条线路上的数据包，只需要右键单击这条线路的圆点，在弹出的右键菜单中选择"Start Data Capture"就可以打开 Wireshark，并开始在这条线路上抓包。在华为的模拟器 eNSP 上开始抓包如图 7-6 所示。

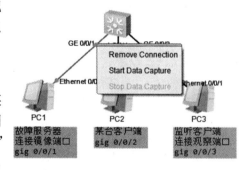

图 7-6 在华为的模拟器 eNSP 上开始抓包

7.5 捕获过滤

不是所有的数据包都需要被捕获的，尤其是一些大流量的端口，如绑定端口，一般的用于监听的计算机无法实现这么大流量的接收与处理，因此要进行捕获过滤。

7.5.1 管理和编辑捕获过滤规则

Wireshark 的主界面中，选择菜单"Capture"→"Capture Filters..."，如图 7-7 所示，可弹出"Capture Filters"（捕获过滤器）对话框，如图 7-8 所示。

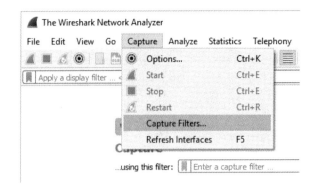

图 7-7 选择菜单 "Capture" → "Capture Filters..."

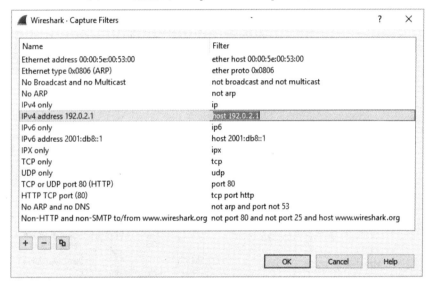

图 7-8 "Capture Filters" 对话框

捕获过滤器只是一个捕获过滤规则的管理器，包含一些预定义的捕获过滤规则示例，在这里可以对捕获过滤规则的名称和规则进行编辑，既可以删除和添加规则，也可以对现有的规则进行编辑。

需要注意的是，选中某条捕获过滤规则示例并不意味着就能实现捕获过滤的功能。捕获过滤规则示例的目的是降低我们书写捕获过滤规则的难度，需要我们根据示例编写更多的捕获过滤规则，在这里书写的捕获规则可以在后续的数据包捕获中被调用。当然也可以将这里的捕获过滤规则表达式复制下来，在捕获数据包时直接粘贴到 Wireshark 主界面的捕获过滤对话框中。

7.5.2 使用捕获过滤规则

在 Wireshark 的主界面中，单击 "…using this filter" 文本框前面的按钮可调用编写好的捕获过滤规则。选择菜单 "Capture" → "Options..."，可弹出 "Capture Options" 对话框，单击该对话框中 "Capture filter for selected interfaces" 文本框前面的按钮，也可以调用编写好的捕获过滤规则，如图 7-9 所示。

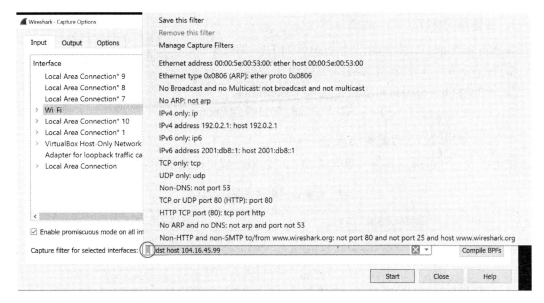

图 7-9　在"Capture Options"对话框中调用编写好的捕获过滤规则

7.5.3　捕获过滤表达式

在进行捕获过滤时，可以单独使用一个捕获过滤表达式，也可以综合使用多个捕获过滤表达式。多个捕获过滤表达式之间用逻辑运算符相连，如逻辑或使用"||"，逻辑与使用"&&"。

1．数据链路层的捕获过滤表达式

数据链路层最常用的捕获过滤表达式示例如下：

- ether dst <host MAC>：只捕获指定目的 MAC 地址的数据包。
- ether src <host MAC>：只捕获指定源 MAC 地址的数据包。
- ether broadcast：只捕获广播的数据包。
- not ether broadcast：不捕获广播的数据包。
- vlan 2：只捕获特定 VLAN 的数据包。

2．网络层的捕获过滤表达式

在实际网络中，我们使用的网络层的捕获过滤表达式最多，常见示例如下：
（1）只捕获某主机的数据包，以下 4 种捕获过滤表达式皆可：
```
host 10.0.0.1
ip host 10.0.0.1
host www.ietf.org
ip host www.ietf.org
```
（2）只捕获指定源地址的数据包，以下 2 种捕获过滤表达式皆可：
```
src host 10.0.0.1
src host www.ietf.org
```
（3）只捕获指定目的地址的数据包，以下 2 种捕获过滤表达式皆可：
```
dst host 10.0.0.1
dst host www.ietf.org
```

3. 传输层的捕获过滤表达式

- port 80/http：只捕获端口号为 80（HTTP）的数据包。
- dst port 80：只捕获目的端口号为 80 的数据包。
- src port 80：只捕获源端口号为 80 的数据包。
- dst portrange 2000-5000：只捕获目的端口号为 2000～5000 的数据包。

4. 组合使用的捕获过滤表达式

使用以下三种逻辑运算符（见表 7-1），可以组合成更高级的捕获过滤表达式。

表 7-1 捕获过滤表达式逻辑运算符

运算符（英文表示）	运算符（类 C 语言表示）	描述及示例
and	&&	逻辑与，如 vlan 2 and/&& not/! vlan 3
or	||	逻辑或，如 ip host www.ietf.org && ip host www.ieee.org
not	!	逻辑非，如!ether broadcast

例如：

- vlan 2 and/&& not/! vlan 3：只捕获 VLAN 2 上非 VLAN 3 的数据包。
- ip host www.ietf.org && ip host www.ieee.org：只捕获与 www.ietf.org 主机和 www.ieee.org 主机通信的数据包。

7.6 显示过滤

显示过滤是指在捕获到数据包的基础上进行按需筛选查看。显示过滤和捕获过滤的表达式和作用是不一样的。显示过滤的表达式填写在 Wireshark 主界面的显示过滤文本框（Apply a display filter...）中。使用显示过滤规则只显示与特定主机通信的数据包如图 7-10 所示。

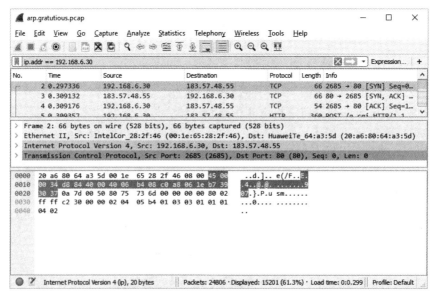

图 7-10 使用显示过滤规则只显示与特定主机通信的数据包

7.6.1 只显示特定协议的数据包

如果只想显示使用某种协议的数据包，则在显示过滤文本框中填写相应的协议名称即可，如 ospf、ip、tcp、udp、arp 等。例如，在显示过滤文本框中输入"arp"，可以只显示采用 ARP 的数据包如图 7-11 所示。

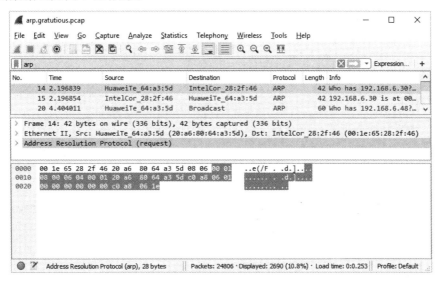

图 7-11　只显示采用 ARP 的数据包

7.6.2 只显示特定协议中特定内容的数据包

在显示过滤文本框中输入"http contains username"，可以只显示 HTTP 及内容中包含"username"的数据包，如图 7-12 所示。

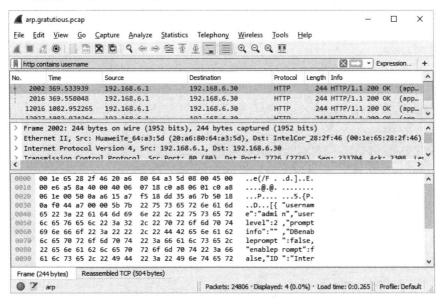

图 7-12　只显示 HTTP 及内容中包含"username"的数据包

7.6.3 显示过滤运算符

在使用显示过滤表达式前，本节先介绍显示过滤运算符。通过显示过滤运算符（见表 7-2），可以生成更加复杂的显示过滤表达式，实现更多的显示过滤功能。

表 7-2 显示过滤运算符

运算符（英文表示）	运算符（类 C 语言表示）	描述及示例
eq	==	等于，如 ip.addr == 192.168.6.30
ne	!=	不等于，如 ip.addr != 192.168.6.30
gt	>	大于，如 frame.pkt_len > 10
lt	<	小于，如 frame.pkt_len < 128
ge	>=	大于或等于，如 frame.pkt_len qe 0x100
le	<=	小于或等于，如 frame.pkt_len <= 0x20

7.6.4 显示过滤表达式

如果只显示与特定主机通信的数据包，则可以在显示过滤文本框中填入"ip.addr == 192.168.6.30"，这样就可以只显示捕获到的数据包中与主机 192.168.6.30 通信的数据包，如图 7-13 所示。

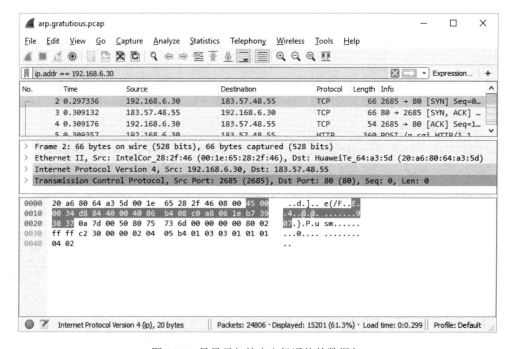

图 7-13 只显示与特定主机通信的数据包

7.6.5 常用的显示过滤表达式示例

1. 数据链路层的显示过滤表达式

```
eth.addr == <MAC Address>
eth.dst == <MAC Address>
eth.src == <MAC Address>
```

示例 1：只显示 MAC 地址后三段是 c2:a4:a2 的数据包，显示过滤表达式如下：

```
eth.addr[3:] == c2:a4:a2
```

示例 2：只显示 MAC 地址前三段是 00:00:83 的数据包，显示过滤表达式如下：

```
eth.src[0:3] == 00:00:83
```

2. 网络层的显示过滤表达式

```
ip.addr == <IP Address>
ip.dst == <IP Address>
ip.src == <IP Address>
```

3. 传输层的显示过滤表达式

```
tcp.port == 80
tcp.dstport == 80
tcp.srcport == 80
```

示例 1：只显示某一个 TCP 流的数据包，显示过滤表达式如下：

```
tcp.stream eq 5
tcp.stream == 5
```

示例 2：只显示特定标识的数据包，显示过滤表达式如下：

```
tcp.flags.syn
```

如果不记得关键字，则可以单击主界面的显示过滤文本框后面的 "Expression..."，以获取更多的显示过滤选项，如图 7-14 所示。

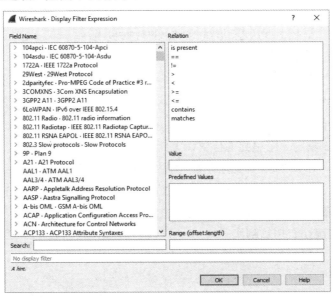

图 7-14　获得更多的显示过滤选项

如果单独使用一个显示过滤表达式不能满足要求，则可以通过显示过滤表达式逻辑运算符来组合使用多个显示过滤表达式。显示过滤表达式逻辑运算符如表 7-3 所示。

表 7-3　显示过滤表达式逻辑运算符

运算符（英文表示）	运算符（类 C 语言表示）	描述及示例
and	&&	逻辑与，如 ip.addr==10.0.0.5 and tcp.flags.fin
or	||	逻辑或，如 ip.addr==10.0.0.5 or ip.addr==192.1.1.1
xor	^^	逻辑异或，如 tr.dst[0:3] == 0.6.29 xor tr.src[0:3] == 0.6.29
not	!	逻辑非，如 not llc

7.6.6　表达式子序列示例

Wireshark 允许选择一个序列的子序列，在标签后加上 "[]" 即可，"[]" 里面包含用逗号分离的列表范围。

示例 1　eth.src[0:3] == 00:00:83

通过 "n:m" 可以指定一个范围，其中 n 是起始位置偏移（0 表示没有偏移，即第 1 位；同理，1 表示向右偏移 1 位，即第 2 位），m 是从指定起始位置的区域长度。示例 1 表示源 MAC 地址的前三段是 00:00:83 的数据包。

示例 2　eth.src[1-2] == 00:83

通过 "n-m" 也可以指定一个范围，其中 n 表示起始位置偏移，m 表示终止位置偏移。示例 2 表示源 MAC 地址从第二段到第三段是 00:83 的数据包。

示例 3　eth.src[:4]=00:00:83:00

通过 ":m" 也可以指定一个范围，表示的范围是从起始位置到偏移位置 m，等价于 0:m。示例 3 表示源 MAC 地址前四段是 00:00:83:00 的数据包

示例 4　eth.src[4:] == 20:20

通过 "n:" 也可以指定一个范围，表示起始位置偏移 n 到序列末尾。示例 4 表示源 MAC 地址最后两段是 20:20 的数据包。

示例 5　eth.src[2] == 83

通过 "n" 可以指定一个单独的位置，上例的序列单元已经在偏移量 n 中指定，等价于 n:1。示例 5 表示源 MAC 地址第三段是 83 的数据包。

示例 6　eth.src[0:3,102,:4,4:,2] == 00:00:83:00:83:00:00:83:00:20:20:83

Wireshark 允许用户将多个逗号隔开的列表组合在一起来表示一个复合区域。如示例 6，不过在网络中我们很少有用这种格式。

7.7 Wireshark 的自动化功能

7.7.1 文件的自动保存

在"Caputure Interfaces"对话框中，选择"Output"选项卡，在"File"文本框中输入文件保存路径，设置好每个文件的大小后，单击"Start"按钮即可自动保存文件。文件自动保存示例如图 7-15 所示，该示例的文件保存路径是"D:\books\auto.save"，每个文件的大小为 10 MB。

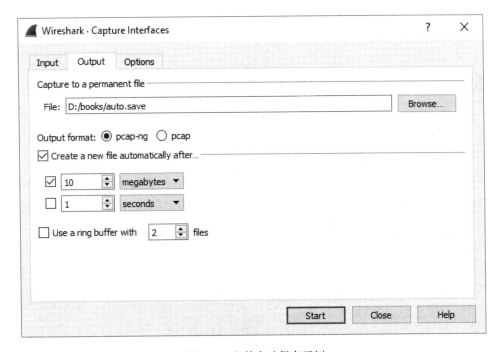

图 7-15　文件自动保存示例

7.7.2 自动停止捕获

在"Caputure Interfaces"对话框中，选择"Options"选项卡，在该选项卡中设置好自动停止捕获的条件后，当满足设置的条件时即可自动停止捕获。自动停止捕获示例如图 7-16 所示，该示例设置了三个条件，当满足以下三个条件之一时，就自动停止捕获。
- 捕获 10000 个数据包；
- 保存 10 个文件；
- 捕获的数据包达到 10 MB。

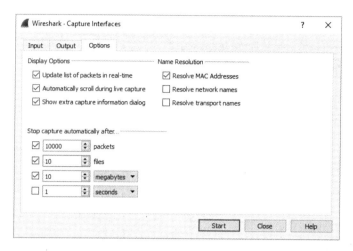

图 7-16　自动停止捕获示例

7.8 Wireshark 的统计分析功能

统计分析是指对当前可显示的数据包进行统计分析，因此在统计分析之前最好先清除过滤表达式，否则就会失去统计分析的意义。

（1）基于协议分级结构显示统计信息。在 Wireshark 的主界面中，选择菜单“Statistics”→“Protocol Hierarchy”，可在弹出的对话框中基于协议分级结构显示统计信息，如图 7-17 所示。

Protocol	Percent Packets	Packets	Percent Bytes	Bytes	Bits/s	End Packets	End Bytes	End Bits/s
Frame	100.0	24806	100.0	8187405	8578	0	0	0
Ethernet	100.0	24806	100.0	8187405	8578	0	0	0
Logical-Link Control	14.7	3640	2.3	189280	198	0	0	0
Spanning Tree Protocol	14.7	3640	2.3	189280	198	3640	189280	198
Internet Protocol Version 6	1.7	423	0.5	43474	45	0	0	0
User Datagram Protocol	0.1	19	0.1	6702	7	0	0	0
Multicast Domain Name System	0.1	19	0.1	6702	7	19	6702	7
Internet Control Message Protocol v6	1.6	404	0.4	36772	38	404	36772	38
Internet Protocol Version 4	72.8	18053	95.7	7838539	8213	0	0	0
User Datagram Protocol	34.8	8628	19.9	1629157	1707	0	0	0
SKYPE	4.5	1113	2.2	184157	192	1113	184157	192
OICQ - IM software, popular in China	18.4	4556	12.4	1017706	1066	4556	1017706	1066
NetBIOS Name Service	9.4	2324	2.6	216076	226	2324	216076	226
NetBIOS Datagram Service	0.4	105	0.3	25478	26	0	0	0
SMB (Server Message Block Protocol)	0.4	105	0.3	25478	26	0	0	0
SMB MailSlot Protocol	0.4	105	0.3	25478	26	0	0	0
Microsoft Windows Browser Protocol	0.4	105	0.3	25478	26	105	25478	26
Multicast Domain Name System	0.1	29	0.1	8569	8	29	8569	8
Mikrotik Neighbor Discovery Protocol	0.0	3	0.0	453	0	0	0	0
Malformed Packet	0.0	3	0.0	453	0	3	453	0
Hypertext Transfer Protocol	1.0	244	0.8	69008	72	244	69008	72
eXtensible Markup Language	0.5	124	1.1	87946	92	124	87946	92
Domain Name System	0.4	92	0.1	10633	11	92	10633	11
Data	0.1	32	0.1	7094	7	32	7094	7
Bootstrap Protocol	0.0	6	0.0	2037	2	6	2037	2
Transmission Control Protocol	37.4	9271	75.7	6200770	6497	8256	5803087	6080
Secure Sockets Layer	0.2	44	0.2	17068	17	41	15569	16
Malformed Packet	0.0	4	0.0	2035	2	4	2035	2

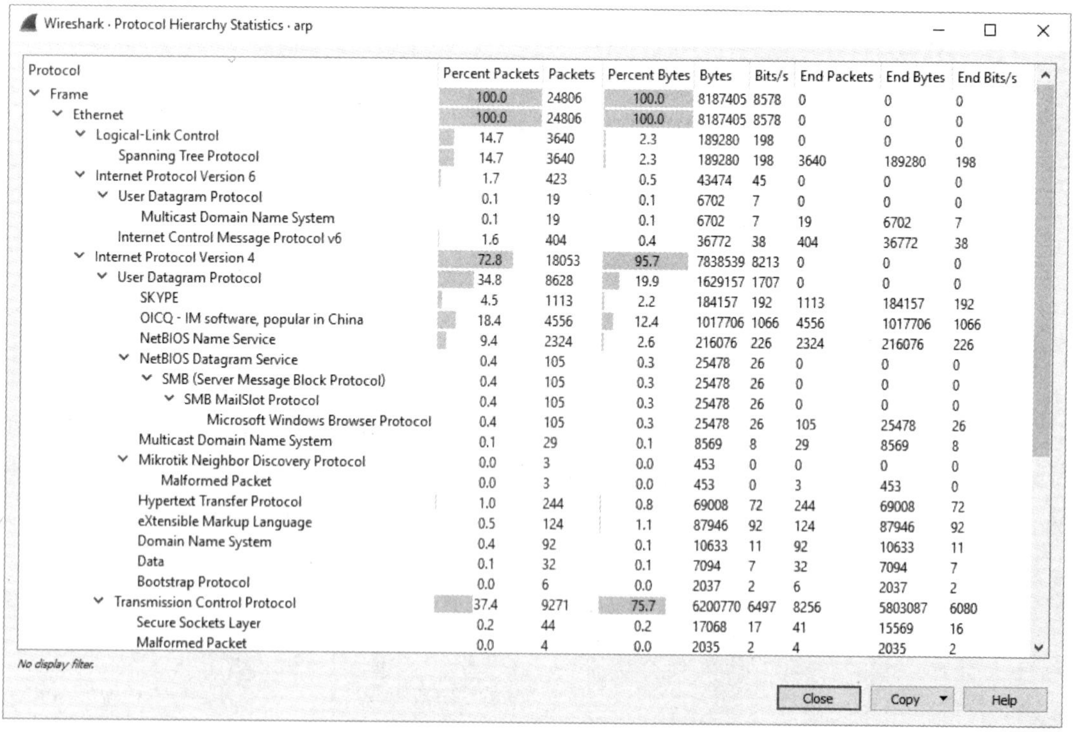

图 7-17　基于协议分级结构显示统计信息

（2）基于协议统计两点之间的数据包。基于协议统计两点之间的数据包示例如图 7-18 所示，可统计基于 Ethernet、IPv4、IPv6、TCP、UDP 等协议的两点之间的数据包。

Address A	Address B	Packets	Bytes	Packets A → B	Bytes A → B	Packets B → A	Bytes B → A	Rel Start	Duration	Bits/s A → B	Bits/s B → A
00:1e:65:28:2f:46	20:a6:80:64:a3:5d	15,364	7436 k	5474	706 k	9890	6729 k	0.297336000	7634.790216	740	7051
00:1e:65:28:2f:46	74:e5:0b:a4:19:fa	145	73 k	0	0	145	73 k	37.072737000	7583.466161	0	77
00:1e:65:28:2f:46	01:00:5e:00:00:16	63	3402	63	3402	0	0	70.471158000	7498.265321	3	0
00:1e:65:28:2f:46	e4:d5:3d:39:38:3d	110	41 k	0	0	110	41 k	125.764088000	7257.017659	0	45
00:1e:65:28:2f:46	24:f0:94:c0:8e:cb	43	12 k	0	0	43	12 k	128.083309000	81.742904	0	1216
00:1e:65:28:2f:46	ff:ff:ff:ff:ff:ff	64	12 k	64	12 k	0	0	168.417761000	7348.349133	13	0
00:1e:65:28:2f:46	01:00:5e:7f:ff:fa	3	525	3	525	0	0	171.521003000	6.016968	698	0
00:1e:65:28:2f:46	5c:ad:cf:83:b9:8c	29	2790	0	0	29	2790	232.764983000	7395.676321	0	3
00:1e:65:28:2f:46	f4:8b:32:d8:80:29	12	1016	0	0	12	1016	236.127478000	7227.744724	0	1
00:1e:65:28:2f:46	dc:a9:71:2e:e9:56	186	23 k	0	0	186	23 k	524.513174000	6976.134193	0	27
00:1e:65:28:2f:46	00:71:cc:98:6f:a5	31	7650	0	0	31	7650	872.497885000	12.176729	0	5025
00:1e:65:28:2f:46	80:d6:05:70:e9:27	13	1190	0	0	13	1190	905.154136000	5123.435347	0	1
00:1e:65:28:2f:46	a4:34:d9:b3:76:1c	209	37 k	0	0	209	37 k	7205.790314000	428.365713	0	698
00:1e:65:28:2f:46	ac:fd:ce:51:9a:d7	61	6898	0	0	61	6898	7472.167699000	55.114659	0	1001
00:71:cc:98:6f:a5	ff:ff:ff:ff:ff:ff	54	6889	54	6889	0	0	458.758647000	7175.153719	7	0

图 7-18 基于协议统计两点之间的数据包

7.9 数据包的导出

Wireshark 可以根据需要，将特定的数据包保存为一个文件。例如，将已经显示过滤的数据包保存为一个文件，可以在 Wireshark 的主界面中选择菜单 "File" → "Export Specified Packets..."，在弹出的对话框中将特定的数据包保存为一个文件，如图 7-19 所示。

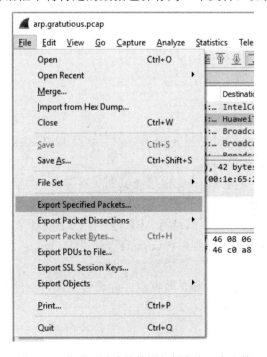

图 7-19 将显示过滤的数据包保存为一个文件

用户还可以将显示过滤过的数据包保存为其他格式的文件。例如，在 Wireshark 的主界面中选择菜单"File"→"Export Packet Dissections…"→"As Plain Text…"，即可在弹出的对话框中将显示过滤的数据包保存为文本文件，如图 7-20 所示。

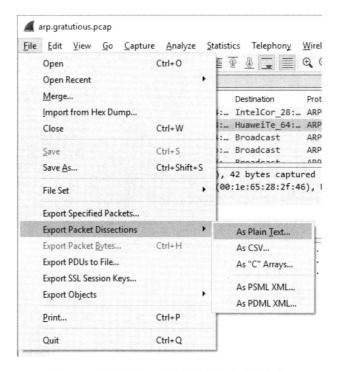

图 7-20 将显示过滤的数据包保存为文本文件

7.10 Wireshark 的应用示例

7.10.1　ARP 攻击的检测

在怀疑某个网络或某个端口受到 ARP 攻击时，不管 ARP Miss 还是 ARP Spoofing，都可以使用下面的方法定位到具体的攻击源。

为被攻击的端口做端口镜像，将数据包镜像到观察端口，观察端口连接负责监听的计算机，在计算机上进行抓包分析。

一切就绪后，设置过滤规则：只监听 ARP 包，捕获 10000 个数据包。

在 Wireshark 的主界面中选择菜单"Capture"→"Options..."，打开"Capture Options"对话框，如图 7-21 所示。

本节以 Wi-Fi 为例，只捕获 ARP 数据包。先设置文件自动保存，每个文件的大小不超过 10 MB，如图 7-22 所示。

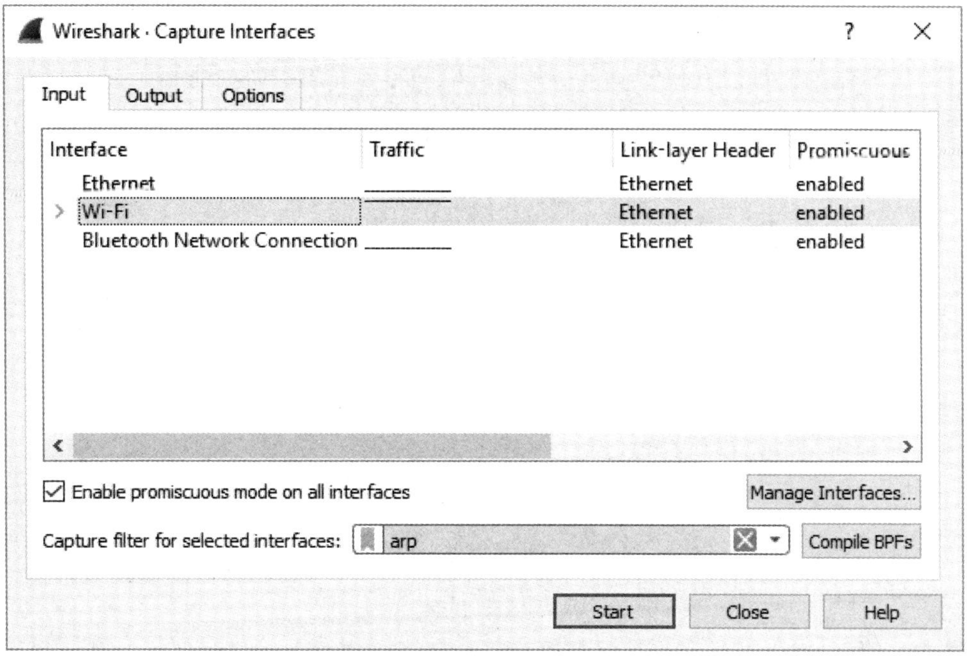

图 7-21 "Capture Options"对话框

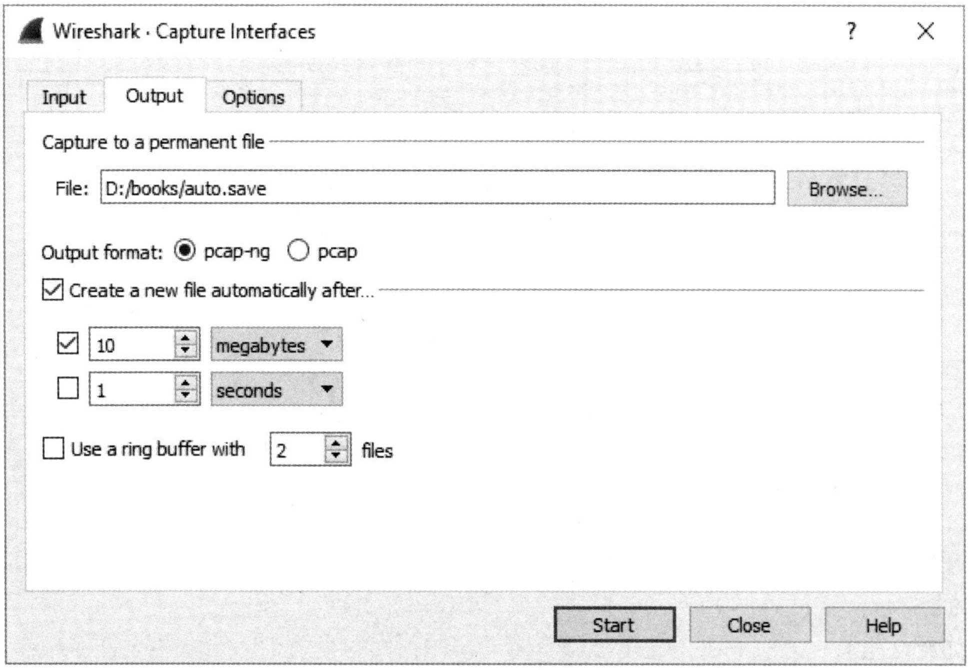

图 7-22 设置文件自动保存

设置捕获自动停止的条件,当捕获 10000 个数据包时自动停止捕获,如图 7-23 所示。单击"Start"按钮开始捕获数据包,并返回 Wireshark 的主界面。

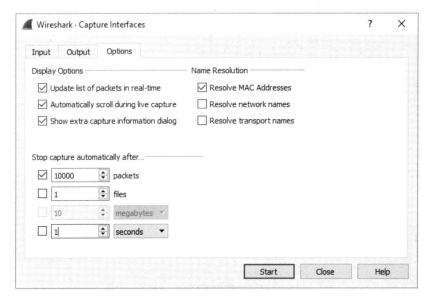

图 7-23　设置捕获自动停止的条件

在 Wireshark 的主界面中，选择菜单"Statistics"→"Conversations"，在弹出的窗口中显示会话通信量统计，很容易看出网络中的主机对带宽的占用情况，如图 7-24 所示。

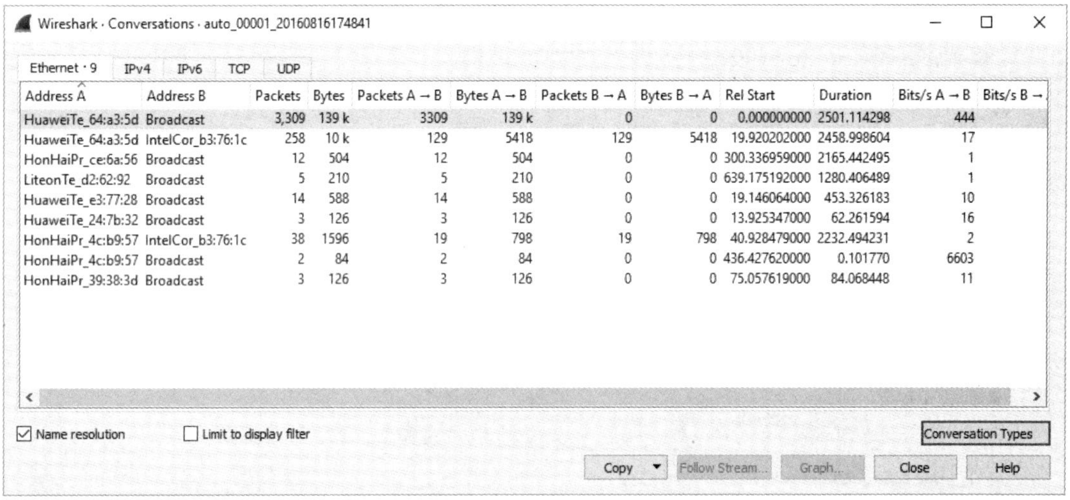

图 7-24　会话通信量的统计

通过显示过滤表达式"eth.addr[3:] == 64:a3:5d"，可以只显示与特定主机会话的数据包，如图 7-25 所示。

如果这里有 ARP 攻击，就可以很容易看出来：短时间内对多台主机发送了很多 ARP Reply，每秒几十到上百。很显然，我们这个案例中没有 ARP 攻击。作者原计划构建一个有攻击的、真实的环境来作为示例，可是搭建环境的风险太高了，超出了自己的承受能力。

题外话：这里只介绍了一种检测 ARP 攻击的方法，并不是唯一的方法，甚至都不是最好的方法，目的是通过这样一个示例来学习如何通过 Wireshark 分析网络问题。

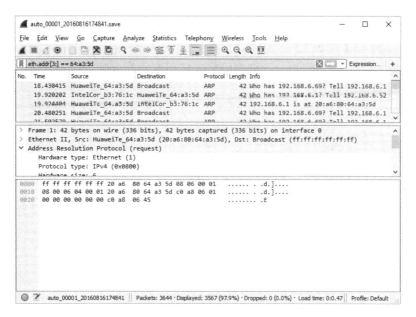

图 7-25　通过显示过滤表达式只显示与特定主机会话的数据包

7.10.2　RTP 流分析

1．打开待捕获的视频流文件

RTP 是应用层协议，网络接入层使用 UDP 传输数据，在 3.0.0 及以上版本的 Wireshark 中直接显示为 RTP，但在老版本的 Wireshark 捕获的数据包中，显示的是 UDP。如果显示的是 UDP，则需要将 UDP 解码为 RTP。老版本 Wireshark 捕获到的 UDP 数据视频流如图 7-26 所示。

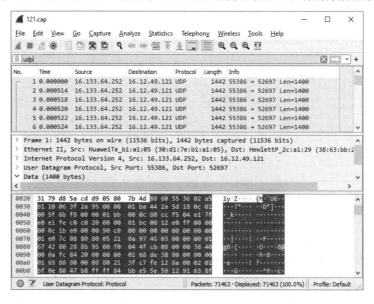

图 7-26　老版本 Wireshark 捕获到的 UDP 数据视频流

2．将 UDP 解码成 RTP

在 Wireshark 中选择视频流中的一个包，单击菜单"Analyze"→"Decode As..."，可弹

出如图 7-27 所示的"Decode As..."对话框。单击该对话框左下角的"+"按钮，添加一路要解码的视频流，把 UDP 53962 解码成 RTP，即把"Current"项设置为"RTP"。单击"OK"按钮可回到 Wireshark 主界面，这时数据包的显示就不存在新老版本的差异了，都显示为 RTP了，此时的视频流可称为 RTP 流。

图 7-27 "Decode As..."对话框

3. 选择 RTP 流进行分析

在 Wireshark 主界面中，选择菜单"Telephony"→"RTP"→"RTP Streams"，可弹出如图 7-28 所示的"RTP Streams"对话框，将"Payload"项设置为"RTP Type-96"。

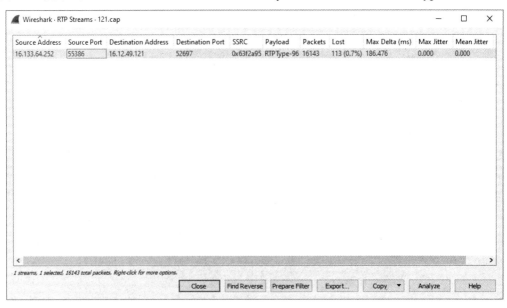

图 7-28 "RTP Streams"对话框

4. 视频流的分析

选中图 7-28 中的 RTP 流，单击图中的"Analyze"按钮即可开始分析并显示分析结果，分析结果显示如图 7-29 所示，从分析结果可以看出，视频流丢了 113 个数据包，丢包率是 0.70%，有 1 个数据包有乱序错误，视频流时长为 27.93 s。

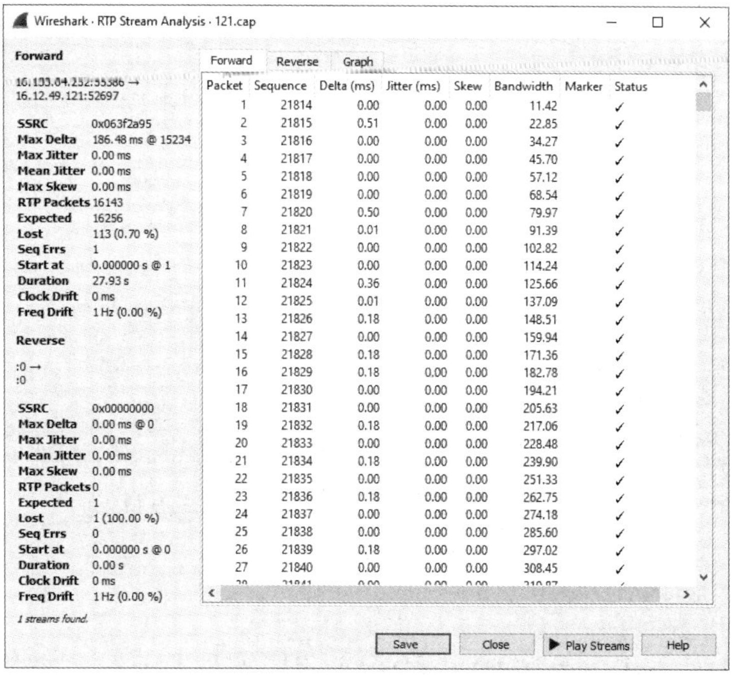

图 7-29　RTP 流分析结果

单击图 7-29 中的"Save"按钮，在弹出的菜单中选择"File Synchronized Forward Stream Audio"，如图 7-30，即可将 RTP 流的载荷保存成".raw"（见图 7-31）或".au"格式的视频文件，通过播放器可以打开保存后的视频文件。

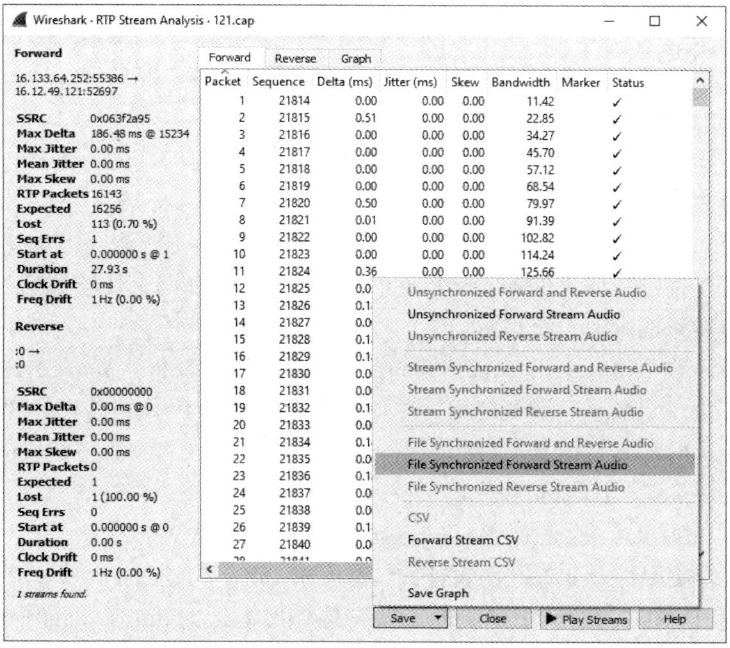

图 7-30　选择"File Synchronized Forward Stream Audio"

图 7-31　将 RTP 流的载荷保存成 ".raw" 格式的视频文件

7.10.3　RTP 相关补充知识

实时传输协议（Real-time Transport Protocol，RTP 或 RTTP）是一个网络传输协议，它是由 IETF 的多媒体传输工作小组于 1996 年在 RFC 1889 中公布的，文档链接地址为 https://datatracker.ietf.org/doc/rfc1889/。RTP 是一个端到端的传输协议，不提供任何服务质量的保证，服务质量由 RTCP 来提供。

与 RTP 相关的协议有：

（1）会话起始协议（Session Initiation Protocol，SIP），用于多方的多媒体通信，是一个基于文本的应用层控制协议，独立于底层的传输协议（如 TCP、UDP、SCTP），用于建立、修改和终止 IP 网络上的双方或多方多媒体会话。SIP 是在 RFC 2543 中定义的，其文档链接地址为 https://datatracker.ietf.org/doc/rfc2543/。

（2）实时传输协议控制协议（RTP Control Protocol，RTCP），是一个常与 RTP 一起使用的协议，它的基本功能和包结构是在 RFC 3550 中定义的，其文档链接地址为 https://datatracker.ietf.org/doc/rfc3550/。RTCP 的主要功能是：服务质量的监视与反馈、媒体间的同步，以及多播组中成员的标识。RTCP 分组周期性地在网上传输数据包，带有发送端和接收端对服务质量的统计信息报告。

（3）实时流传输协议（Real Time Streaming Protocol，RTSP），是 TCP/IP 体系中的一个应用层协议，该协议定义了一对多应用程序如何有效地通过 IP 网络传输多媒体数据。RTSP 能够时支持多个实时流，进而支持视频会议。RTSP 是在 RFC 2326 中定义的，其文档链接地址为 https://datatracker.ietf.org/doc/rfc2326/。

（4）资源预留协议（Resource Reservation Protocol，RSVP），是一个通过网络进行资源预留的协议，是为实现综合业务网而设计的，常用于 QoS，可通过 Qos 提升视频业务的传输质量。RSVP 是在 RFC 2205 中定义的，其文档链接地址为 https://datatracker.ietf.org/doc/rfc2205/。

7.10.4 抓娃娃

捕获过滤表达式为：
```
port 80 or port 20 or port 21 or port 23 or port 25 or port 143 or port 110
```
显示过滤表达式为：
```
http contains user or http contains username or http contains pass or http contains password or http contains pw or http contains passw or http contains passwd or ftp contains user or ftp contains username or ftp contains pass or ftp contains password or ftp contains pw or ftp contains passw or ftp contains passwd or telnet contains user or telnet contains username or telnet contains pass or telnet contains password or telnet contains pw or telnet contains passw or telnet contains passwd or smtp contains user or smtp contains username or smtp contains pass or smtp contains password or smtp contains pw or smtp contains passw or smtp contains passwd or imap contains user or imap contains username or imap contains pass or imap contains password or imap contains pw or imap contains passw or imap contains passwd or pop3 contains user or pop3 contains username or pop3 contains pass or pop3 contains password or pop3 contains pw or pop3 contains passw or pop3 contains passwd
```

如果因为显示过滤表达式太长而不能正确地进行显示过滤，则可以分两次进行显示过滤。

第 8 章
常用的网络排障工具

掌握网络排障工具,你就可以像"网络医生"一样诊断并定位网络故障。

8.1 概述

不论排除网络故障,还是验证网络功能,都需要工具的协助。这些工具就是网络管理员手里的各种各样的命令。Windows 系统在个人计算机的操作系统中几乎占据了垄断地位,但随着 Linux 系统在服务器和专用计算机上应用的不断扩大,这一趋势正在悄悄发生改变。因此,本章介绍两大主流系统(Windows 系统和 Linux 系统)中的常用网络排障工具。

本章在介绍每种网络排障工具时,以该工具的主命令作为标题,每一小节的标题就是主命令,并给出了最常用的参数,示例部分用来展示常用的**命令+参数**组合。可能示例才是最值得读者关注的。

8.2 Windows 系统中的常用网络排障工具

1. ipconfig

ipconfig 用于查看主机的网络配置参数。这是一个非常有用的命令,我们在解决网络问题之前首先要了解网络现状,这个命令就可以帮助我们了解主机的网络配置信息。ipconfig 命令的常用参数及说明如下:

- /all:显示当前所有网络端口的详细配置信息。
- /release:释放某个端口从 DHCP 获取的 IPv4 地址。
- /release6:释放某个端口从 DHCP 获取的 IPv6 地址。
- /renew:更新某个端口从 DHCP 获取的 IPv4 地址。
- /renew6:更新某个端口从 DHCP 获取的 IPv6 地址。
- /displaydns:显示主机所有的 DNS 缓存记录。
- /flushdns:清除主机所有的 DNS 缓存记录。

示例:

(1) 显示主机所有的网络配置参数,命令如下:

```
ipconfig /all
```

如果内容太多，超出一屏，则可以通过管道传递给 more，从而进行分页显示。例如：
```
ipconfig /all | more
```
也可以通过重定向的方式将所有的信息保存到一个文件中。例如：
```
ipconfig /all >> d:\ip.log
```
如果只显示含有特定信息的某行，则可以将特定信息通过管道传递给 findstr。例如，只想显示与地址相关的信息，则可以使用如下命令：
```
ipconfig /all | findstr Address
```
（2）刷新本机的网络配置信息，命令如下：
```
ipconfig /release
ipconfig /renews
```
上一条命令的作用是释放地址（发送 release 消息给 DHCP Server），下一条命令的作用是重新获取地址（发送 Discover 消息给 DHCP Server）。

（3）显示主机所有的 DNS 缓存记录，命令如下：
```
ipconfig /displaydns
```
（4）清除主机所有的 DNS 缓存记录，命令如下：
```
ipconfig /flushdns
```

2. arp

arp 用于查看和修改主机的 ARP 表，执行 arp 命令时必须携带参数。arp 的常用参数及说明如下：

- -a：显示主机所有的 ARP 条目。
- -d：清除主机所有的 ARP 条目。
- -s：创建静态的 ARP 条目。

示例：

（1）查看主机所有的 ARP 条目，命令如下：
```
arp -a
```
如果显示的内容太多，超过一页，则可以将显示的内容通过管道传递给 more，进行分页显示，命令如下：
```
arp -a | more
```
也可以将显示的内容重定向到文件当中，命令如下：
```
arp -a >> d:\arp.log
```
（2）清除主机所有的 ARP 条目，命令如下：
```
arp -d
```
（3）创建静态的 ARP 条目，命令如下：
```
arp -s 192.168.25.254 00-00-5e-00-01-19
```
（4）ARP 表绑定脚本文件。因为 ARP 条目只存在计算机内存中，如果计算机重启，那么所有的条目都会丢失，所以在每一次开机时都需要重新绑定一次 ARP 表。通过自动绑定的方式可以解决每次开机都需要绑定的麻烦。方法如下：

首先删除主机所有的 ARP 条目，以防止存在错误的条目；然后创建正确的静态 ARP 条目；接着把以上操作命令写到记事本当中；最后将记事本文件的扩展名改为.bat，自动绑定的脚本文件就写好了。将自动绑定脚本文件拖放到开始菜单启动项，可创建一个开始菜单启动项的快捷方式；也可以创建一个注册表启动项，即在"Computer\HKEY_LOCAL_

MACHINE\SOFTWARE\Microsoft\Windows\CurrentVersion\Run"下面创建一个"String Value",其内容填写.bat 文件的绝对路径和可执行文件的全名,包括文件名和扩展名。当然也可以通过任务计划来实现,在命令行窗口中运行"taskschd.msc",根据菜单和提示进行操作,新创建一个开机自动执行任务,运行刚才编写的脚本文件。三种方式都可以创建开机自动执行任务,作者推荐使用第三种方式。

开机自动执行脚本文件的书写格式如下:

```
@echo off
arp -d
arp -s 192.168.25.254 00-00-5e-00-01-19
arp -s 192.168.25.252 00-25-9e-ca-dc-13
```

3. netstat

netstat 是用于显示主机网络状态的命令,可以同时带多个参数,在使用多个参数时只需要一个"-"即可,当然也可以在每一个参数前面都加一个"-",参数之间用空格隔开。不管有多个还是一个"-",参数的先后顺序都不会影响功能的实现。常用的参数及说明如下:

- -a: 显示所有的连接和监听端口。
- -b: 显示每一个连接或监听端口的可执行程序名。
- -n: 以数字形式显示地址和端口号等信息。
- -o: 显示连接所属的 PID。
- -s: 显示每一个协议的统计信息,默认只显示 IP、IPv6、ICMP、ICMPv6、TCP、TCPv6、UDP、UDPv6 等协议的统计信息。
- -r: 显示主机路由表。

示例:

(1)查看主机所有的网络状态,以数字形式显示,并列出相关应用程序的 PID。命令如下:

```
netstat -nao
```

如果显示的内容太多,超过一页,则可以将显示的内容通过管道传递给 more,进行分页显示,命令如下:

```
netstat -nao | more
```

也可以将显示的内容重定向到文件中,命令如下:

```
netstat -ano >> d:\net.log
```

还可以将显示的内容通过管道传递给 findstr,通过 findstr 过滤后只显示包含某特定关键字的行。命令如下:

```
netstat -ano | findstr 80
```

(2)查看主机所有的网络状态,以数字形式显示,并列出相关应用程序的进程名。命令如下:

```
netstat -nab
```

也可以配合管道传递操作、重定向操作和过滤操等进行多种形式的显示。

(3)统计主机网卡的流量信息,命令如下:

```
netstat -s
```

由于显示的统计信息太多,而且还需要做更加详细的分析,所以一般要把显示的统计信息重定向到文件中。命令如下:

```
netstat -s >> d:\net.log
```

（4）输出主机的路由表，命令如下：
```
netstat -r
```
一般来说，显示的信息都会超过一屏，不超过两屏，所以我们经常也会用到上面说的分页和重定向等操作。

（5）持续显示本地网络连接状态。为了显示本地网络连接状态的变化，需要在网络连接建立到终止的过程中不停查询本地网络连接状态。连续查询 20 次，每次间隔 1 s，把查询到的状态信息保存到本地磁盘"D:\netstat.log"文件中，命令如下：
```
for /l %i in (1,1,20) do @netstat -noa >> d:\netstat.log & timeout 1
```

4. tasklist

tasklist 命令用于显示主机的进程列表。严格来说，tasklist 并不能算网络排障工具，因为它不能直接应用于与网络相关的操作，但它可以显示使用网络的进程。如果不使用任何参数执行这个命令，则与用户打开的任务管理器显示的进程条目是一样的。tasklist 的常用参数及说明如下：

/fi：根据条件显示进程命令中符合筛选条件的进程。

示例：

（1）查看主机当前运行的所有进程，命令如下：
```
tasklist
```
（2）使用过滤器，通过 PID 查看特定的进程，命令如下：
```
tasklist /fi "pid eq 3816"
```
（3）使用过滤器，通过进程映像名查看特定的进程，命令如下：
```
tasklist /fi "imagename eq svchost.exe"
```

5. ntsd

ntsd 命令可用来结束特定的进程，严格来说 ntsd 也不算网络排障工具，但在网络排障过程中可能会用它来结束进程。不使用设备管理器结束进程而使用 ntsd 命令来结束进程，不仅仅是因为命令行更酷，主要是 ntsd 结束进程的能力更强，而且命令行的方式更方便脚本化和日志记录。ntsd 命令的常用以下两个参数的组合，说明如下：

- -c q -p pid：结束 PID 为"pid"的进程，然后退出程序。
- -c q -pn image：结束进程名为"image"的进程，然后退出程序。

示例：

（1）在 Windows 7 之前的系统中通过 PID 结束特定的进程，命令如下：
```
ntsd -c q -p 3816
```
（2）Windows 7 之前的系统中通过进程名结束特定的进程，命令如下：
```
ntsd -c q -pn notepad.exe
```

6. taskkill

taskkill 命令是一个非常实用的 Windows 命令，它可以用来结束进程。如果你正在开发一些需要结束进程的脚本或批处理文件，那么 taskkill 命令将是你值得信任的好帮手。taskkill 命令的常用参数及说明如下：

- /pid：根据 PID 结束特定的进程。
- /im：根据进程名结束特定的进程。

示例：

（1）在 Windows 7 及以后的系统中通过 PID 结束特定的进程，命令如下：
```
taskkill /pid 1230
```
（2）Windows 7 及以后系统中通过进程名结束特定的进程，命令如下：
```
taskkill /f /t /im notepad.exe
```

7. ping

说 ping 是网络排障命令的"一哥"，一点都不夸张。ping 是基于 ICMP 开发的应用，专门用来测试网络的连通性。ping 命令的各个参数可以同时使用，且不分先后位置。ping 命令的常用参数及说明如下：

- -t：一直 ping，直到手动结束为止，在工程中我们把它称为长 ping。如果不指定"-t"参数，默认的次数是 4 次。
- -l：指定数据大小，是纯数据的大小，即 Socket 编程中的缓冲区大小，指不包含任何报头或封装的数据。如果不指定数据大小，默认值是 32 B。
- -n：指定发送 echo request 的数量，就是我们经常说的 ping 包数。如果不指定数量，默认值是 4 个。
- -w：等待回应的时间，以毫秒为单位，默认值是 4000 ms。
- -i：指定 TTL 值，对于不同的目标系统，TTL 的值是不同的，Windows 系统的默认值是 128，UNIX 系统的默认值是 64。对于网络设备来说，TTL 值大多数是 255。
- -f：在 IPv4 协议栈中，设置不对数据包进行分段，可用于测试以字节为单位的 Path MTU 大小。

示例：

（1）测试本机到目标主机的连通性。IP 地址也可以换成主机域名，效果是一样的，系统会先通过 DNS 服务器解析出对应的 IP 地址。命令如下：
```
ping <目标主机的 IP 地址或域名>
```
（2）检查一段时间内本机到目标主机之间的网络连接状况，即长 ping，命令如下：
```
ping -t <目标主机的 IP 地址或域名>
```
（3）发送一个探测包，检查目标主机是否在线，命令如下：
```
ping -n 1 -w 50 <目标主机的 IP 地址或域名>
```
（4）向目标主机发送 500 个包，每个包的大小为 1460 B，并将结果保存到文件中，命令如下：
```
ping -n 500 -l 1460 <目标主机的 IP 地址或域名> >> d:\ping.log
```
（5）一个 ping 需求：ping 一段 IP 地址；检查这个地址是否能 ping 通；对于能通的 IP 地址，发送 500 个包，每个包的大小是 1460 B；ping 的过程和结果记录在 ping.log 中。命令如下：
```
for /l %i in (2,1,254) do @ping -n 1 -w 100 192.168.6.%i & if errorlevel 1 
(echo 192.168.6.%i is not online >> d:\ping.log) else (echo 192.168.6.%i is online 
>> d:\ping.log &  ping -n 500 -l 1460 192.168.6.%i >> d:\ping.log)
```
（6）脚本替代方法。将 ping 的操作做成脚本只是一种选择，有时我们并不这样做，替代的做法是把上面的 ping 操作复制到文本编辑器里，修改几处关于 IP 地址的值，然后粘贴到命令行窗口执行。如下所示：
```
rem @echo off
```

```
@echo input start IP please:
@set /p start=
@echo input end IP please:
@set /p end=
@for /l %%i in (%start%,1,%end%) do @ping -n 1 -w 100 192.168.6.%%i & if errorlevel 1 (echo 192.168.6.%%i is not online >> d:\ping.log) else (echo 192.168.6.%%i is online >> d:\ping.log & ping -n 500 -l 1460 192.168.6.%%i >> d:\ping.log)
```

8. tracert

和 ping 一样，tracert 也是基于 ICMP 开发的，只是功能不同，它用来追踪路由。

⊃ -h：追踪到指定目标主机的最大跳数，默认值是 30 跳。

⊃ -w：指定每跳的等待时长，以毫秒为单位，默认值是 4000 ms。

示例：

（1）追踪到目标主机的路由，超过 10 跳就不追踪了，也不要让我等太久（设置等待时长），命令如下：

```
tracert -h 10 -w 50 <目标主机的 IP 地址或域名>
```

（2）一个追踪需求：追踪一段 IP 地址；先检查目标主机是否在线，如果在线就追踪到目标主机的路由信息；追踪的过程和结果记录在 traceroute.log。命令如下：

```
for /l %i in (2,1,254) do @ping -n 1 -w 100 10.1.40.%i & if errorlevel 1 (echo 10.1.40.%i is not online>> d:\traceroute1.40.log) else (echo 10.1.40.%i is online>> d:\traceroute1.40.log & tracert -h 10 10.1.40.%i >> d:\traceroute1.40.log)
```

（3）脚本替代方法。tracert 命令也可以像 ping 命令那样使用文本编辑器编辑样例后粘贴到命令行窗口执行。如下所示：

```
rem @echo off
@echo input start IP please:
@set /p start=
@echo input end IP please:
@set /p end=
@for /l %%i in (%start%,1,%end%) do @ping -n 1 -w 100 10.1.40.%%i & if errorlevel 1 (echo 10.1.40.%%i is not online >> d:\traceroute1.40.log) else (echo 10.1.40.%%i is online>> d:\traceroute1.40.log & tracert -h 10 10.1.40.%%i >> d:\traceroute1.40.log)
```

9. route

route 是路由操作命令，随着计算机对多网卡的支持，以及操作系统对路由功能的支持，route 命令逐渐受到了更多的关注。route 命令的常用参数及说明如下：

⊃ print：显示本机的完整路由表。

⊃ add：添加路由表条目。

⊃ delete：删除特定的路由条目。

示例：

（1）显示本机的路由表，命令如下：

```
route print
```

显示的路由表条目通常会超过一屏，可以将显示的内容通过管道传递给 more，命令如下：

```
route print | more
```

也可以将显示的内容重定向到一个文件中，命令如下：

```
route print >> d:\route.log
```

（2）为本机添加路由条目。假如计算机有两个网卡，其中一个网络卡的网关是192.168.0.1，现在需要通过该网卡从网络172.16.0.0/24获取数据包，数据需要存盘，就算计算机重启也无须再添加路由条目。命令如下：

```
route add -p 172.16.0.0 mask 255.255.255.0 192.168.0.1 metric 10
```

（3）删除本机的路由条目，命令如下：

```
route delete 0.0.0.0
```

（4）设置不同运营商网络的优先级。在 Windows 系统中可能会遇到这种情况，因为两个运营商网络的带宽不同，在正常情况下，业务数据需要走 A 运营商网络，在 A 运营商网络不可用时走 B 运营商网络。命令如下：

```
route -p add 0.0.0.0 mask 0.0.0.0 <连接A运营商网络出接口的网关> metric 10
route -p add 0.0.0.0 mask 0.0.0.0 <连接B运营商网络出接口的网关> metric 20
```

10. nslookup

nslookup 命令用来查询主机的域名是否能够被正常解析，或检查 DNS 服务器能否正常为用户提供服务。使用这个命令基本不用带什么特别参数。

示例：检查 DNS 服务器能否正常解析域名。在 nslookup 命令前应确保执行该命令的计算机的网络连接是正常的。如果试图解析几个知名"大厂"的域名都有问题，那就说明 DNS 服务器有问题，因为几个"大厂"的官网同时出问题是几乎不可能的。如果确定 DNS 服务器正常工作，但自己的域名还是不能被解析，就有可能是域名的问题，需要进一步排查。本示例的命令如下：

```
nslookup <主机域名>
```

11. telnet

telnet 命令本来只是一个通过网络进行远程登录的应用，因其使用 TCP 进行连接，所以也可以用来测试远程目标主机的端口是否开放、是否正在提供服务。使用 telnet 命令时基本不用带什么特别参数。

示例：

（1）远程管理网络设备。例如，要管理的目标主机的 IP 地址是 192.168.0.1，默认的端口没有修改，通过下面的命令即可实现远程登录。

```
telnet <目标主机的IP地址或域名>
```

（2）测试目标主机的某个 TCP 端口是否开放，命令如下：

```
telnet <目标主机IP地址或域名> <目标端口号>
```

例如，想要测试 IETF 的官网是否正常，就可以使用下面的命令：

```
telnet www.ietf.org 80
```

12. ssh

ssh 命令也是一个远程登录的应用，不过它比 telnet 命令更安全。ssh 命令的常用参数及说明如下：

-p：指定目标主机的端口

示例：

（1）通过网络远程管理设备，命令如下：

```
ssh <目标设备的IP地址或域名>
```

（2）指定用户名 niuhai 和端口号 52222，通过网络远程管理设备 192.168.1.1，命令如下：
```
ssh niuhai@192.168.1.1 -p 52222
```

13. ftp

ftp 命令用于登录到远程主机上，并进行文件的上传和下载。在备份、升级网络设备、操作系统软件或配置文件时会用到 ftp 命令。使用 ftp 命令时基本不用带什么特别参数。

示例：连接 FTP 服务器，命令如下：
```
ftp 192.168.6.1
```

14. nbtstat

nbtstat 是一条和 NetBIOS 相关的命令。nbtstat 命令可以将多个参数连在一起使用，参数之间不用空格。nbtstat 命令的常用参数及说明如下：

- -A：根据给出的地址，列出目标主机的名字。
- -r：以广播的形式，通过 Windows Server 解析出目标主机的名字。
- -n：列出本机的 NetBIOS 名称。

示例：

（1）根据一台目标主机的 IP 地址，通过 Windows Server 和广播方式，查找到主机名。可用下面任意一条命令：
```
nbtstat -rA 192.168.0.58
nbtstat -r -A 192.168.0.58
```
（2）列出本机的主机名列表，命令如下：
```
nbtstat -n
```

15. net

net 命令用于对用户和主机进行共享操作。

示例：

（1）查看当前主机共享情况，命令如下：
```
net share
```
（2）关闭共享，命令如下：
```
net share share_name /del
net share c$ /del
```
（3）添加和删除用户，命令如下：
```
net user niuhai Heavenniu@211 /add
net user niuhai /del
```
（4）添加和删除用户分组，命令如下：
```
net localgroup niu /add
net localgroup niu /del
```
（5）将用户添加到指定用户分组，命令如下：
```
net localgroup niu niuhai /add
```

8.3 Linux 系统中的常用网络排障工具

1. ethtool

ethtool 是配置网络端口的命令，它有很多参数可用，几乎可以配置所有的网络端口参数，

但作者在多年的从业中只用到了下面一个参数:

-p nic.name: 让指定名字的网络端口的指示灯开始闪烁。

示例: 让指定名字的网络端口的指示灯开始闪烁, 命令如下:

```
ethtool -p enp0s3
```

这是一个非常有用的命令,尤其是在多网络端口的设备上。执行完这条命令后程序一直在运行,直到管理员按 Ctrl+C 才结束。在使用该命令前,要确保网线接在正确的网络端口上,即网络端口与端口配置文件的对应关系是正确的。

2. ifconfig

ifconfig 命令用于查看本机网络配置参数。在 RHEL 6 及以后版本的 Linux 中已经不再提供这个命令。该命令的常用参数及说明如下:

- -a: 显示本机所有网络的配置信息(其实没有这个参数显示出来的内容也是一样的)。
- -s: 显示网络端口的流量统计信息。
- add: 添加网络地址。
- del: 删除网络地址。

示例:

(1) 查看本机网络配置信息, 命令如下:

```
ifconfig -a
```

如果显示的信息超过一屏,则可以将显示的信息通过管道传递给 less 或 more 等, less 和 more 都可以达到分屏显示的效果, 但 less 使用起来更加灵活。命令如下:

```
ifconfig -a | less
ifconfig -a | more
```

也可以通过 grep 过滤显示的信息,只显示 IP 地址或 MAC 地址。命令如下:

```
ifconfig -a | grep inet
ifconfig -a | grep ether
```

(2) 显示本机网络端口的流量统计信息。命令如下:

```
ifconfig -s
```

3. ifup

ifup 用于启用某个网络连接。

示例: 启用 "eth0" 网络端口。命令如下。

```
ifup eth0
```

4. ifdown

ifdown 用于停用某个网络连接。

示例: 停用 "eth0" 网络端口。命令如下:

```
ifdown eth0
```

5. ip

Linux 系统对网络端口的操作都可以通过 IP 来实现,在 RHEL 7 及以后版本的 Linux 逐渐用 ip 命令替代了 ifconfig 命令。ip 命令可操作的对象及其操作如下所示:

- address 或 address show: 显示本机的网络地址。
- route 或 route show: 显示本机的路由表。

- route add：为本机添加路由条目。
- link 或 link show：显示本机的网络连接状态。
- neighbor 或 neighbor show：查看 ARP 表。
- link set <网卡名> up：启用某个网卡。
- link set <网卡名> down：停用某个网卡。
- -c：将输出的内容用彩色显示，更加醒目直观。
- help：显示帮助、命令格式、可操作的对象、对对象的操作、可用参数、示例等。

示例：

（1）查看本机的网络地址。采用下面的任意一条命令皆可：

```
ip address show
ip addr show
ip add
```

（2）查看本机的路由表。采用下面的任意一条命令皆可：

```
ip route show
ip route show
ip rout
```

（3）为本机添加路由条目，命令如下：

```
ip route add
```

通过网卡"eth0"，将 172.16.0.0/24 添加到网络的路由，命令如下：

```
#ip route add 172.16.0.0/24 via 10.0.0.1dev eth0
```

通过配置文件修改网络的路由，命令如下：

```
# vi /etc/sysconfig/network-scripts/route-eth0
```

添加如下内容：

```
172.16.0.0/24 via 10.0.0.1 dev eth0
```

后重启网络服务即可，命令如下：

```
# systemctl restart network.service
```

（4）删除本机上的路由条目，命令如下：

```
ip route del
```

（5）查看网络连接状态。采用下面的任意一条命令皆可：

```
ip link show
ip lin show
ip lin
```

（6）查看本机 ARP 表。采用下面的任意一条命令皆可：

```
ip neighbor show
ip nei show
ip nei
```

（7）启用网卡"ens33"，命令如下：

```
ip link set up ens33
```

（8）禁用网卡"ens33"，命令如下：

```
ip link set down ens33
```

6. nmcli

nmcli 是 Linux 系统中的 Network Manager 的命令行形式，可用来查询网络设备状态，创建、编辑、激活、去激活、删除网络连接等。可操作的对象及其操作如下：
- connection 或 connection show：显示本机的网络连接及其状态。
- connection up NIC_NAME：开启名字为 NIC_NAME 的网络连接。
- connection down NIC_NAME：关闭名字为 NIC_NAME 的网络连接。
- device 或 device status：显示本机的设备端口及其状态。
- device show：显示本机设备端口、连接状态、连接参数等。
- clone：根据原来的网络连接，复制出一个新的网络连接。
- modify：修改 NIC（Network Interface Card）的配置参数。
- -c：以彩色形式显示输出的内容，更加醒目直观。
- -a：查询参数配置。
- help：显示帮助、命令格式、可操作的对象、对对象的操作、可用参数、示例等。

示例：

（1）显示本机所有的网络连接及其状态，采用下面的任意一条命令皆可：
```
nmcli connection show
nmcli c sh
nmcli c s
nmcli c
```
（2）显示本机网络连接"enp0s3"的详细连接状态参数，采用下面的任意一条命令皆可：
```
nmcli connection show enp0s3
nmcli c s enp0s3
```
（3）显示本机所有的网络连接及其状态，采用下面的任意一条命令皆可：
```
nmcli device status
nmcli d st
nmcli d s
nmcli d
```
（4）显示本机所有的设备端口及其连接状态的详细参数，采用下面的任意一条命令皆可：
```
nmcli device show
nmcli d sh
```
（5）启用网络连接"ens33"，采用下面的任意一条命令皆可：
```
nmcli connection up ens33
nmcli c u ens33
```
（6）禁用网络连接"ens33"，采用下面的任意一条命令皆可：
```
nmcli connection down ens33
nmcli c d ens33
```
（7）复制网络连接"ens33"，并将新的网络连接命名为"internal"，命令如下：
```
nmcli clone ens33 internal
```
注意，该命令会生成一个文件/etc/sysconfig/network-script/ifcfg-internal，新文件与原文件的内容仅在名称和 UUID 两个方面不同。

（8）修改网卡"internal"的配置参数。配置参数为：人工配置 IPv4 地址，IPv4 地址为10.0.0.2，掩码为 255.255.255.252，网关为 10.0.0.1，首选 DNS 服务器的 IP 地址为 1.2.4.8，网卡在开机后自动连接。命令如下：
```
nmcli connection modify internal ipv4.method man ipv4.addresses 10.0.0.2/30
ipv4.gateway 10.0.0.1 ipv4.dns 1.2.4.8 connection.autoconnection yes
```

以上各配置参数也可以分开写，也就是说可以单独修改某项参数，命令如下：
```
nmcli connection modify internal ipv4.method man
nmcli connection modify internal ipv4.addresses 10.0.0.2/30
nmcli connection modify internal ipv4.gateway 10.0.0.1
nmcli connection modify internal ipv4.dns 1.2.4.8
nmcli connection modify internal connection.autoconnect yes
```

7. arp

arp 命令用于对本机 ARP 表进行操作。如果使用的 Linux 系统发行版上没有这个命令，则可以用 ip neigbor 代替。arp 命令的常用参数及说明如下：

- -a：显示本机的 ARP 表。
- -v：显示本机的 ARP 表。
- -s：创建静态的 ARP 条目。

示例：

（1）显示本机 ARP 表，采用下面的任意一条命令皆可：
```
arp
arp -a
arp -v
arp -e
```

（2）创建一条静态的 ARP 条目。例如，创建 IP 地址为 10.0.0.1，MAC 地址为 e4-72-e2-b5-d4-ba 的静态 ARP 条目，命令如下：
```
arp -i eth0 -s 10.0.0.1 e4:72:e2:b5:d4:ba
```

8. netstat

Linux 系统中的 netstat 命令的功能与 Windows 系统的 netstat 命令的功能一样，都是用于查看本机的网络连接的，不过参数的用法有所不同。Linux 系统中的 netstat 命令的常用参数及说明如下：

- -a：显示所有的 Socket。
- -n：以数字形式显示。
- -t：显示 TCP。
- -l：显示处于 Listening 状态的 Socket。
- -u：显示 UDP。
- -p：显示使用 Socket 的 PID 和进程名。
- -r：显示本机的路由表。

示例：以数字形式显示本机的 Socket 状态和使用 Socket 的进程。命令如下：
```
netstat -antlup
```

9. ss

ss 命令的功能与 netstat 命令一样，如果使用的 Linux 系统发行版不支持 netstat 命令，可以用 ss 命令代替。ss 命令的常用参数及说明如下：

- -a：显示所有的 Socket。
- -n：以数字形式显示。
- -t：显示 TCP。

- -l：显示处于 Listening 状态的 Socket。
- -u：显示 UDP。
- -p：显示使用 Socket 的 PID 和进程名。
- -r：显示本机的路由表。

示例：以数字形式显示本机的 Socket 状态和使用 Socket 的进程。命令如下：

```
ss -antlup
```

10. ps

ps 命令用于显示本机的当前进程。ps 命令的常用参数及说明如下：

- -e：显示所有的进程。
- -A：显示所有的进程，同参数-e 的功能一样。
- -a：显示终端上所有用户的进程，包括其他用户的进程。
- -x：显示没有终端的进程。
- -f：全格式输出。
- -forest：以 ASCII 树状结构显示。

示例：

（1）显示当前用户的所有进程，采用下面的任意一条命令皆可：

```
ps -e
ps -A
```

（2）以全格式的形式显示当前用户所有的进程，命令如下：

```
ps -ef
```

（3）以 ASCII 树状结构显示当前用户所有的进程，命令如下：

```
ps -e -forest
```

（4）以 ASCII 树状结构显示当前用户所有的进程，命令如下（这是作者比较喜欢使用的命令及参数组合）：

```
ps -auxf
```

如果显示的内容太多，则常常让用户无所适从，这时可以通过管道将显示的内容传递到 less，实现分页显示，或者通过 grep 对显示的内容筛选。命令如下：

```
ps -auxf | less
ps -auxf | grep http
```

11. pstree

pstree 命令能够以树状结构显示当前用户的进程。pstree 命令的常用参数及说明如下：

-p：显示 PID。

示例：以树状结构形式显示当前用户的进程，并显示 PID。命令如下：

```
pstree -p
```

12. top

top 命令可以动态地显示用户当前进程的系统资源占用情况，并进行汇总统计。系统资源包括内存和 CPU 周期等。当使用 top 命令时，默认每 5 s 更新一次，按 Enter 键可马上更新，按 Q 键可退出。top 命令的常用参数及说明如下：

-p：显示 PID

示例：

（1）以系统资源占用多少来动态显示系统进程的运行情况，命令如下：
```
top
```
（2）以系统资源占用多少来动态显示系统进程的运行情况，并显示 PID，命令如下：
```
top -p
```

13．kill

kill 命令用于结束一个系统进程。kill 命令的常用参数及说明如下：

-9：信号 9，结束一个进程。

示例：结束指定 pid 的进程，命令如下：
```
kill -9 pid
```

14．pkill

pkill 命令可以根据进程名结束对应的进程。

示例：结束进程名为 ImageName 的进程，命令如下：
```
pkill ImageName
```

15．ping

Linux 系统中的 ping 命令功能和 Windows 系统中的 ping 命令一样，也是基于 ICMP 开发的应用，不同的是，在默认情况下 Linux 系统中的 ping 命令会一直运行，直到用户手动结束为止。ping 命令的常用参数及说明如下：

- -n：不解析主机名。
- -c：指定发送 ping 包的数量。
- -s：指定发送数据包的大小，以字节为单位，默认值为 64 B。
- -i：指定 TTL 值，对于不同的目标系统，TTL 的值是不同的，Windows 系统的默认值是 128，UNIX 系统的默认值是 64。对于网络设备来说，TTL 值大多数是 255。
- -b：ping 广播，可用于检测网络中的活动主机。
- -f：洪泛 ping，可用于性能测试。

示例：

（1）检查远程主机是否连通状态，ping 命令一旦执行，就会持续地向目标主机发送 ICMP Echo 报文，直到手工结束检查为止，命令如下：
```
ping <目标主机的 IP 地址或主机名>
```
（2）正常发送 100 个 ping 包，检查返回结果，命令如下：
```
ping -c 100 <目标主机的 IP 地址或主机名>
```
（3）指定数据包大小，测试目标主机的响应能力，命令如下：
```
ping -s 1460 -f <目标主机的 IP 地址或主机名>
```
（4）查看网络中的活动主机，命令如下：
```
ping -b 目标网络广播地址
```

16．traceroute

traceroute 命令用于检查从本机到目标主机的路由。traceroute 命令的常用参数及说明如下：

-s：指定源地址。

示例：

（1）追踪到达指定主机时需要经过的路由，命令如下：
```
traceroute <目标主机的IP地址或主机名>
```
（2）指定从本机的某个接口地址到目标主机时需要经过的路由，命令如下
```
traceroute -s <本机接口地址> <目标主机的IP地址或主机名>
```

17. nslookup

Linux 系统中的 nslookup 命令与 Windows 系统中的 nslookup 命令的功能基本一样，用法也基本一样。Linux 系统中的 nslookup 命令可用来检查域名能否被正确解析或 DNS 服务器的服务是否正常，使用这条命令时基本不用参数。

示例：解析主机名 www.ietf.org 对应的 IP 地址。使用这条命令的用法请参考 Windows 系统中 nslookup 命令的用法。本示例的命令如下：
```
nslookup www.ietf.org
```

18. host

host 命令也是一条用于检查域名能否被正确解析的命令，也可以用于验证 DNS 服务器的服务正常与否。使用这个命令基本不用参数。

示例：解析主机 www.ietf.org 对应的 IP 地址。命令如下：
```
host www.ietf.org
```

19. dig

dig 命令也是一条检查域名能否正确被解析的命令，同样可以用于 DNS 服务器的服务正常与否。使用该命令时基本不用参数。

示例：解析主机 www.ietf.org 对应的 IP 地址。命令如下：
```
dig www.ietf.org
```

20. telnet

Linux 系统中的 telnet 命令与 Windows 系统中的 telnet 命令的作用基本一样，既可以用于远程登录，也可以测试 TCP 端口的开放状态。使用该命令时基本不需要参数。

示例：
（1）远程管理连接 192.168.6.1，命令如下：
```
telnet 192.168.6.1
```
（2）测试远程主机 www.ietf.org 的 TCP 端口 80 是否开放，命令如下：
```
telnet www.ietf.org 80
```

21. ssh

SSH 的全称是 Security Shell，它有两层含义，一层是指安全的远程连接协议；另一层是指 SSH 安全登录客户端，在工程中我们说的 SSH 多指后一层含义。ssh 命令可用来远程登录网络设备或 Linux 主机。ssh 命令的常用参数及说明如下：

-p：指定目标主机的端口。

示例：
（1）安全地远程登录到主机 192.168.6.1，命令如下：
```
ssh 192.168.6.1
```
（2）以用户 niuhai 安全地远程登录主机 192.168.1.1，命令如下：
```
ssh niuhai@192.168.1.1
```

（3）以用户 niuhai 安全地远程登录主机 192.168.1.1，远程主机的 SSH 服务端口号是 52222，命令如下：
```
ssh niuhai@192.168.1.1 -p 52222
```

22. sftp

SSH 不仅可以安全地远程登录主机，还可以安全地传输文件。支持 SSH 连接的主机通常都支持 SFTP，安全远程登录主机和安全传输文件都是 SSH Server 提供的功能。sftp 命令的示例如下：

（1）安全地远程登录到主机 192.168.6.1，命令如下：
```
sftp 192.168.6.1
```

（2）以用户 niuhai 安全地远程登录主机 192.168.1.1，命令如下：
```
sftp niuhai@192.168.1.1
```

23. lftp

Linux 系统中的 FTP 客户端用来上传或下载文件，在网络设备软件和配置文件的备份与升级时，网络工程师经常使用 lftp 命令。

示例：远程连接到 FTP Server 192.168.6.6。命令如下：
```
lftp 192.168.6.6
```

24. tcpdump

tcpdump 命令是 Linux 系统的抓包工具，其功能和过滤规则与 Wireshark 相似。tcpdump 命令的常用参数及说明如下：

- -c：指定抓取数据包的数量。
- -C：指定抓取数据包的大小。
- -i：指定网络端口（网卡）。
- -w：把抓取到的数据包存储到指定的文件中，一般保存为扩展名为.pcap 的文件。
- -l：监视模式。
- -r：读取文件。

示例：

（1）抓取网卡 enp0s3 数据流量中包含 IP 地址 104.16.45.99 的数据包，并保存到文件中。命令如下：
```
tcpdump -i enp0s3 host 104.16.45.99 -w ietf.pcap
```

（2）抓取网卡 enp0s3 数据流量中源 IP 地址包含 IP 地址 104.16.45.99 的数据包，并保存到文件中。命令如下：
```
tcpdump -i enp0s3 src 104.16.45.99 -w ietf.pcap
```

（3）抓取网卡 enp0s3 数据流量中源 IP 地址或目的 IP 地址包含 IP 地址 104.16.45.99 的数据包，并保存到文件中。命令如下：
```
tcpdump -i enp0s3 src 104.16.45.99 or dst 104.16.45.99 -w ietf.pcap
```

（4）抓取网卡 enp0s3 数据流量中端口号是 80 的数据包，并保存到文件中。命令如下：
```
tcpdump -i enp0s3 port 80 -w 80.pcap
```

（5）抓取网卡 enp0s3 数据流量中目的端口号是 3389 的数据包，并保存到文件中。命令如下：
```
tcpdump -i enp0s3 dst port 3389 -w 3389.pcap
```

（6）抓取网卡 enp0s3 数据流量中源端口号是 3306 的数据包，并保存到文件中。命令如下：

```
tcpdump -i enp0s3 src port 3306 -w 3306.pcap
```

（7）抓取网卡 enp0s3 数据流量中源端口号是 21～23 的数据包，并保存到文件中。命令如下：

```
tcpdump -i enp0s3 src portrange 20-23 -w 20-23.pcap
```

（8）抓取网卡 enp0s3 数据流量中的 ICMP 数据包，并保存到文件中。命令如下：

```
tcpdump -i enp0s3 icmp -w icmp.pcap
```

（9）抓取网卡 enp0s3 数据流量中的 IPv6 数据包，并保存到文件中。命令如下：

```
tcpdump -i enp0s3 ipv6 -w ipv6.pcap
```

（10）抓取网卡 enp0s3 数据流量中的 TCP SYN、TCP ACK、TCP FIN 数据包，并保存到文件中。命令如下：

```
tcpdump -i enp0s3 'tcp[tcpflags] == tcp-syn' or 'tcp[tcpflags] == tcp-ack' or 'tcp[tcpflags] == tcp-fin' -w TcpControl.pacp
```

（11）读取指定文件中的内容。命令如下：

```
tcpdump -r TcpControl.pacp
```

（12）抓娃娃。命令如下：

```
tcpdump -i enp0s3 port http or port ftp or port smtp or port imap or port pop3 or port telnet -lA | egrep -i -B5 'pass=|pwd=|log=|login=|user=|username=|pw=|passw=|passwd=|password= |pass:|user:|username:|password:|login:|pass |user '
```

25. nmap

nmap 命令是一个网络扫描工具，可扫描网络内有哪些活动的主机、主机开放的端口、端口的实际应用等。nmap 命令的常用参数及说明如下：

- -iL <InputFilename>：通过文件名指定要扫描的目标主机或网段。
- -sL：仅生成一个在线主机列表，不检查主机开放的端口。
- -sn：仅检查主机是否能 ping 通，不做端口检查。
- -Pn：认为所有目标主机都在线，即跳过主机发现阶段扫描，进入下一个阶段扫描，如端口扫描。
- -PS/PA/PU/PY <PortList>：对指定端口进行 TCP SYN、ACK、UDP SCTP 扫描。
- -PO <ProtocolList>：IP 协议的 ping。
- -sS / sT / sA / sW / sM：TCP SYN、Connect()、ACK、Window、Maimon 扫描。
- -sU：UDP 扫描。
- -sN / sF / sX：TCP NULL 和 FIN 扫描。
- -sO：IP 扫描。
- -b <FTP relay host>：FTP 反弹扫描。
- -p <Port Ranges>：指定端口范围进行检查，即仅扫描指定端口。
- -F：快速模式，比默认模式扫描更少的端口。
- --top-ports <Number>：扫描<number>个最常用的端口。
- -sV：探测开放端口对应的服务及版本。
- -sC：运行默认的脚本，相当于 "--script=default"。
- -O：开启操作系统探测。

- -T [0-5]：指定扫描速度，数字越大扫描速度越快。
- -S <IP Address>：使用指定的源 IP 地址，可以是一个虚假的不存在的源 IP 地址，进行欺骗式扫描。
- -e <Interface>：使用指定的网络端口，即指定网卡。
- -g/--source-port <PortNumber>：指定源端口扫描。
- --data <hex string>：添加用户载荷。
- --data-string <string>：添加 ASCII 码格式的用户载荷。
- --ip-options <options>：指定 IP 数据包的选项。
- --ttl <val>：指定 IP 报文的 TTL 选项值。
- --spoof-mac <MAC Address/prefix/vender_name>：对指定的源 MAC 地址进行欺骗式扫描。
- --badsum：发送错误的 TCP、UDP、SCTP 校验和。
- -oN/-oX <file>：将扫描结果输出到文件，可以是普通文件或, xml 文件。
- -6：开启 IPv6 扫描。
- -A：开启操作系统探测，包括版本探测、脚本扫描和追踪路由等。
- -V：显示 nmap 版本。
- -h：帮助。

示例：

（1）扫描网络段内的活动主机。命令如下：

```
nmap -sn 10.0.0.0/24
nmap 10.0.0.*
nmap 10.0.0.1-255
```

（2）扫描多台主机。命令如下：

```
nmap 10.0.0.1,2,3,4
nmap 10.0.0.1 10.0.0.2 10.0.0.3
```

（3）探测目标主机的操作系统类型。命令如下：

```
nmap -A 10.0.0.1
```

（4）扫描文件中指定的主机。命令如下：

```
nmap -iL HostList.txt
```

（5）扫描主机的开放端口。命令如下：

```
nmap www.ietf.org
```

（6）在指定端口范围扫描主机。命令如下：

```
nmap -p 1-10000 www.ietf.org
```

（7）对指定的最常用的排名前 10 的端口进行扫描。命令如下：

```
nmap --top-ports 10 www.ietf.org
```

（8）确定端口的实际应用。命令如下：

```
nmap -sV www.ietf.org
```

（9）输出扫描详细信息。命令如下：

```
nmap -v www.ietf.org
```

（10）常规输出，保存扫描结果到文件。命令如下：

```
nmap -oN output.txt www.ietf.org
```

（11）将扫描结果输出到.xml 文件。命令如下：

```
nmap -oX output.xml www.ietf.org
```

26. nc

nc 命令也就是 netcat 命令，一般都用 nc，比较简单。例如：

```
niuhai@kali:~$ whereis netcat
netcat: /usr/bin/netcat /usr/share/man/man1/netcat.1.gz
niuhai@kali:~$ whereis nc
nc: /usr/bin/nc /usr/share/man/man1/nc.1.gz
niuhai@kali:~$ ll /usr/bin/netcat
lrwxrwxrwx 1 root root 24 Dec 13 16:27 /usr/bin/netcat -> /etc/alternatives/netcat
niuhai@kali:~$ ll /usr/bin/nc
lrwxrwxrwx 1 root root 20 Dec 13 16:27 /usr/bin/nc -> /etc/alternatives/nc
niuhai@kali:~$ ll /etc/alternatives/netcat
lrwxrwxrwx 1 root root 19 Dec 13 16:27 /etc/alternatives/netcat -> /bin/nc.traditional
niuhai@kali:~$ ll /etc/alternatives/nc
lrwxrwxrwx 1 root root 19 Dec 13 16:27 /etc/alternatives/nc -> /bin/nc.traditional
niuhai@kali:~$
```

nc 命令是一个网络连接测试工具，可以是侦听器，也可以是连接器，还可以是转发器。nc 命令的常用参数及说明如下：

- -c：执行系统 Shell，如/bin/sh。注意：这是一个危险操作。
- -e：当客户端连接到服务器后，执行服务器指定的可执行文件。注意：这是一个危险操作。
- -h：显示帮助信息。
- -l：以 TCP Server 的形式进行监听。
- -n：以数字形式显示主机的 IP 地址，不解析主机名。
- -p：指定监听的端口号。
- -s：指定本地源地址。
- -u：UDP 模式。
- -v：显示详细内容。
- -z：不带 I/O 模式，用于扫描。

示例：

（1）监听本地的 8080 端口，以数字的形式显示接收到的信息详细内容。命令如下：

```
niuhai@kali:nc -nvlp 8080
```

（2）连接远端主机的 8080 端口，连接建立后双方可以互发信息。命令如下：

```
niuhai@kali:nc 10.0.0.1 8080
```

（3）接收文件。命令如下：

```
niuhai@kali:nc -nvlp 8080 >> filereceived
```

（4）发送文件。命令如下：

```
niuhai@kali:nc 10.0.0.1 8080 < filesent
```

（5）端口扫描。命令如下：

```
niuhai@kali:nc -nvzi 1 10.0.0.1 20 21 22 23 80 443 8080
```

(6) 运行程序。命令如下:

```
niuhai@kali:nc -tnvlp 8080 -e /bin/bash
```

与参数 "-c" 的操作结果相同。这是一个危险操作,允许登录的用户执行系统 Shell, 但又没有对用户进行认证。

(7) 获取网站 Banner。命令如下:

```
niuhai@kali:nc www.ietf.org 80
HEAD / HTTP/ 1.1
HTTP/1.1 400 Bad Request
Server: cloudflare
Date: Mon, 17 Jan 2022 14:27:15 GMT
Content-Type: text/html
Content-Length: 155
Connection: close
CF-RAY: -
```

(8) 创建 Proxy Server。命令如下:

```
niuhai@kali:mkfifo 2wayPipe
niuhai@kali:nc -l 8080 0<2wayPipe | nc 192.168.1.200 80 1>2wayPipe
```

(9) 创建简易的 HTTP Server。命令如下:

```
while : ; do (echo -ne "HTTP/1.1 200 OK\r\n"; cat index.html;) | nc -l -p 8080 ; done
```

第 9 章 日志收集与分析

会收集日志才能寻求帮助，会分析日志才能提供帮助。

9.1 概述

说是收集日志，其实收集的信息包括系统日志、告警信息和设备运行状态等，主要用于故障定位，也可以用来检查网络设备的运行状况和定期巡检。收集日志、分析日志，是从业技术人员必备的基本技能。

本章介绍的日志收集与分析适用于华为和华三（H3C）的设备，这两家公司的设备提供了一个显示诊断信息的命令——display diagnostic-information。该命令相当于批处理程序，可以把多条 display 命令封装在一条命令中执行，省去了网络工程师逐条执行 display 命令的麻烦。这也是唯一一条无论如何都不能忘记的命令，当你无能为力时，display 命令可以为远程协助你的人提供非常有用的信息。

思科设备并没有提供类似的功能，如果要获取思科设备的日志，需要工程师使用 show 命令逐一检查。本章主要以华为的设备为例，介绍如何在庞大的日志文件中快速找到想要的信息。本章也可供使用华三等厂商设备的工程师参考。

9.2 日志收集

分析日志的前提是先输出日志，华为设备提供将日志输出到文件，但作者并不推荐这么做，主要理由有两个：

（1）通常无法确定日志何时能输出完；
（2）在网络连接正常的情况下才能下载文件。

在日志开始输出之前，最好通过网络的方式将计算机连接到被管理的设备上，并且开启终端日志的捕获功能。虽然通过串口方式也可以输出日志，但串口的速率太慢，输出日志的时间比较长，在集群场景下可能会长到让人无法忍受。

即使忘记了所有的命令和操作，也不能忘记 display diagnostic-information 命令，该命令是现场工程师寻求他人帮助的基本前提。display diagnostic-information 命令输出的不仅仅是系统日志，还包含配置文件和诸多运行状态等，统称为诊断信息。不管在用户视图下，还是在全局视图下都可以调用和执行 display 命令，而且效果也是一样的，但作者还是推荐在用户视图下进行操作，命令如下：

```
<Huawei>display diagnostic-information
```

设备状况可以通过 display diagnostic-information 命令来查看。该命令可以查看电压信息、温度信息、电源信息、风扇信息、CPU 及内存占用率等，命令如下：

```
<Huawei>display diagnostic-information
```

关于计算机如何通过网络连接到被管理的设备，并捕获终端输出的日志，请参考第 5 章。

9.3 查找的艺术——关键字

通过诊断信息收集到的信息量非常巨大，如何在巨大的信息量中找到自己想要的东西呢？通过"查找"可以直接定位自己想要的东西！这就涉及查找关键字，本节用较大的篇幅来介绍查找关键字。

1. 查看设备系统时钟

在查看系统日志和告警信息时，应结合系统的当前时间。可用如下关键字查看设备系统时钟：

```
display clock
```

2. 查看设备状态

查看设备状态主要是指查看设备的运行状态或单板运行状态，这在升级或业务割接时非常必要。可用如下关键字查看设备状态：

```
display device
display slot
```

3. 查看设备序列号或部件序列号

当用户需要获取设备的售后服务和申请许可（License）时，需要提供设备的序列号或部件序列号。可用如下关键字查看设备序列号：

```
display esn
display sn
```

4. 查看设备电子标签

硬件在返修时需要提供设备电子标签。可用如下关键字查看设备电子标签：

```
display elabel
display elabel backplane
```

5. 查看电源功率信息

有些稀奇古怪的问题可能是电源功率造成的，可用如下关键字查看电源功率信息：

```
display power
display power system
```

6. 查看风扇状态

风扇是一个机械运转的部件，长时间运转之后容易发生故障。另外，在夏季或环境条件欠佳的机房里，风扇的工作状态非常值得关注。可用如下关键字查看风扇状态：
```
display fan
```

7. 查看设备运行温度

设备运行温度对设备的正常运行和使用寿命非常重要。可用如下关键字查看设备运行温度：
```
display temperature
```

8. 查看光模块信息

在组网早期，光功率及光模块状态非常受关注，经常需要排查是否因为光路或器件问题导致的线路不通。可用如下关键字查看光模块信息：
```
display transceiver
```

9. 查看设备告警信息

很多时候设备会通过告警的形式上报异常信息，帮助我们了解设备运行情况，协助定位问题。可用如下关键字查看设备告警信息：
```
display alarm active
display alarm history
display logbuffer
display trapbuffer
```

10. 查看配置文件

（1）查看网络是否进行过 VLAN 划分，以及是如何划分的，可用如下关键字：
```
display current
vlan
display vlan
```

（2）查看网络是否进行过广播域分割及其措施，可用如下关键字：
```
display current
port-isolate
```

（3）查看网络是否进行过用户管理，并进行登录验证，可用如下关键字：
```
display current
user-interface
aaa
```

11. 查看端口运行状态

（1）查看端口状态，可用如下关键字：
```
display interfaces
```

（2）查看端口是否开启，可用如下关键字：
```
Ethernet1/0/1 current state : UP
```

（3）查看端口速率及双工模式，可用如下关键字：
```
Port hardware type is 100_BASE_TX
100Mbps-speed mode, full-duplex mode
Link speed type is autonegotiation, link duplex type is autonegotiation
```

（4）查看数据量大小、占本端口的百分比，可用如下关键字：
```
Last 300 seconds input:  8 packets/sec 2970 bytes/sec
Last 300 seconds output: 9 packets/sec 3671 bytes/sec
```

（5）查看错误统计及包丢弃情况，可用如下关键字：

```
Input: 0 input errors
Output: 0 output errors
```
（6）查看端口信息摘要，可用如下关键字：
```
display interfaces brief
```

12. 查看系统运行状态

（1）查看内存利用率是否超过 80%，可用如下关键字：
```
display memory
```
（2）查看 CPU 利用率是否超过 80%，可用如下关键字：
```
display cpu
```

13. 查看软件版本

在报告故障或寻求帮助时往往需要提供软件版本，可用如下关键字查看软件版本：
```
display version
```

14. 查看系统日志

通过系统日志可以了解最近报过什么错误，以及这些错误是否还存在，可用如下关键字查看系统日志：
```
display logbuffer
display trapbuffer
```

15. 查看上送 CPU 报文统计信息

查看上送 CPU 报文数和丢弃报文数，如果有报文丢弃，则需要进一步查看报文丢弃策略和规格，确定是否存在针对设备本身的攻击。可用如下关键字查看上送 CPU 报文统计信息：
```
display cpu-defend statistics
```

16. 查看 STP 运行情况

（1）查看 STP 运行状态、当前设备是否根桥、最近一次收到 TC 的时间和端口、端口的 STP 状态等，可用如下关键字：
```
display stp
```
（2）查看端口的角色和状态，可用如下关键字：
```
display stp brief
```
（3）查看端口角色的变化情况、最近一次变化的时间等，可用如下关键字：
```
display stp history
```

17. 查看路由相关信息

（1）查看全部路由表，可用如下关键字：
```
display ip routing-table
display ip routing-table ospf
display ip routing-table 10.0.0.0
```
（2）查看转发信息表、隧道转发等相关信息，可用如下关键字：
```
display ip routing-table
```

18. 查看与 OSPF 相关的信息

（1）查看 OSPF 的邻居信息，可用如下关键字：
```
display ospf peer
```

```
display ospf peer brief
```
（2）查看 OSPF 的错误信息，可用如下关键字：
```
display ospf error
```

19．查看访问控制策略信息

（1）查看访问控制列表信息，可用如下关键字：
```
display acl all
```
（2）查看模块化 QoS 命令（Modular QoS Command，MQC）的应用记录，可用如下关键字：
```
display traffic-policy applied-record
```

20．查看设备连接信息

在查看设备的连接信息时，可借助链路层发现协议（Link Layer Discovery Protocol，LLDP）获取设备的主机名、连接的接口、IP 地址、MAC 地址等，可用如下关键字：
```
display lldp neighbor brief
display lldp neighbor
```

9.4 思科设备的巡检命令汇总

思科设备缺少类似华为设备中查看诊断信息的命令，可以使用以下命令逐个进行查看：

- show clock：查看时钟信息，包括当前时间、时钟源等。
- show version：查看系统版本信息，包括软件版本、硬件信息、内存大小及使用情况等。
- show inventory：查看设备的硬件清单，包括模块、槽位号、序列号等。
- show process：查看当前进程的 ID、状态和资源占用的总体情况。
- show process cpu：查看各个进程的 CPU 使用率。
- show process memory：查看各个进程的内存使用情况。
- show interfaces：查看业务端口详细的信息，包括状态、速率和带宽等。
- show ip interface：查看 IP 端口详细信息，包括状态、协议、带宽等。
- show ip interface brief：查看 IP 端口摘要信息，包括 IP 地址和状态等。
- show arp：查看路由器的 ARP 表。
- show ip arp：查看 IP 地址的 ARP 表。
- show ip arp fa 0/0：查看端口 Fastethernet 0/0 下的 ARP 表。
- show ip route：查看路由器设备上的路由表，包括路由类型、目的网络和下一跳等信息。
- show mac-address-table：查看交换机上的 MAC 地址表，包括 VLAN、端口和对应的 MAC 地址。
- show vlan：查看交换机上的 VLAN 配置，包括 VLAN ID、名称、状态、端口等。
- show spanning-tree：查看生成树协议的运行状态摘要信息。
- show spanning-tree detail：查看生成树协议的运行状态详细信息。
- show cdp neighbors：查看通过思科发现协议发现的邻居设备信息，仅支持思科设备。

- show cdp neighbors detail：查看通过思科发现协议发现的邻居设备详细信息，仅支持思科设备。
- show ip ospf neighbors：查看 OSPF 的邻居摘要信息，包括邻居的 ID 和连接端口等。
- show ip ospf neighbors detail：查看 OSPF 的邻居详细信息，包括邻居的 ID 和连接端口等。
- show ip nat translations：查看 NAT 转换条目信息。
- show ip dhcp pool：查看 DHCP 地址池信息。
- show ip dhcp binding：DHCP 绑定信息，即固定分配，固定将某个 IP 地址分配给某个 MAC 地址。
- show ip dhcp server statistics：查看 DHCP Server 地址分配信息。
- show ip access-lists：查看访问控制列表的配置和状态信息。
- show snmp：查看 SNMP（Simple Network Management Protocol）的配置和状态信息。
- show logging：查看设备的运行日志，包括事件、错误、告警等信息，但是记录条目数比较少。
- show user：查看设备上当前登录的用户信息。
- show line：查看各种线路的使用情况。

9.5 列出你看到的问题

（1）你在诊断信息中还发现了其他问题吗？如何解决发现的问题？

（2）针对发现的问题，有什么针对性的改进建议吗？

（3）哪些问题可以在前期通过技术或制度上进行改进、优化？如何改进、优化？

第 10 章
网络的规划设计

规划设计是网络工程中一个至关重要的环节，前期的规划设计做得好，可以花小钱办大事，项目质量高、工期短、实施顺畅、总成本低，可以达到事半功倍的效果。一个优秀的规划设计师和一个普通的规划设计师可不是一个月几千块钱的差距。一个规划设计良好的大型网络工程所节省下来的钱，再加上其他延伸成本和对工期的影响，就足以给这个规划设计师发一笔天价的奖金了。如果实施交付的工作也由这个规划设计师来带队完成，又可以节省一笔可观的服务费！

10.1 概述

对于网络工程项目来说，规划设计工作对从业人员的专业技术有较高的要求，但作者在从业经历中遇到的情况往往是实施人员的技术水平会更高。仔细观察后终于找到问题的关键所在：做规划设计的人很难静心学习专业知识，而实施人员又不善于表达和展现。针对以上两方面问题，本章以"短平快"的方式提升两类从业人员的"短板"高度。如果想从根本上补齐"短板"，还需要进一步深入学习和大量的训练。勤能补拙是最真诚的信仰。

规划和设计是两个不同的概念。规划更着眼于宏观，主要考虑的是建设内容及其可行性分析；设计更注重于微观，更关注实现，更在乎技术、方法、工艺、流程等。但二者并不存在根本的差别和明显的界限，都是为同一个目标服务的，用到的很多技术和实现方法也都相同，甚至有些工作过程还存在重叠。

做好规划设计工作的关键，是做好需求调研。

10.2 需求调研

1. 充分沟通、了解真相

需求调研是最重要的事，也是最简单、最难办到的事。

在交流前要做好充分的准备，最好能将自己关心的问题按照主题、层次，由大到小、由浅入深地列于纸上，在脑海中将会见交流的过程具象化一遍。

在约见客户（用户）前要注意自己的形象，衣着一定要得体，千万不要奇装异服，发型、胡须、指甲、随身携带的办公用品等要保持整洁有序，平时就要养成良好的习惯。你代表的是自己公司的形象，千万不要在气场上让合作的各方小瞧你，更不要让人有懒得和你讲话的感觉。不论多人讨论，还是一对一的单独交流，都不要有不雅的举动，以免让人反感或厌恶。

在沟通过程中不要使用过多的口头用语，举止要文雅得体、有礼有节、热情、真诚、不浮夸。就算是和合作方闲聊，也不要指责、评价、抱怨等，不要有任何负面言论。如果合作方表现出了不雅行为，要保持克制，及时转换注意力，也可善意委婉地提醒，但一定要把握好分寸，以免让对方难堪。如果对方突然因为其他工作的插入导致沟通效果不好，应及时收场，并约定好下次沟通的时间。

沟通的目的是准确无误地将自己的思想和意图传递给对方，然后准确无误地获取对方的真实意图。不要让自己的表达存在二义性或多义性，关键词要清晰准确地表达出来。如果对方的表达可能存在多义性，则要及时确认，把几个含义，从最可能的开始，逐一列举出来让对方确认，不要想当然地仅凭自己的理解下结论。

将开放性问题和限定性问题结合起来，一开始使用开放性问题获得对方的想法；再让对方选择限定性问题，得到准确的答案。对于含糊不清的回答要及时确认，每个细节都不要放过。

对于对方表达不准确的专业术语，一定要使用准确的专业术语及对应的专业技术实现效果再重复一遍，让对方确认是否是他想的东西。

有时甚至需要把业务语言转化成实现过程或实现效果再重复一遍，让对方确认，并向对方解释对应的技术实现，获得对方对你的支持和信任。

要及时记录谈话内容，不要过分相信自己的记忆力，我们的记忆力其实都不好，在人类的进化过程中，忘却才是常态。

2. 去伪存真

基于各种原因，我们得到的信息有时候往往是错误或者不准确的，这就需要我们根据常识和逻辑推理来辨别真伪。辨别真伪应从自恰和他恰等多个方面考虑，不可以完全相信或完全否定合作方或同事前期的话，更不要做否定性评价。

常见的导致得不到真实信息的原因如下：

（1）前期工作不到位，存在着隐藏的缺陷；

（2）出于某方面利益考虑，对方不愿意配合，甚至故意设置陷阱；

（3）对方讨厌你。

更多地了解项目背景信息，增加获取信息的渠道，可以帮助我们获得更全面和准确的信息。

3. 抓住关键点

规划设计工作的关键点主要体现在功能、性能、安全、可靠性、管理、维护、环境等方面的需求上。例如：

- 业务类型；
- 各区域（分部）业务量的大小和业务流的多少；
- 业务类型对网络的要求；
- 单位时间内每台主机设备所能产生的数据量；
- 每个分部接入设备的类型和数量；
- 数据流的走向；
- 对冗余结构和安全设备的需求；

- 业务数据的存储要求，如存储方式、存储技术、存储结构、存储时长等；
- 数据传输形式；
- 与周边系统对接的要求及形式；
- 运营商对成本的控制；
- 物理与逻辑的相互影响；
- 对安全性的要求；
- 对可用性的要求。

4．理想与现实

在满足业务性能的基础上，要尽可能地节省成本，以推动合同的成交与项目的实施为目的，以完成项目为最终目的，不存在既便宜又先进、可靠、安全、方便实施、好用的系统。

最简单的技术往往也是最有效的技术。最简单的结构，传输的效率往往也是最高的，尽量不使用市场占有率持续下降的技术和设备。

简单的技术和相对较新的技术在运维管理上也更加方便容易，尽量不要选择 ISDN、Frame Relay、ATM、RIP 等技术，尽量选择 PON、PTN、SDH、WDM、OSPF、MPLS、IS-IS、BGP 等技术。

5．与相关方确认

多次确认可避免误会和返工。将对方的想法重复一遍并获得确认；将自己知道的信息、自己的想法有效地传递过去，请求对方确认。

合作方提出的需求有时可能是相互冲突或矛盾的，需要及时提出，请求取舍并进行多次确认。

确认时最好使用限定性问题，让对方回答是不是或是哪个。如果回答超出了限定范围，要及时用新的限定性问题提问。

讨论达成的结果一定要形成会议纪要，并通过邮件发送给相关各方确认。

10.3 规划设计原则

网络系统规划设计是在可行性研究和需求分析的基础上，根据总体要求制定实现网络系统的技术方案，也就是网络系统的解决方案。在进行网络系统规划设计时，全面考虑各种因素的影响是十分必要的。一个规划设计良好的网络系统，不仅能保证整个系统的高效稳定运行，同时还能适应外部环境的变化，且便于未来的升级扩展。

网络系统规划设计所遵循的基本原则有：切实可行、功能完善、性能满足、安全可靠、技术先进、整体可靠、有一定的容错能力、成本低廉等。

上面列举出来的原则可能是相互矛盾或强相关的，本节将进一步讨论。

1．先进性和成熟性

网络系统规划设计要充分保证网络的先进性和成熟性。建立网络系统的目的是更好地解决用户的实际问题，因此要认真做好需求分析，网络系统规划设计要切合实际，既要保护现有的软硬件投资，又要充分考虑新投资的整体规划和设计。相对于成熟性，网络系统的先进性也不能忽略,稳定性可靠固然重要,但总不能设计出一个使用不久就落伍的系统吧,这是对合作方更大的不负责。要求网络系统有完备的功能和强大的性能,能适应近期及中长期业务的需求。同时,为了保证网络系统的可靠性,应当尽可能采用成熟的组网技术。成熟的组网技术一般具备下列条件:

- 有完善的标准;
- 有成熟的产品;
- 对应的产品有稳定的出货量;
- 对应的产品有较高的性价比。

2. 安全性和易用性

分析安全性要从以下几个方面考虑:

(1)物理安全。

- 机房应选择在具有一定防震、防风、防雨等功能的建筑物内,机房要有一定的高度,具有一定的防涝功能。
- 设备本身要求防洪、防火、防尘、防盗、防恶意破坏、防呆或防傻设计等。
- 供电要求稳定,温/湿度要合适,要防雷、防静电、防浪涌等。

(2)结构安全。

- 区域安全分级,针对不同安全等级的区域部署不同的安全技术。
- 不同网络系统的对接对信息安全的要求是不同的,如内外网的对接要经过必要的安全设备过滤或隔离。
- 设备和链路冗余,部署可靠性技术,如堆叠、集群、绑定、VRRP、BFD、NQA、Monitor-Link、IP-Link、Link-Group、浮动路由等。

(3)操作系统安全。

- 操作系统版本、补丁;
- 安全软件;
- 不选用厂家已经停止支持的版本。

(4)应用系统安全。

- 应用系统漏洞、各组件漏洞;
- 权限管理等。

(5)管理安全。

- 管理机构;
- 规章制度;
- 管理人员。

(6)信息安全。

- 有害信息不得在网络系统内传播;
- 如果信息确系特定人发出的,则应保证内容完整,没有被篡改、侦听或泄密;
- 数据保存在安全可信的介质上,介质安全可靠,不易损坏,数据加密存放,有访问鉴权等。

安全性与功能、性能、易用性、成本等总会存在着或多或少的冲突,没有绝对的安全,只能在保证基本安全的前提下,根据实际应用情况进行折中。

3. 可靠性和灵活性

网络系统要求具有健壮性、可靠性，以及一定的容错能力，但这样的网络系统往往缺乏灵活性，因此在进行网络系统规划设计时，应尽量使用成熟的开放性架构和技术，更多时候还要根据业务类型和应用的需求，有所侧重。

4. 可管理性和可维护性

网络系统本身就有一定的复杂性，是集各种技术于一体的"打包"应用。业务和应用往往也带有一定的复杂性，这就给管理和维护带来了很大的挑战。管理和维护工作除了要考虑网络系统，还要考虑业务系统；除了要考虑功能和性能的维护，还要考虑设备本身的维护。需要一个强大的网络管理系统（Network Management System，NMS）配合业务系统同时工作，才能带来良好的用户体验和较高的服务质量。

网络设备应采用智能化、可管理的设备，同时采用先进的网络管理系统，对整个网络实行分布式管理。通过良好的管理策略、管理工具，可以提高网络系统的运维效率，降低使用成本和复杂度。

5. 经济性和实用性

根据用户的业务需求，首先应满足功能，其次要考虑网络系统的整体性能，以及在可预见范围内保证不失其先进性的前提下，尽量使整个网络系统的实用性强且投资合理。

立足于当下，不要做过度的投入。如果遇到预算充足且喜欢"堆砌"先进设备的客户，我们应做的也是尽量保护客户的投资，做好一个有职业素养的专业技术人员应该做的事。

10.4 物理层的常用技术

物理层的规划设计通常涉及介质和拓扑等。在规划设计物理层时遇到的困惑一般不多，因为物理层的复杂度、可供选择的技术、受限因素等，决定了物理层规划设计的可选空间并不大。在规划设计物理层时，做好前期的沟通非常重要，在沟通中要了解项目的实际情况、受限条件等，物理层规划设计需要考虑的因素如下：

（1）通常，我们要构建的网络系统都不是一个独立系统，要么是前期的升级改造，要么是需要考虑其他系统的影响等。在规划设计阶段，为了保护前期投资，客户往往会要求尽可能地利用前期项目的资产或资源（利旧），这是一个很重要的前提条件（受限因素）。

（2）项目投资规模对物理层设计的影响。如果投资规模比较大，对可靠性要求比较高，在规划设计时可以使用更先进的技术。

（3）满足业务传输的需要。使用的介质类型、节点之间的链路条数、采用什么样的二层技术，这都是需要考虑的重要因素。

（4）成本与可靠性的考虑。成本与可靠性总会存在矛盾，但还是有一些优秀的技术，可以在提高可靠性的同时，并不会显著增加成本，如 STP、LACP 等技术。

1. 前端接入技术

1）无源光纤网络（Passive Optical Network，PON）

信号从光线路终端（Optical Line Terminal，OLT）发出，经过光分配网（Optical Distribution

Network，ODN），到达用户端的光网络单元（Optical Network Unit，ONU）或光网络终端（Optical Network Terminal，ONT）。其中 ODN 是由光纤和分光器（Light Splitter）组成的，分光器用来将光信号由一路分成多路，常见的分光比有 1∶16、1∶32、1∶64、1∶128 等，可以进行多级分光，如第一级分光比为 1∶4，第二级分光比为 1∶16。

ONU 是用户端设备，通过 100 Mbps 或 1 Gbps 以太网端口，直接为用户提供接入服务。

OLT 除了提供 PON 端口连接 ONU，还提供 1 Gbps 或 10 Gbps 的以太网光端口，用来与其他具有以太网光端口的设备相连。

前端设备通过 PON 连接到运营商网络机房，再从运营商网络机房通过专线（铜双绞线或光纤等以太网传输介质）或其他多路复用技术（如 PTN、SDH、WDM 等）接入客户的机房。

这种接入方式由于具有成本低、带宽大、开局方便等优点，在网络系统中得到了广泛的应用。随着技术和产品的成熟，这种接入方式的普及速度非常快。

2）光纤收发器

光纤收发器属于有源光网络（Active Optical Network，AON）的一种，实际上是光纤专线，但因为在施工过程中光纤收发器使用得最多，因此通常将其称为光纤收发器。相对于 PON 来说，AON 的成本要高出许多，安装部署也比较麻烦些，在网络系统中逐渐被 PON 替代。由于 AON 具有专线业务的特点，一些对时延特别敏感的业务或由于一些特殊场景的要求而部署 PON，还是会使用 AON 的。

3）双绞线

双绞线是局域网的首选，但不适合长距离的传输。如果用双绞线来支撑专线业务，受限于传输距离，需要增加中继设备，这会增加施工的成本和难度，使用起来比光纤更容易发生故障，建设和维护成本相对也比较高。随着 PON 的成熟和普及，现在极少使用这种接入技术了。

4）4G/LTE

前端设备通过以太网端口连接到客户终端设备（Customer Premise Equipment，CPE），CPE 再通过移动运营商网络的 4G/LTE 无线网关提供的以太网端口与地区中心机房的以太网端口相连，达到组网的目的。

5）其他接入形式

可以提供接入服务的技术有很多。理论上讲，凡是能提供信息传输的技术都可以为用户提供接入服务，如同轴线、微波、无线局域网、红外线、AM、FM 等。这些技术常用于在特定场景下解决特定问题，如降低成本、不方便供电、降低供电功耗、不方便施工等问题。这些技术受限于数据带宽、传输距离、安全性、工程施工、周围环境、综合成本等因素，在网络系统中并没有得到普遍使用。

有关传输介质的更多内容请参阅本书第 3 章。

2．传输网技术

1）光纤专线

光纤具有传输距离远、带宽大、不受电磁干扰等显著优势，在网络系统中的应用越来越多。在网络系统的建设施工和逻辑设计时，使用光纤专线非常方便、灵活，但缺点是成本相对较高。因为光纤的显著优势，以及被普遍采用后成本也在下降，光纤专线在当前的网络系统中得到了大量的使用，干线的传输几乎全部采用光纤专线的形式。

2）分组传输网络（Packet Transport Network，PTN）

PTN 的成本相对于光纤专线的成本较低，但服务质量不如光纤专线，施工、调测和维护的难度相对比较高。PTN 是由运营商网络维护的，虽然运营商网络也有专职的技术人员，但 PTN 的维护难度比光纤专线的维护难度高，因此业务开通和网络维护等方面的因素，也可能会影响 PTN 的服务质量。

PTN 是在同步数字系列（Synchronous Digital Hierarchy，SDH）、波分复用（Wavelength Division Multiplexing，WDM）的基础上提供的多业务传输平台（Multi-Service Transport Platform，MSTP）。常见的 PTN 设备有华为的 PTN 900、PTN 1900、PTN 3900、PTN 6900、PTN 7900，中兴的 ZXCTN 9004。

3．常用组网拓扑

网络拓扑结构如图 10-1 所示，其中树状拓扑、扩展星状拓扑（Extended Star Topology）、网状拓扑（Mesh Topology）和环状拓扑（Ring Topology）的应用相对较多。在一个网络系统或网络环境中，使用的往往是多种网络拓扑结构。例如，整个网络系统使用的可能是一个扩展星状拓扑或树状拓扑结构，单个小的网络模块使用的可能是其他类型的网络拓扑结构。从根本上决定网络拓扑结构的是传输介质和介质访问控制方式。以太网通常采用基于广播的共享介质，介质访问控制方式是 CSMA/CD 和 CSMA/CA，星状拓扑、扩展星状拓扑、树状拓扑等结构在以太网组网中是最为常见的，但它们在本质上并没有什么区别。

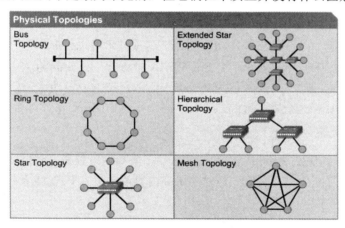

图 10-1 网络拓扑结构（引自 CCNA 3.1）

在规划设计网络拓扑结构时，首先要考虑的是业务流的走向，不要让同样的业务流在同一条链路上来回跑，以避免增加时延和链路开销。通过优化网络拓扑的设计，还可以减少链路上广播的数据数量、优化数据流的走向。

10.5 数据链路层的常用技术

1．链路聚合

链路聚合在不同的资料中有不同的叫法。在思科的技术文档中通常称为 Port-Channel，实现技术有 LACP（Link Aggregation Control Protocol）和 PAgP（Port aggregation protocol）；

在华为的技术文档中通常称为 Eth-Trunk，之前称为链路聚合（Link-Aggregation）；在华三的技术文档中称为链路聚合或 IP 聚合（IP-Aggregation），跟华为之前的叫法相同；在 Linux 的技术文档中通常称为绑定（Bond 或 Bonding），即端口绑定；在 Windows 中，多数的网卡厂家将链路聚合称为分组（Team 或 Group）。

相对来说，绑定（Bonding）是一种比较容易理解的叫法，这项技术的本质是将多条链路或多个端口划分成一个组，以提高链路带宽或节点之间的可靠性。LACP 采用的是 IEEE 标准，不仅可以提高链路的带宽，还可以提高可靠性，即在提高主备冗余的同时还可以增加带宽。

有关链路聚合的更多内容请参考本书第 14 章。

2. 虚拟局域网（Virtual Local Area Network，VLAN）

在网络技术术语中，LAN、网络、网段等常常具有相同的含义，都是指设备在同一个广播域。只有三层设备才具有分割广播域的功能。那么二层设备想要分割广播域，该怎么办呢？答案就是通过 VLAN 来实现广播域的分割。但这会引入一个新的问题：不同 VLAN 之间的设备就不能进行正常的通信了。也就是说，虽然控制了广播域的大小，但正常的通信却被阻断了。VLAN 之间的通信必须借助三层设备或技术来实现。这里的三层设备可以是路由器，也可以是三层交换机，目前实际项目用到的基本上都是三层交换机。

几乎所有的网络系统都会用到 VLAN，有关 VLAN 的更多内容请参考本书第 11 章。

3. Private/Super/MUX VLAN

提到 VLAN，就不得不提 Super/Sub VLAN，这项技术可以为多个用户提供同一个网关，但相互之间又不会影响。广播只在一个 Sub VLAN 中进行，在 Sub VLAN 之间是不可见的。

思科设备提供这一功能的技术称为 Private VLAN，华为设备的这一项功能是通过 Super VLAN 和 Sub VLAN 相结合来实现的。

4. 端口隔离

与 Sub VLAN 提供的功能相似，通过部署端口隔离这一技术，使同一个 VLAN 中的设备之间不能直接相互通信。有关这一技术的更多内容请参考本书第 11 章。

5. QinQ

QinQ 主要用在城域网或 VLAN ID 不够的情况下。在以太网数据帧中，VLAN ID 的标签占 12 bit，最多可以表示的 VLAN ID 共 4096 个，去掉 0 和 4095 这两个保留的 ID，以及交换机默认的 VLAN ID（ID 为 1），真正可以被管理员添加或删除的 VLAN ID 是 2～4094（思科设备还保留了 1002～1005，更多内容请参考本书第 11 章），也就是说我们有 4000 多个 VLAN ID 可用。在运营商网络中，4000 多已不再是一个很大的数字了，经常会面临 VLAN ID 不够的窘境。解决的办法就是在一个 VLAN 中再分 VLAN，每个 VLAN 下面还可以有 4094 个内层 VLAN。

QinQ 在很多大型的、非独立组网的项目中都会用到。有关这一技术的更多内容请参考本书第 12 章。

6. Access/Trunk/Hybird

我们常用的 VLAN 都是基于交换机端口的 VLAN，当然也可以是基于 MAC 地址或 IP

地址的，但因为管理不便或者增加了系统开销而很少使用。

一个端口可以属于一个 VLAN（Access），也可以属于多个 VLAN（Hybird/Trunk），交换机的转发进程根据数据帧的 VLAN Tag 不同来确定是转发数据帧还是丢弃数据帧，在转发数据帧时是打上 VLAN Tag 还是去掉 VLAN Tag。几乎所有的网络工程项目都会用到这项技术，更多内容请查阅本书第 11 章。

10.6 网络层的常用技术

1．协议栈的选择

选择 IPv4 协议栈还是 IPv6 协议栈，会对网络层及以上的层产生最根本的影响。如果选择使用 IPv4 协议栈，则对应的路由选择协议就应该使用 IPv4 的；如果选择的是 IPv6 协议栈，则对应的路由选择协议就应该使用 IPv6 的；否则就不能正常进行路由。例如，OSPFv2 是为 IPv4 协议栈计算路由的，OSPFv3 是为 IPv6 协议栈计算路由的，选错路由选择协议的话，就不能正常转发数据帧。

2．静态路由（Static Routing）技术

静态路由技术适用于小网络，具有简单、便捷、直观等优点（容易理解啦）。随着网络规模的扩大，其适用性迅速下降。路由技术配置不正确，则容易出现非最佳路由、路由环路或路由黑洞等问题。

在实际项目中也会大量使用静态路由技术，尤其是与其他动态路由选择协议配合一起使用，主要是为了与其他一些不支持动态路由选择协议的网络对接。

3．开放最短路径优先（Open Shortest Path First，OSPF）协议

OSPF 协议是 IETF 的标准，是一个开放标准的协议，各厂家对它的支持都做得非常好，具有丰富的特性和良好的互操作性。OSPF 协议适用于大中小规模的网络环境，可以自动计算最佳路由，能反映拓扑的变化，收敛速度快，很难产生路由环路。但对实施和维护要求技术稍高，如果实施不当会造成次优路径。

OSPF 协议是使用最为广泛的内部网关协议（IGP）。

4．中间系统到中间系统（Intermediate System to Intermediate System，IS-IS）

IS-IS 是链路状态路由选择协议，是一个分级但不分区的路由选择协议。在协议的设计上，当网络拓扑发生变更后，IS-IS 计算路由的效率和收敛速度优于 OSPF。IS-IS 使用 TLV 的形式传递路由信息，可同时支持 IPv4 和 IPv6。IS-IS 多见于运营商网络，其他网络环境基本不用。

5．路由信息协议（Route Information Protocol，RIP）

RIP 是一个开放标准的路由选择协议，属于距离矢量路由选择协议。RIP 定期更新整张路由表，收敛速度相对 OSPF 等比较慢，在网络中已经很少使用，因此本书并没有做详细介绍。

6．EIGRP（Enhanced Interior Gateway Routing Protocol）

EIGRP 是思科的一个私有协议，适用于大中小规模的网络环境，收敛速度快。EIGRP

是一个非常优秀的路由选择协议，但因为是一个私有协议，而且只能在思科设备上使用，再加上思科设备近年来在市面上越来越少，所以这项技术在市面上的应用也越来越少了，本书也没有做详细介绍。

7．边界网关协议（Border Gateway Protocol，BGP）

BGP 是最典型的外部网关协议（Exterior Gateway Protocol，EGP）。BGP 直接交互路由而不是计算路由，目前实现的 BGP 都是多协议 BGP（Multiprotocol BGP，MP-BGP）。BGP 可以同时支持 IPv4、IPv6、VPN、组播等，主要应用于超大规模的网络环境或运营商网络，是互联网级别的应用，普通的局域网基本上用不到 BGP，但在超大规模的局域网（如跨省或跨国的局域网）中会使用。

8．多协议标签交换（Multi-Protocol Label Switching，MPLS）

MPLS 既不是路由选技术也不是网络层技术，是一个介于网络层与数据链路层之间的协议，MPLS 下层使用以太网封装，上层承接 IP 业务，所以也有人把它称为 2.5 层协议。作者将 MPLS 放在这里做简单介绍，是因为它也是在二层以上提供转发功能的，但它转发数据帧的依据不是路由表，而是标签转发信息表（Label Forwarding Information Base，LFIB）。MPLS 多用在大规模的网络环境或运营商网络中，通过标签交换提供 VPN 功能和高路由选择效率。

9．多种路由选择协议的混合使用

在规模稍大一点的网络环境中，一般都会主要使用一种路由选择协议，其他几种路由选择协议配合使用。网络中有较多的设备，绝大部分的网络设备运行的都是动态路由选择协议，但有些末端设备不支持动态路由选择，或者为了简单地与其他网络对接，还会选择使用静态路由选择协议，因此就出现了多种动态路由协议和静态路由协议共存的现象。这时可能会用到路由重发布（Redistribute）技术，在进行路由重发布时需要重点考虑三个问题：

（1）防止相互重发布而导致路由环路；

（2）不同路由选择协议对 Metric 的度量方式是不同的，可能引起次优路由或路由环路；

（3）有类协议和无类协议相互重发布时可能丢失部分网络细节。

目前用得比较多的是静态路由或直连路由到 OSPF 的重发布、IGP 路由与 BGP 路之间的重发布等。

10．虚拟路由器冗余协议（Virtual Router Redundancy Protocol，VRRP）

VRRP 可以为客户端提供冗余网关，当其中一个网关失效时，另外一个网关自动接替。VRRP 是 IETF 标准，各个厂家都对其有很好的支持，在网络中的使用非常普遍。思科的私有协议热备份路由协议（Hot Standby Router Protocol，HSRP）和网关负载均衡协议（Gateway Load Balancing Protocol，GLBP）也可以提供类似的功能，但这两个协议只能在思科的设备上实现。

另外，很多设备厂家都有自己私有的堆叠（也称为集群，Cluster）技术，都可以达到冗余网关的目的。如果网络设备能采用堆叠技术，就不建议采用 VRRP，因为堆叠可以让两台设备变成一台设备，让网络结构更加简单。在使用堆叠技术时，最好先用两条线对接入设备做绑定，再分别接入两个网关，两个网关的端口也需要做绑定，以便与接入设备匹配，否则堆叠技术的好处就不能淋漓尽致地发挥出来。VRRP 实现起来就要灵活得多，支持 VRRP 的设备远比支持堆叠技术的设备要普遍得多。

10.7 网络带宽的计算

网络的带宽需要分段计算，不仅要考虑负载的占用，同时还要考虑到网络的开销。网络的开销可分为两部分，分别是封装开销和通信开销。开销的一般是按 5%计算的，尽管这并不准确。

首先要考虑的是封装开销。数据进入传输层，封装的 TCP 报头长度通常是 20 B，封装的 UDP 报头长度通常是 8 B。到了网络层，数据还要封装 IP 报头，其长度通常是 20 B；正常的以太网数据帧，会再次封上 18 B 的以太网报头；如果使用 QinQ 等技术，还封装再加上 4 B 的封装长度。数据的内容不可能每次都填满最大数据单元（Maximum Transmission Unit，MTU），数据块越大，封装开销的占比就越小；数据块越小，封装开销的占比就越大。

其次还要考虑通信开销，如链路上广播（如 ARP、DHCP）和组播（如 OSPF、VRRP）等，所以数据块在全部传输的数据中的占比其实是不固定的。

甚至不同的网络拓扑结构，因为广播包的占比不同，也会影响链路的通信开销和实际数据块的占比，在设计良好的网络中，开销按大约 5%计算，同时也要考虑网络拓扑结构、应用系统类型、运行协议等因素，做适当的调整。作者甚至见过广播包占比高达 80%以上的网络，当然这不是在规划设计阶段讨论的问题。

10.8 IP 地址的规划

IP 地址的规划应遵循以下原则：
- 使用前缀表示法；
- 尽量按区域分段，方便汇聚；
- 第一个可用地址做网关，第二个地址预留，共调测使用；
- 使用/32 地址作为 Device ID，推荐使用本网段的第一个地址；
- 使用/30 地址进行三层设备的互联；
- 应用服务器使用独立网段，通常使用/27 地址、/26 地址；
- 存储尽量使用独立网段，通常使用/27 地址、/26 地址；
- 操作台（Console）使用独立网段，通常使用/28 地址、/27 地址、/29 地址；
- 前端设备使用独立网段，通常使用/26 地址、/25 地址。

10.9 VLAN ID 的规划

VLAN ID 的规划可参考以下规则：
- 前端设备根据所在区域或汇聚资源划分 VLAN 和网段；
- 互联设备的 VLAN ID 使用 2～99；
- 前端设备的 VLAN ID 使用 1000～1999；
- 服务器、存储、操作台的 VLAN ID 使用 100～199。

10.10 典型的组网

1．小型网络的组网

在小型网络中，总的接入主机数比较少（通常在 500 台以下），终端设备通过汇聚设备接入中心机房。基本上相当于前端设备和服务器共用同一台网关设备，但网关地址不同。

在小型网络中，部分区域的数据可通过一个二层交换机汇聚后再接入中心交换机。网关在中心交换机上，只有中心交换机需要配置，其他交换机无须配置。

小型网络的组网如图 10-2 所示。

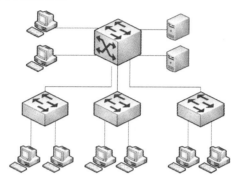

图 10-2　小型网络的组网

2．一般网络的组网

一般网络（中型网络）的组网是最常见的。在很多中型网络的组网中，总共接入的主机数有上千台之多，一个区域接入的主机数有几十到几百台不等。一个区域的主机通过汇聚设备接入各区域中心机房。每个区域的实时数据再通过传送网络或光纤专线送到中心机房，与服务器进行交互。中型网络相当于多个小型网络连接在一起。

中型网络的组网如图 10-3 所示。

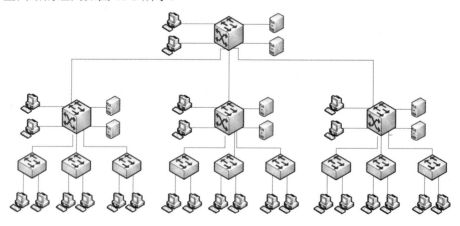

图 10-3　中型网络的组网

3．大型网络的组网

大型网络的组网也是比较常见的，网络中接入的主机数量有好几千台，大型网络通常分成 3 个以三层端口相连的层次。大型网络的复杂性更高，实现难度也更大。大型网络中往往不止一个系统,与之对接的系统和所带来的其他问题也比较多。大型网络相当于多个中型网络连接在一起,但其复杂程度又不是几个中型网络的组合,可能远超我们所画的组网图。

大型网络的组网如图 10-4 所示。

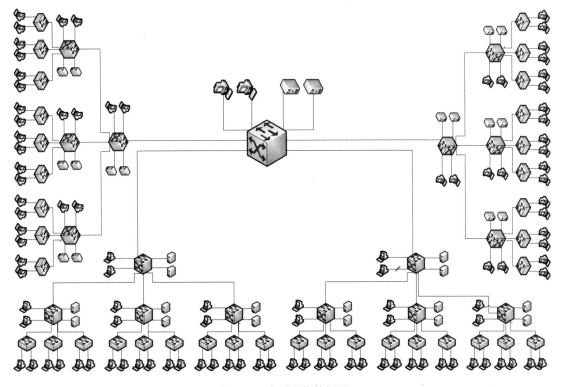

图 10-4　大型网络的组网

10.11　过程文档

不同的工作内容及项目的不同阶段,所产生的文档是不一样的。根据作者的从业经验,下面的文档是很有必要的。

1. 方案评审阶段的文档

- 技术方案;
- 评审报告。

2. 机房建设阶段的文档

- 机房的勘察报告;
- 设备清单;
- 机柜摆放图;
- 设备摆放图;
- 设备连线图;
- 机房走线图;

- 设备连接表；
- 物料清单；
- 工程量清单（机房）。

3. **指挥中心建设阶段的文档**

- 指挥中心的勘察报告；
- 大屏安装/摆放图；
- 机房设备摆放图；
- 操作台摆放图；
- 设备连线图或连线表；
- 设备走线图；
- 物料清单；
- 指挥中心效果图；
- 工程量清单（指挥中心）。

4. **全系统建设阶段的文档**

- 技术方案；
- 平台方案；
- 存储方案；
- 网络方案；
- 传输方案；
- 安全方案；
- 拓扑图；
- IP 地址表；
- 设备清单；
- 网络配置规范。

10.12 思考题

（1）为什么甲方将一个完整的网络系统分割、分包后，容易导致项目延期、预算超支，甚至烂尾、失败？

（2）如何选择合适的项目承包商？需要考虑哪些因素？招标文件中的评分项是如何设计的？

（3）为什么在最低价中标的项目中，甲方往往会成为最终的受害者？

（4）导致项目失败的常见原因有哪些？

第 11 章 虚拟局域网

VLAN 是网络中最常用的技术，几乎所有的网络都会用到 VLAN。

11.1 概述

11.1.1 局域网的简介

LAN（Local Area Network）是本地区域网的意思，大概是为了方便传播，大家基本上把它称为局域网。既然大家都这么叫，如果我们搞特例那就不明智了。

局域网这个词的侧重点其实是在"局域"上，主要想表达网络的覆盖范围，相对于广域网（Wide Area Network，WAN）而言局域网的覆盖范围更小，多数情况用来指代某个专用的园区网，如同一个企业园区、同一个学校校园等。局域网的概念不仅指地理范围，通常还包含同一个所有者、同一个广播域或同一个网段的意思。从来没有人精准地定义局域网，局域网出现在不同的语境里所表达的意思也不一样，作者也只是罗列出它可能的含意，具体的指代还要读者自己辨识。

另外，就是关于"同一个网络"这个术语，它在不同的资料上出现时，可能包含的意思也不一样，甚至在同一篇 RFC 文档的不同位置出现，也会有不同的含义。

- 有时把同一个 VLAN 或同一个广播域，称为同一个网络；
- 有时也把同一个 IP 网段称为同一个网络；
- 物理上的同一个专用园区网（即本地网络），也会被称为同一个网络。

如何分辨"同一个网络"是哪一个含义呢？要根据上下文语境来判断。如果在交流中提到"同一个网络"，又缺少上下文语境，就需要跟对方确认是哪一个含义。

11.1.2 虚拟局域网的简介

虚拟局域网（Virtual Local Area Network，VLAN）是指在局域网的基础上通过软件的方式，将功能相似的网络设备或网络终端归并在一起，形成一个广播域，以达到增加安全性和提升网络性能等目的。VLAN 在网络中的应用非常广泛，不管网络的规模大小，都会用到 VLAN。即使你没有配置 VLAN，也会存在一个 VLAN，我们把它称为默认 LAN（Default VLAN）。

通常我们所说的网络通信是基于广播进行的，尤其是指从网络层到数据链路层封装时用到的 ARP，以及用于获取主机配置信息的 DHCP。当同一个广播域中的主机数量过多时，会导致广播泛滥、通信开销增加、网络性能显著下降，直到网络不可用。VLAN 应运而生，它可以有效分割广播域的大小，在较小规模的广播域里，域内广播包的占比和主机收到的广播包的数量都会明显减少。

11.1.3 虚拟局域网的定义

VLAN 是一种将物理的 LAN 在逻辑上划分成多个虚拟的 LAN，以达到分割广播域的目的的通信技术。

11.1.4 虚拟局域网的作用

虚拟局域网的作用如下：
- 限制广播域大小；
- 增强局域网的安全性；
- 提高网络的性能和健壮性；
- 灵活构建虚拟工作组。

VLAN 定义在数据链路层或网络接入层，用户一旦接入某个网络就意味着接入到了某个 VLAN。VLAN 起到了对数据进行隔离的作用，隔离的同时也导致 VLAN 间通信的限制。要想实现 VLAN 间通信，需要借助于上层设备或上层技术，具体的实现有多路由器端口、路由器子端口（单臂路由）、SVI（Switch Virtual Interface）、ARP Proxy 等。

11.2 以太网帧格式

以太网（Ethernet II）的帧格式如图 11-1 所示，各字段的含义如下：
- Destination Address：目的地址。
- Source Address：源地址。
- Type/Length：类型长度，Type 表示携带的上层协议，Length 表示帧的长度。对于普通的数据帧，此字段表示 Type；对于封装 Dot1Q 的数据帧，此字段表示 Length，Type 由 Dot1Q 字段中的 TPID 表示。更多关于 Type 字段的介绍请参考本书第 2 章。
- Data：携带的数据内容。
- FCS：帧校验序列（Frame Check Sequence）。

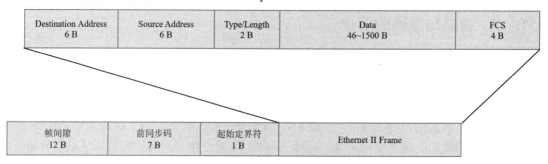

图 11-1　Ethernet II 帧格式

11.3 VLAN ID

VLAN ID 用于标识不同的 VLAN，由 12 bit 的二进制数构成，表示的范围为 0～4095，但并不是所有 VLAN ID 都可以在网络中使用，在思科设备上尤其如此。在华为设备上，除 0 和 4095 为保留的 VLAN ID 不能用外，其他 VLAN ID 都可以使用。VLAN ID 及其用途如表 11-1 所示。

表 11-1 VLAN ID 及其用途

VLAN ID	用 途
0，4095	系统保留，在网络中不能使用
1，1002～1005	思科设备上的默认 VLAN，自动被创建，用户不能配置
2～1001	思科设备上的基本 VLAN，是网络中可用的 VLAN ID
1006～4094	思科设备上的扩展 VLAN，是网络中可用的 VLAN ID

11.4 中继链路上的帧

中继链路上往往要承载多个 VLAN，为了区分不同 VLAN 的数据，就需要为不同 VLAN 的数据帧添加一个标识，这个标识就是 VLAN Tag。在本地链路上传输 VLAN 数据时，不需要添加 VLAN Tag（打 Tag），只有中继链路上传输 VLAN 的数据时才需要打 Tag。

11.4.1 Dot1Q

802.1Q 也称为 Dot1Q，是 IEEE 标准，用于标记中继链路上 VLAN 的数据帧，每一层封装最多支持 4094 个 VLAN。这种封装格式会对原始的数据帧进行修改，在源地址（Source Address）和长度类型（Length/Type）字段之间加入 4 B 的 802.1Q 标签，并重新计算帧校验序列（FCS）。封装格式如图 11-2 所示。

1. Dot1Q 帧格式

Dot1Q 帧格式如图 11-2 所示，各地段的含义如下：
- TPID：协议标识符（Tag Protocal Identifier），用来标识上层协议，与普通以太网帧中的 Type/Length 字段含义一样，但此时的 Type/Length 字段表示 Length。
- PRI：Priority，是 IEEE 802.1p 的优先级，因为只有 3 bit，只能表示 0～7，可用于部署 QoS。
- CFI：权威格式标识（Canonical Format Indicator），只有 1 bit，用来兼容令牌环，0 表示以太网，表示 MAC 地址是权威格式的；1 表示令牌环，表示 MAC 地址不是权威格式的。
- VID，VLAN ID，12 bit，可表示 0～4095，即 2^{12}，共 4096 个，但并不是所有 VLAN ID 都可以用。

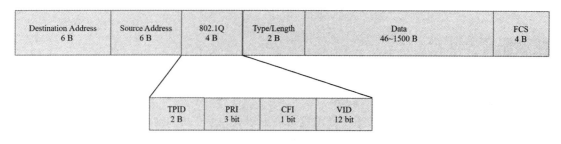

图 11-2　Dot1Q 帧格式

2．Dot1Q 帧示例

在 Wireshark 中显示的 Dot1Q 帧示例如图 11-3 所示。

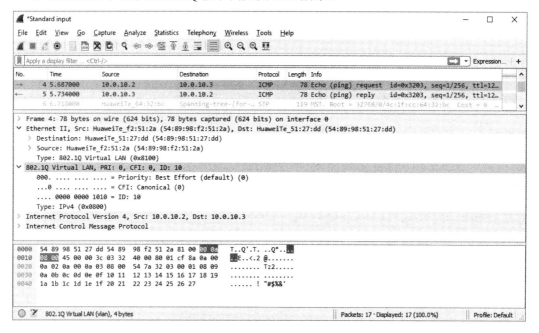

图 11-3　在 Wireshark 中显示的 Dot1Q 帧示例

从捕获到的数据包中可以看出：

- 这是一个 Ethernet II 数据帧；
- 目的地址是 54:89:98:51:27:dd；
- 源地址是 54:89:98:f2:51:2a；
- Type 类型值是 0x8100，表示 Dot1Q 帧。

Dot1Q 封装中的各字段值如下：

- PRI 的值是默认值 0，表示尽力而为转发；
- CFI 值是 0，是权威格式的 MAC 地址；
- VLAN ID 是 10；
- Type 类型是 0x0800，表示上层协议是 IPv4。

11.4.2 交换机间链路

交换机间链路（Inter Switch Links，ISL）是思科提出的一种干线帧封装协议，是私有协议。与 Dot1Q 封装相比，它不改变原封装帧的结构，会封装原来的帧，并添加一个新的报头和帧校验序列（FCS），最多支持 1000 个 VLAN。ISL 封装也逐渐被思科抛弃，在思科的官方教材中也不推荐使用，而是推荐使用 Dot1Q 封装。

图 11-4 所示为 ISL 帧格式，它保持原封装帧不变，添加新的 ISL 报头并计算新的 FCS。

ISL 报头	原封装帧	FCS

图 11-4 ISL 帧格式

11.5 VLAN 的划分依据

VLAN 在网络中的应用可以看成一个虚拟工作组，那么将不同设备归为一组的依据是什么呢？VLAN 的划分可分为动态 VLAN 划分与静态 VLAN 划分，基于端口的 VLAN 划分就是一种静态 VLAN 划分。典型的动态 VLAN 划分有基于 MAC 地址的 VLAN 划分和基于 IP 子网的 VLAN 划分等。最常用方法的是基于设备所连接的交换机端口划分 VLAN，即基于端口的 VLAN 划分，这也是最简单、最容易实现的方式。在基于端口的 VLAN 划分中，一般先创建 VLAN，再把端口添加到 VLAN 中。除了基于端口的 VLAN 划分，其他划分方式在大部分产品中不受支持。如果需要采用其他划分方式，在使用前要先查阅产品文档，确定其是否支持我们想用的划分方式。

1. 基于端口的 VLAN 划分

指定某个交换机端口属于一个或多个 VLAN。这种划分方式在网络中的应用最为普遍，其原因是：
- 比较简单，而且容易理解和实现，管理与维护也比较方便容易；
- 更重要的是满足了最普遍的业务需求，如某台主机属于某个工作组，接入交换机的某个端口，需要基于端口划分 VLAN。

基于端口的 VLAN 划分也是以太网交换机的一项基本能力，只要是可管理的交换机一般都会支持这种划分方式，但是否支持其他划分方式就不一定了。

2. 基于 MAC 地址的 VLAN 划分

基于 MAC 地址的 VLAN 划分实现起来比较复杂，需要统计每一个终端的 MAC 地址，并且维护也比较麻烦，可能还需要一台专门的服务器。这种划分方式的优点是可以根据 MAC 地址前 24 位来进行划分，这样可以对应到某批次设备或某厂家的设备。基于 MAC 地址的 VLAN 划分一般是通过专门的服务器来管理 MAC 地址与 VLAN 的对应关系的，在网络中的应用不是太多。

3. 基于策略的 VLAN 划分

基于策略的 VLAN 划分就更加复杂啦！定义策略本身就增加了复杂性，而且交换机在进行策略匹配计算时会增加系统资源的消耗，降低转发效率，关键是很多交换机根本就不支持这种划分方式。

4. 基于 IP 子网的 VLAN 划分

基于 IP 子网的 VLAN 划分需要感知三层的报文，并判断 IP 地址所属的子网，再做二层的封装，对系统资源的消耗较多，会降低转发性能，多数交换机都不支持。作者在网络中试图实现过一次，使交换机的转发性能下降得非常明显，不得不放弃这种划分方式。

5. 基于协议的 VLAN 划分

基于协议的 VLAN 划分是基于上层封装的协议类型来划分 VLAN 的，有时候也把基于 IP 网络的 VLAN 划分和基于协议的 VLAN 划分统称为基于网络层的 VLAN 划分。可以依据的协议有 ATM、IPv4、IPv6、IPX 等。基于协议的 VLAN 划分通常不被产品支持，在使用这种划分方式前请查产品的文档。

11.6 端口模式

在基于端口的 VLAN 划分中，端口模式是一个非常重要的概念，不同的端口模式对于 VLAN Tag 的处理方式是不同的，适合的应用场景也不同。

1. 接入模式

接入模式的关键字是 access。该模式的端口与 VLAN 一一对应，在某一时间只能加入一个 VLAN。大部分厂家提供的默认模式就是接入模式，华为的大部分设备的默认模式是混合模式。

接入模式一般连接主机设备或终端设备，如服务器、桌面终端或专用终端等。

在华为设备的端口 gig 0/0/0 加入 VLAN 10 时，可以使用如下命令：

```
<Huawei>system-view
[Huawei]int gig 0/0/1
[Huawei-GigabitEthernet0/0/1]port link-type access
[Huawei-GigabitEthernet0/0/1]port default vlan 10
```

在思科设备的端口 gig 0/1 加入 VLAN 10 时，可以使用如下命令：

```
Switch>en
Switch#config t
Switch-config#int fa 0/1
Switch(config-if)#switchport mode access
Switch(config-if)#switchport access vlan 10
```

2. 中继模式或干线模式

中继模式或干线模式的关键字是 trunk。该模式下端口本身可以设置一个归属 VLAN（PVID），同时还可以设置允许其他 VLAN 通过。其他 VLAN 在这种模式下通过端口时会封装 VLAN Tag。

中继模式的端口一般不用再与终端连接，用于交换机与交换机或交换机与路由器的连接时，该模式会为每一个允许通过的其他VLAN打上标签（Tag）。

在华为设备的端口gig 0/0/0设置为中继模式，并允许VLAN 2到VLAN 9通过时，可以使用如下命令：

```
<Huawei>system-view
[Huawei]int gig 0/0/1
[Huawei-GigabitEthernet0/0/1]port link-type trunk
[Huawei-GigabitEthernet0/0/1]port trunk allow-pass vlan 2 to 9
```

在思科设备的端口gig 0/1设置为中继模式，并允许VLAN 2到VLAN 9通过时，可以使用如下命令：

```
Switch>en
Switch#config t
Switch-config#int gig 0/1
Switch(config-if)#switchport mode trunk
Switch(config-if)# switchport trunk allowed vlan 2-9
```

3．混合模式

混合模式的关键字是hybrid。混合模式是华为设备的特性，思科设备没有该模式。混合模式灵活多变，可以单独或同时实现接入模式和中继模式的功能，在网络中得到了普遍的应用。通过配置PVID和Untagged的方式，可以对某个特定VLAN实现接入模式的功能。混合模式的端口还可以同时配置一个VLAN以未打标签（Untagged）或打标签（Tagged）的方式通过，或者说可以让端口以未打标签（Untagged）或打标签（Tagged）的方式加入某个VLAN。当前常见的华为交换机，其端口的默认模式都是混合模式。

混合模式用在什么场景呢？

（1）在基于VLAN的QinQ封装中，必须将端口模式配置成混合模式。

（2）在直接与终端连接时，可以只属于VLAN 1（默认的VLAN），也可以加入到其他VLAN，它有一条隐含的命令：

```
port hybrid vlan 1
```

这条命令的作用是把混合模式的端口以Untagged方式加入VLAN 1中。

混合模式的端口与终端连接时，可以实现与接入模式相同的效果。例如，将混合模式的端口gig 0/0/0加入VLAN 10，可以使用如下命令：

```
<Huawei>system-view
[Huawei]int gig 0/0/1
[Huawei-GigabitEthernet0/0/1]port link-type hybrid
[Huawei-GigabitEthernet0/0/1]port hybrid pvid vlan 10
[Huawei-GigabitEthernet0/0/1]port hybrid untagged vlan 10
```

（3）在与其他网络设备连接时，混合模式可以实现与中继模式相同的效果，而且更加自由、灵活，还能够提供更多的功能。在QinQ场景中必须使用混合模式。例如，将混合模式的端口gig 0/0/0与另外一台交换机相连、需要对VLAN 2到VLAN 9打上VLAN Tag，并允许通过时，可以使用如下命令：

```
<Huawei>system-view
[Huawei]int gig 0/0/1
[Huawei-GigabitEthernet0/0/1]port link-type hybrid
[Huawei-GigabitEthernet0/0/1]port hybrid tagged vlan 2 to 9
```

（4）在与其他网络设备相连，同时实现接入模式和中继模式的功能。交换机 LSW1 与另外一台交换机 LSW2 连接，需要连接的链路通过 VLAN 2 为 LSW2 提供接入服务，并转发交换机 LSW2 上的 VLAN 10。可在 LSW1 上执行如下命令：

```
<Huawei>system-view
[Huawei]int gig 0/0/1
[Huawei-GigabitEthernet0/0/1]port link-type hybrid
[Huawei-GigabitEthernet0/0/1]port hybrid pvid vlan 2
[Huawei-GigabitEthernet0/0/1]port hybrid untagged vlan 2
[Huawei-GigabitEthernet0/0/1]port hybrid tagged vlan 10
```

虽然中继模式也能实现上面的需求，但混合模式的实现更优，它不需要对 VLAN 2 的数据再封装以及 Dot1Q 标识进行解封装。

11.7 VLAN Tag 的处理

对 VLAN Tag 的处理是基于端口的 VLAN 划分方式的特性。关于 VLAN Tag 的处理，最容易让人迷惑。什么情况下对发送的报文（数据帧）打 Tag？什么情况下无须对发送的报文打 Tag？什么情况下接收带 Tag 的报文？什么情况下不接收带 Tag 的报文？

表 11-2 所示为华为设备对 VLAN Tag 的处理，应该可以解答读者的疑问。如果还没有解决，请继续往下看。

表 11-2 华为设备对 VLAN Tag 的处理

端口类型	对接收到的不带 VLAN Tag 的报文的处理	对接收到的带 VLAN Tag 的报文的处理	对发送报文的处理
接入模式的端口	接收该报文，并打上默认的 VLAN Tag	（1）当 VLAN ID 与默认的 VLAN ID 相同时，接收该报文。 （2）当 VLAN ID 与默认的 VLAN ID 不同时，丢弃该报文	去掉 VLAN Tag，发送该报文
中继模式的端口	（1）打上默认的 VLAN Tag，当 VLAN ID 在端口允许通过的 VLAN ID 列表中时，接收该报文。 （2）打上默认的 VLAN Tag，当 VLAN ID 不在端口允许通过的 VLAN ID 中时，丢弃该报文	（1）当 VLAN ID 在端口允许通过的 VLAN ID 列表中时，接收该报文。 （2）当 VLAN ID 不在端口允许通过的 VLAN ID 列表中时，丢弃该报文	（1）当 VLAN ID 与默认的 VLAN ID 相同，且在端口允许通过的 VLAN ID 列表中时，去掉 VLAN Tag，并发送该报文。 （2）当 VLAN ID 与默认的 VLAN ID 不同，且在端口允许通过的 VLAN ID 列表中时，保持原有的 VLAN Tag，并发送该报文
混合模式的端口	同上	同上	当 VLAN ID 在端口允许通过的 VLAN ID 列表中时，发送该报文。可以通过"port hybrid untagged/tagged vlan"设置发送时是否携带 VLAN Tag
QinQ 的端口	接收该报文，并打上默认的 VLAN Tag	接收该报文，再打上一层默认的 VLAN Tag。	去掉外层默认的 VLAN Tag，发送该报文

11.8 不同模式的端口对于 VLAN Tag 的处理流程

1. 接入模式的端口收发报文的流程

接入模式的端口接收报文的流程如图 11-5 所示。
接入模式的端口发送报文的流程如图 11-6 所示。

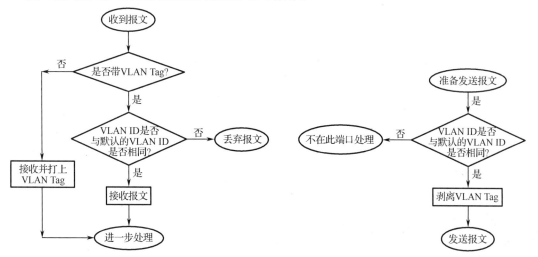

图 11-5　接入模式的端口接收报文的流程　　　图 11-6　接入模式的端口发送报文的流程

2. 中继模式的端口收发报文的流程

中继模式的端口接收报文的流程如图 11-7 所示。
中继模式的端口发送报文的流程如图 11-8 所示。

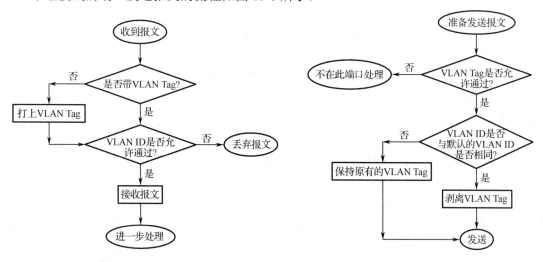

图 11-7　中继模式的端口接收报文的流程　　　图 11-8　中继模式的端口发送报文的流程

3. 混合模式的端口收发报文的流程

混合模式的端口接收报文的流程如图 11-9 所示。

混合模式的端口发送报文的流程如图 11-10 所示。

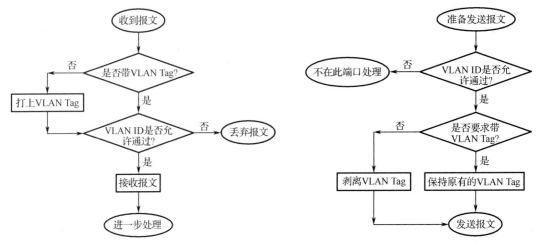

图 11-9　混合模式的端口接收报文的流程　　图 11-10　混合模式的端口发送报文的流程

混合模式的端口没有明确的允许通过列表，不管 Untagged 和 Tagged 方式，VLAN ID 都是允许通过的 VLAN ID，除此之外的都是不允许通过 VLAN ID。

11.9 创建 VLAN 示例

鉴于基于端口的 VLAN 划分方式使用的广泛程度，本节介绍如何在思科设备和华为设备上创建 VLAN。

11.9.1 在思科设备上创建 VLAN

在思科设备上创建 VLAN 的模式有两种，分别是 VLAN 数据库模式和全局配置模式，两者最终效果是一样的。

在思科交换机上，ID 为 1、1002~1005 的 VLAN 是系统默认自动创建的，供不同的协议使用。用于普通以太网业务的 VLAN ID 是 1~1001，其中 1 是默认的 VLAN ID，ID 为 2~1001 的 VLAN 是工程师可以手工创建的。也就是说工程师可以管理支配的 VLAN ID 只有 1000 个。

思科交换机上的 VLAN ID 如表 11-3 所示。

表 11-3　思科交换机上的 VLAN ID

Vlan ID	自 动 创 建	用　　途
1	是	以太网业务
2~1001	否	以太网业务
1002~1005	是	分别用到 fddi、token-ring 等业务

思科交换机上的默认 VLAN ID 如图 11-11 所示。

```
VLAN Name                         Status    Ports
---- -------------------------    --------- -------------------------------
1    default                      active    Fa0/1, Fa0/2, Fa0/3, Fa0/4
                                            Fa0/5, Fa0/6, Fa0/7, Fa0/8
                                            Fa0/9, Fa0/10, Fa0/11, Fa0/12
                                            Fa0/13, Fa0/14, Fa0/15, Fa0/16
                                            Fa0/17, Fa0/18, Fa0/19, Fa0/20
                                            Fa0/21, Fa0/22, Fa0/23, Fa0/24
                                            Gi0/1, Gi0/2
1002 fddi-default                 act/unsup
1003 token-ring-default           act/unsup
1004 fddinet-default              act/unsup
1005 trnet-default                act/unsup
```

图 11-11　思科交换机上的默认 VLAN ID

1. VLAN 数据库模式

在全局配置模式下，输入以下命令：

```
Switch>en
Switch#vlan database
% Warning: It is recommended to configure VLAN from config mode, as VLAN database mode is being deprecated. Please consult user documentation for configuring VTP/VLAN in config mode.
```

从返回的信息可以看到，现在已经不再是推荐的配置方式。在 VLAN 数据库模式下创建 VLAN 时可以同时对 VLAN 命名，命令如下：

```
Switch(vlan)#vlan 2 name group2
VLAN 2 added:
: Name: group2
Switch(vlan)#
```

其中的 name 相当于注释或描述，对业务没有实质性的影响，主要是为了方便管理与维护。

如果想要把端口添加到 VLAN，就只能在全局配置模式下进行操作了。

2. 全局配置模式

全局配置模式是思科推荐的配置方式，其功能更丰富、操作更灵活。命令如下：

```
Switch#config t
Enter configuration commands, one per line. End with CNTL/Z.
Switch(config)#vlan 2
Switch(config-vlan)#
Switch(config-vlan)#name ?
```

```
WORD The ascii name for the VLAN
Switch(config-vlan)#name group2 ?
<cr>
Switch(config-vlan)#name group2
```

在思科设备上批量创建多个 VLAN 时，可以使用连字符"-"或逗号","。"-"用来创建连续 ID 的 VLAN，","用来创建 ID 不连续的 VLAN。示例如下：

```
Switch#config t
Enter configuration commands, one per line. End with CNTL/Z.
Switch(config)#vlan 2-10,100,110
Switch(config)#
```

11.9.2 将端口加入思科设备上的 VLAN

把端口加入思科设备上的 VLAN 时，必须在接入模式下操作。用户既可以在 VLAN 下添加端口，也可以在端口中将端口加入到 VLAN，我们通常使用第二种方式。

1. 逐个加入端口

这种方式一次只能将一个端口加入到一个 VLAN。在要操作的端口数量不多时，可以考虑使用这种方式。命令如下：

```
Switch#config t
Enter configuration commands, one per line. End with CNTL/Z.
Switch(config)#int fa 0/4
Switch(config-if)#switchport mode access
Switch(config-if)#switchport access vlan 2
Switch(config-if)#exit
```

2. 批量加入端口

这种方式适合有较多的端口加入到一个 VLAN 的场景。可以先一次性进入多个端口，同时操作这些端口的 VLAN 属性。进入多个端口的方式是使用连字符"-"和逗号","。连续的端口号用"-"连接，不连续的端口号用","连接。使用这种方式可以将多个端口同时加入到一个 VLAN。当要操作的端口数量比较多时，最好使用这种方式。命令如下：

```
Switch(config)#int range fa 0/1,fa0/4 - fa0/10
Switch(config-if-range)#switchport mode access
Switch(config-if-range)#switchport access vlan 2
Switch(config-if-range)#end
Switch#
%SYS-5-CONFIG_I: Configured from console by console

Switch#show vlan

VLAN Name                             Status    Ports
---- -------------------------------- --------- -------------------------------
1    default                          active    Fa0/2, Fa0/3, Fa0/11, Fa0/12
                                                Fa0/13, Fa0/14, Fa0/15, Fa0/16
                                                Fa0/17, Fa0/18, Fa0/19, Fa0/20
                                                Fa0/21, Fa0/22, Fa0/23, Fa0/24
```

```
2    VLAN0002                    active      Fa0/1, Fa0/4, Fa0/5, Fa0/6
                                             Fa0/7, Fa0/8, Fa0/9, Fa0/10
1002 fddi-default                act/unsup
1003 token-ring-default          act/unsup
1004 fddinet-default             act/unsup
1005 trnet-default               act/unsup

VLAN Type  SAID       MTU   Parent RingNo BridgeNo Stp  BrdgMode Trans1 Trans2
---- ----- ---------- ----- ------ ------ -------- ---- -------- ------ ------
1    enet  100001     1500    -      -       -      -      -       0      0
2    enet  100002     1500    -      -       -      -      -       0      0
1002 fddi  101002     1500    -      -       -      -      -       0      0
1003 tr    101003     1500    -      -       -      -      -       0      0
1004 fdnet 101004     1500    -      -       -     ieee    -       0      0
1005 trnet 101005     1500    -      -       -     ibm     -       0      0


Remote SPAN VLANs
------------------------------------------------------------------------------



Primary Secondary Type            Ports
------- --------- --------------- ------------------------------------------
Switch#
```

11.9.3 在华为设备上创建 VLAN

华为设备对于 VLAN 的处理与思科设备不同，ID 为 1~4095 的 VLAN 都可以承载以太网业务，只有一个默认 VLAN，即 VLAN 1。

在华为设备上既可以逐个创建 VLAN，也可以批量创建 VLAN。当需要创建较多的 VLAN 时，可以选择使用批量创建的方式。

1. 逐个创建 VLAN

这种方式一次只能创建一个 VLAN，并进入 VLAN 配置视图。用户可以在 VLAN 配置视图下添加端口，但一般不用，因为华为设备默认的端口模式是混合模式，不能直接加入 VLAN。命令如下：

```
<Huawei>system-view
Enter system view, return user view with Ctrl+Z.
[Huawei]vlan 2
[Huawei-vlan2]port gig 0/0/4 to 0/0/7 0/0/9
Error: Trunk or Hybrid port(s) can not be added or deleted in this manner.
```

2. 批量创建 VLAN

这种方式可以一次创建多个 VLAN。VLAN ID 可以是连续的，也可以是不连续的。连续 ID 的用关键字"to"隔开；不连续 ID 的用空格隔开。相对于逐个创建 VLAN 的方式，批量创建 VLAN 的方式可以一次创建多个 VLAN，但不会进入 VLAN 配置视图。作者比较喜欢使用批量创建 VLAN 的方式，即使在创建单个 VLAN 时也采用这种方式，因为这种方式在创建 VLAN 后不会进入 VLAN 配置视图。命令如下：

```
<Huawei>system-view
Enter system view, return user view with Ctrl+Z.
[Huawei]vlan
[Huawei]vlan batch 3 to 9 11
Info: This operation may take a few seconds. Please wait for a moment...done.
[Huawei]dis vlan
The total number of vlans is : 10
--------------------------------------------------------------------------------
U: Up;         D: Down;         TG: Tagged;         UT: Untagged;
MP: Vlan-mapping;               ST: Vlan-stacking;
#: ProtocolTransparent-vlan;    *: Management-vlan;
--------------------------------------------------------------------------------

VID  Type    Ports
--------------------------------------------------------------------------------
1    common  UT:GE0/0/1(D)     GE0/0/3(D)      GE0/0/4(D)      GE0/0/5(D)
                GE0/0/6(D)     GE0/0/7(D)      GE0/0/8(D)      GE0/0/9(D)
                GE0/0/10(D)    GE0/0/11(D)     GE0/0/12(D)     GE0/0/13(D)
                GE0/0/14(D)    GE0/0/15(D)     GE0/0/16(D)     GE0/0/17(D)
                GE0/0/18(D)    GE0/0/19(D)     GE0/0/20(D)     GE0/0/21(D)
                GE0/0/22(D)    GE0/0/23(D)     GE0/0/24(D)

2    common  UT:GE0/0/2(D)     GE0/0/3(D)
             TG:GE0/0/1(D)

3    common
4    common
5    common
6    common
7    common
8    common
9    common
11   common

VID  Status  Property      MAC-LRN Statistics Description
--------------------------------------------------------------------------------

1    enable  default       enable  disable    VLAN 0001
2    enable  default       enable  disable    VLAN 0002
3    enable  default       enable  disable    VLAN 0003
4    enable  default       enable  disable    VLAN 0004
5    enable  default       enable  disable    VLAN 0005
6    enable  default       enable  disable    VLAN 0006
7    enable  default       enable  disable    VLAN 0007
8    enable  default       enable  disable    VLAN 0008
9    enable  default       enable  disable    VLAN 0009
11   enable  default       enable  disable    VLAN 0011
[Huawei]
```

11.9.4 将端口加入华为设备上的 VLAN

把端口加入到 VLAN，必须在接入模式下操作。用户既可以在 VLAN 下添加端口，也可以在端口中将端口加入到 VLAN，我们通常使用第二种方式。当端口数量比较多时，还可以同时进入多个端口，将多个端口批量加入到 VLAN。

1. 逐个加入 VLAN

创建 VLAN 2，并将端口 gig 0/0/1 加入到其中。命令如下：

```
<Huawei>
<Huawei>sys
Enter system view, return user view with Ctrl+Z.
[Huawei]vlan batch 2
Info: This operation may take a few seconds. Please wait for a moment...done.
[Huawei]int gig 0/0/1
[Huawei-GigabitEthernet0/0/1]port link-type access
[Huawei-GigabitEthernet0/0/1]port default vlan 2
[Huawei-GigabitEthernet0/0/1]
```

还有一种将单个端口加入到某个 VLAN 中的批处理方式，这种方式在网络中非常有用，不仅可以用来配置 VLAN，还可以根据需要推广应用到其他场景。具体操作如下：

（1）输出当前的配置。
（2）把相关（这个相关很有内涵）的文本复制到文本编辑器中。
（3）修改这些端口下的配置内容。
（4）将配置内容粘贴到仿真终端的命令和参数输入区。

命令如下：

```
system
#
interface GigabitEthernet0/0/1
  port hybrid tagged vlan 2
#
interface GigabitEthernet0/0/2
  port hybrid pvid vlan
  port hybrid untagged vlan 2
#
interface GigabitEthernet0/0/3
  port link-type access
  port default vlan 2
#
interface GigabitEthernet0/0/4
  port link-type access
  port default vlan 2
#
interface GigabitEthernet0/0/5
  port link-type access
  port default vlan 3
#
```

```
interface GigabitEthernet0/0/6
  port link-type access
  port default vlan 3
#
interface GigabitEthernet0/0/7
  port link-type access
  port default vlan 4
#
interface GigabitEthernet0/0/8
  port link-type access
  port default vlan 4
#
interface GigabitEthernet0/0/9
  port link-type access
  port default vlan 10
#
interface GigabitEthernet0/0/10
  port link-type access
  port default vlan 10
#
return
save

y
```

记得在最后多加两个换行符，能够在很大程度上规避错误。

"复制－修改－粘贴"是一个神奇的配置实现方式，掌握了它可以大幅提升工作效率。

2．批量加入VLAN

一次进入多个端口，连续的端口号用"to"连接，不连续的端口号用空格隔开，但要注意在端口号前面需要加上端口模式类型。具体实现如下：

```
[Huawei]int range gig 1/0/38 to gig 1/0/44 gig 1/0/47
[Huawei-port-group]port link-type hybrid
[Huawei-GigabitEthernet1/0/38]port link-type hybrid
Info: This operation may take a few seconds. Please wait for a moment...done.
[Huawei-GigabitEthernet1/0/39]port link-type hybrid
Info: This operation may take a few seconds. Please wait for a moment...done.
[Huawei-GigabitEthernet1/0/40]port link-type hybrid
Info: This operation may take a few seconds. Please wait for a moment...done.
[Huawei-GigabitEthernet1/0/41]port link-type hybrid
Info: This operation may take a few seconds. Please wait for a moment...done.
[Huawei-GigabitEthernet1/0/42]port link-type hybrid
Info: This operation may take a few seconds. Please wait for a moment...done.
[Huawei-GigabitEthernet1/0/43]port link-type hybrid
Info: This operation may take a few seconds. Please wait for a moment...done.
[Huawei-GigabitEthernet1/0/44]port link-type hybrid
Info: This operation may take a few seconds. Please wait for a moment...done.
```

```
[Huawei-GigabitEthernet1/0/47]port link-type hybrid
Info: This operation may take a few seconds. Please wait for a moment...done.
[Huawei-port-group]port hybrid untagged vlan 2
[Huawei-GigabitEthernet1/0/38]port hybrid untagged vlan 2
Info: This operation may take a few seconds. Please wait a moment...done.
[Huawei-GigabitEthernet1/0/39]port hybrid untagged vlan 2
Info: This operation may take a few seconds. Please wait a moment...done.
[Huawei-GigabitEthernet1/0/40]port hybrid untagged vlan 2
Info: This operation may take a few seconds. Please wait a moment...done.
[Huawei-GigabitEthernet1/0/41]port hybrid untagged vlan 2
Info: This operation may take a few seconds. Please wait a moment...done.
[Huawei-GigabitEthernet1/0/42]port hybrid untagged vlan 2
Info: This operation may take a few seconds. Please wait a moment...done.
[Huawei-GigabitEthernet1/0/43]port hybrid untagged vlan 2
Info: This operation may take a few seconds. Please wait a moment...done.
[Huawei-GigabitEthernet1/0/44]port hybrid untagged vlan 2
Info: This operation may take a few seconds. Please wait a moment...done.
[Huawei-GigabitEthernet1/0/47]port hybrid untagged vlan 2
Info: This operation may take a few seconds. Please wait a moment...done.
[Huawei-port-group]
```

11.10 VLAN 的应用

11.10.1 混合模式同时实现接入模式与中继模式的功能

混合模式是华为设备才支持的，思科设备不支持混合模式。混合模式同时实现接入模式和中继模式的功能如图 11-12 所示。图中，LSW2 是一台二层交换机，为用户接入网络服务；LSW1 是具有三层端口的交换机，可以为终端用户提供网关服务。LSW2 需要配置一个主机 IP，用于进行管理。这就要求两台交换机之间的链路既是干线链路，也是接入链路。因此需要两台三层交换机使用三层端口连接，两台交换机既要加入 VLAN 2，同时又要允许 VLAN 10 和 VLAN 11 通过，以便与上层的三层端口通信。

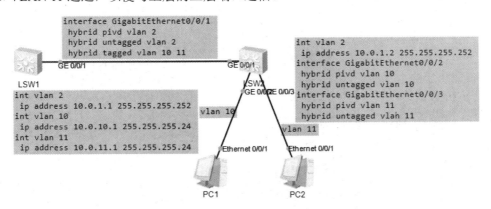

图 11-12　混合模式同时实现接入模式和中继模式的功能

两台交换机业务的相关配置如下：
LSW1 上的业务相关配置如下：

```
#
sysname lsw1
#
vlan batch 2 10 to 11
#
#
interface Vlanif2
 ip address 10.0.1.1 255.255.255.252
#
interface Vlanif10
 ip address 10.0.10.1 255.255.255.0
#
interface Vlanif11
 ip address 10.0.11.1 255.255.255.0
#
#
interface GigabitEthernet0/0/1
 port hybrid pvid vlan 2
 port hybrid tagged vlan 10 to 11
 port hybrid untagged vlan 2
```

LSW2 上的业务相关配置如下：

```
#
sysname lsw2
#
vlan batch 2 10 to 11
#
#
interface Vlanif2
 ip address 10.0.1.2 255.255.255.252
#
#
interface GigabitEthernet0/0/1
 port hybrid pvid vlan 2
 port hybrid tagged vlan 10 to 11
 port hybrid untagged vlan 2
#
interface GigabitEthernet0/0/2
 port hybrid pvid vlan 10
 port hybrid untagged vlan 10
#
interface GigabitEthernet0/0/3
 port hybrid pvid vlan 11
 port hybrid untagged vlan 11
#
```

```
#
ip route-static 0.0.0.0 0.0.0.0 10.0.1.1
#
```

11.10.2　在不等价链路上实现负载均衡

OSPF 只能在等价链路上提供负载均衡，对于不等价链路只能主备使用。有这样一个场景，LSW1 和 LSW2 是高性能交换机，LSW3 是低性能交换机，LSW1 与 LSW2、LSW2 与 LSW3 之间的链路相对比较可靠，是专线；LSW1 与 LSW3 是运营商网络的 PTN 链路。三台交换机都是三层交换机，正常情况下我们会让每台交换机之间使用三层端口连接，但在这个场景中就不能实现负载均衡了，因为经过的跳数不一样，除非强制修改 Cost（链路开销）值。

在不等价链路上实现负载均衡的方法有三个：

（1）将与各个设备相连的端口设置成中继模式的端口，并允许相关的 VLAN 通过，启用相关 VLAN 对应的交换机虚拟端口（SVI）。

（2）将与各个设备相连的端口设置成混合模式的端口，并对接入和通过的 VLAN 设置为 Tagged，启用相关 VLAN 对应的 SVI。

（3）将设备两两相连的端口设置成混合模式的端口，接入 VLAN 时不打 VLAN Tag，需要转发的 VLAN 才打 VLAN Tag。

以上三种方法都能实现不等价链路的负载均衡，但实现原理不同。前两种方法的实现原理一样，都是对所有 VLAN 都打 VLAN Tag。第三种方法只对需要转发的 VLAN 打 VLAN Tag，可以减少没有必要的 VLAN Tag 封装和解封装，并且会重新计算帧校验序列，同时还减少了需要转发的数据量，减轻了系统消耗和链路带宽占用。

我们的实现采用第三种方法，如图 11-3 所示。在 LSW1 与 LSW2 之间，只有 VLAN 4 需要封装 VLAN Tag（打 VLAN Tag）；LSW2 与 LSW3 之间不需要打 VLAN Tag。

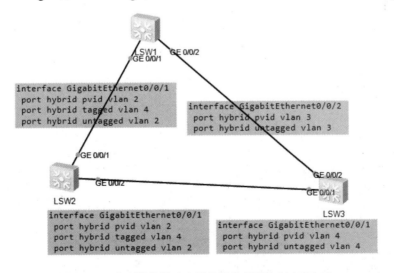

图 11-13　在不等价链路上提供等价负载均衡实验拓扑

业务相关配置如下：

（1）LSW1 上的业务相关配置如下：

```
#
sysname LSW1
#
vlan batch 2 to 4
#
#
interface Vlanif2
 ip address 10.0.1.1 255.255.255.252
#
interface Vlanif3
 ip address 10.0.1.5 255.255.255.252
#
interface Vlanif4
 ip address 10.0.1.9 255.255.255.252
#
#
interface GigabitEthernet0/0/1
 port hybrid pvid vlan 2
 port hybrid tagged vlan 4
 port hybrid untagged vlan 2
#
interface GigabitEthernet0/0/2
 port hybrid pvid vlan 3
 port hybrid untagged vlan 3
#
#
return
```

（2）LSW2 上的业务相关配置如下：

```
#
sysname LSW2
#
vlan batch 2 4
#
#
interface Vlanif2
 ip address 10.0.1.2 255.255.255.252
#
interface MEth0/0/1
#
interface GigabitEthernet0/0/1
 port hybrid pvid vlan 2
 port hybrid tagged vlan 4
 port hybrid untagged vlan 2
#
interface GigabitEthernet0/0/2
 port hybrid pvid vlan 4
 port hybrid untagged vlan 4
#
```

```
#
return
```

（3）LSW3 上的业务相关配置如下：

```
#
sysname LSW3
#
vlan batch 3 to 4
#
#
 interface Vlanif3
  ip address 10.0.1.6 255.255.255.252
#
interface Vlanif4
  ip address 10.0.1.10 255.255.255.252
#
#
interface GigabitEthernet0/0/1
  port hybrid pvid vlan 4
  port hybrid untagged vlan 4
#
interface GigabitEthernet0/0/2
  port hybrid pvid vlan 3
  port hybrid untagged vlan 3
#
#
return
```

11.11 聚合 VLAN

聚合 VLAN（Aggregate VLAN）是华为设备的特性。华为设备将 VLAN 定义为 Supper VLAN 和 Sub VLAN，Sub VLAN 归属某个 Supper VLAN，一个 Supper VLAN 可以有多个 Sub VLAN，但 Supper VLAN 不能有成员端口，成员端口只能属于 Sub VLAN。不过 Supper VLAN 可以创建交换机虚拟端口（SVI），但是 Sub VLAN 不可以创建 SVI。Supper VLAN 下所有的 Sub VLAN 共用同一个 SVI、同一个子网段和网关，但各个 Sub VLAN 分属不同的广播域，Sub VLAN 之间的设备不能够直接通信。其目的是在分割广播域和隔离广播的同时，减少因划分子网造成的 IP 地址损失。

聚合 VLAN 示例如图 11-14 所示，某公司外联区的 LSW1 提供外部合作伙伴的接入服务，VLAN 10 和 VLAN 20 分别代表两个事业部（群），PC1、PC2 与 PC3、PC4 分别表示每个事业部的合作伙伴。同一个事业部的合作伙伴使用同一个子网和网关，但每一个合作伙伴之间不可以直接通信。

根据需求，可以为每一个事业部划分一个子网网段，并启用 Supper VLAN 的 SVI，为事业部的合作伙伴提供网关服务。每一个接入的合作伙伴分属一个 Sub VLAN，在同一个 Supper VLAN 下，Sub VLAN 之间的用户不能够直接通信。

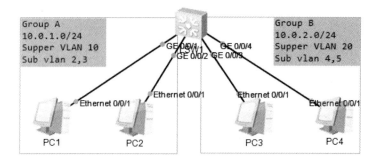

图 11-14 聚合 VLAN 示例

LSW1 上的业务相关配置如下：
```
#
sysname LSW1
#
vlan batch 2 to 5 10 20
#
#
vlan 10
  aggregate-vlan
  access-vlan 2 to 3
vlan 20
  aggregate-vlan
  access-vlan 4 to 5
#
#
interface Vlanif10
  description GroupA
  ip address 10.0.1.1 255.255.255.0
#
interface Vlanif20
  description GroupB
  ip address 10.0.2.1 255.255.255.0
#
#
interface GigabitEthernet0/0/1
  port hybrid pvid vlan 2
  port hybrid untagged vlan 2
#
interface GigabitEthernet0/0/2
  port hybrid pvid vlan 3
  port hybrid untagged vlan 3
#
interface GigabitEthernet0/0/3
  port hybrid pvid vlan 4
  port hybrid untagged vlan 4
#
```

```
interface GigabitEthernet0/0/4
 port hybrid pvid vlan 5
 port hybrid untagged vlan 5
#
```

在 eNSP（版本号 1.3.00.100，V100R003C00SPC100）模拟器上，上面的配置可能不能正常运行，但上面的配置并不影响在实际设备上的运行。模拟器上的配置需要将 Sub VLAN 的接口端口模式设置成接入模式、中继模式或打标签（Tagged）的混合模式，未打标签（Untagged）的混合模式+PVID 不能正常工作。

11.12 MUX VLAN

MUX VLAN 即 Multiplex VLAN，与聚合 VLAN 有诸多相似之处，甚至可以将 MUX VLAN 理解为聚合 VLAN 的扩展。MUX VLAN 提供的一个主 VLAN（Prinipcal VLAN），与聚合 VLAN 中的 Supper VLAN 的功能基本一样；MUZ VLAN 提供的从 VLAN（Subordinate VLAN）与聚合 VLAN 中的 Sub VLAN 功能基本相似，但 MUX VLAN 的从 VLAN 又分为互通型 VLAN（Group VLAN）和隔离型 VLAN（Separate VLAN）。另外，MUX VLAN 的上级 VLAN 不支持在本地创建交换机虚拟端口（SVI）。如果只使用互通型 VLAN，不创建本地的 SVI，则 MUX VLAN 的作用与聚合 VLAN 基本一样，但 MUX VLAN 中的主 VLAN 不支持 SVI。另外，只有接入模式的端口才支持 MUX VLAN。聚合 VLAN 与 MUN VLAN 的对比如表 11-4 所示。

表 11-4 聚合 VLAN 与 MUX VLAN 的对比

	聚合 VLAN	MUX VLAN
上级 VLAN	Supper VLAN	主 VLAN
下级 VLAN	Sub VLAN	从 VLAN
上级 VLAN 是否支持成员接口	否	是
下级 VLAN 内的设备是否隔离	是	隔离型 VLAN、互通型 VLAN
上级 VLAN 是否支持 SVI	是	否
端口模式	接入模式、中继模式和混合模式	接入模式

MUX VLAN 的示例如图 11-15 所示，某公司外联区的 LSW1 提供外部合作伙伴的接入服务。VLAN 10 和 VLAN 20 分别表示企业内部用户和企业合作伙伴（企业外部用户），PC1、PC2 与 PC3、PC4 分别表示内部用户。要求所有的用户都可以使用同一个子网，但企业内部用户可以直接通信并与企业资源服务器直接通信，企业外部用户不能够直接通信，但可以获取企业网络服务器上的资源，企业内部用户与外部用户不能够直接通信。

根据需求，可以在接入交换机上创建 MUX VLAN，主 VLAN 与上级设备连接，将企业内部用户分配在互通型 VLAN 上，将企业外部用户分配在隔离型 VLAN 上。为所有的用户划分一个子网网段，并在上一级网络设备上启用 MUX VLAN 的 SVI，为所有的用户提供网关服务。

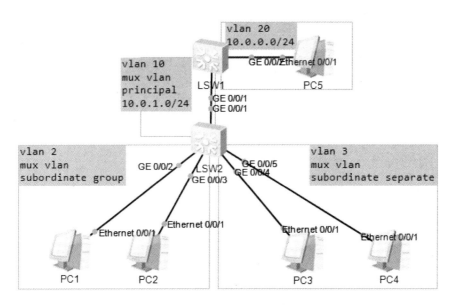

图 11-15 在同一个子网内的隔离与互通

LSW1 上的业务相关配置如下：

```
#
sysname LSW1
#
vlan batch 10 20
#
#
interface Vlanif10
 ip address 10.0.1.1 255.255.255.0
#
interface Vlanif20
 ip address 10.0.0.1 255.255.255.0
#
#
interface GigabitEthernet0/0/1
 port hybrid pvid vlan 10
 port hybrid untagged vlan 10
#
interface GigabitEthernet0/0/2
 port hybrid pvid vlan 20
 port hybrid untagged vlan 20
#
#
```

LSW2 上的 MUX VLAN 业务相关配置如下：

```
<lsw2>dis mux-vlan
Principal  Subordinate  Type        Interface
--------------------------------------------------------------------------
10         -            principal   GigabitEthernet0/0/1
10         3            separate    GigabitEthernet0/0/4 GigabitEthernet0/0/5
```

```
10          2          group     GigabitEthernet0/0/2 GigabitEthernet0/0/3
--------------------------------------------------------------------------------
<lsw2>
```

LSW2 上的业务相关配置如下：

```
#
sysname LSW2
#
vlan batch 2 to 3 10
#
#
vlan 10
 mux-vlan
 subordinate separate 3
 subordinate group 2
#
#
interface GigabitEthernet0/0/1
 port link-type access
 port default vlan 10
 port mux-vlan enable
#
interface GigabitEthernet0/0/2
 port link-type access
 port default vlan 2
 port mux-vlan enable
#
interface GigabitEthernet0/0/3
 port link-type access
 port default vlan 2
 port mux-vlan enable
#
interface GigabitEthernet0/0/4
 port link-type access
 port default vlan 3
 port mux-vlan enable
#
interface GigabitEthernet0/0/5
 port link-type access
 port default vlan 3
 port mux-vlan enable
#
#
```

11.13 私有 VLAN

私有 VLAN（Private VLAN）是思科设备的特性，与华为设备 MUX VLAN 的功能比较相似，但理解起来更加困难。虽然私有 VLAN 也是基于端口划分的 VLAN，但端口与 VLAN 并没有一一对应的关系，一个 VLAN 可以有多个端口，一个端口也可以映射到多个 VLAN。

私有 VLAN 中的端口类型有三种，分别是孤立端口、杂合端口和团体端口。

- 孤立端口：完全与私有 VLAN 中的其他端口隔离，仅能与杂合端口直接通信。
- 杂合端口：可以与私有 VLAN 中的所有端口直接通信，杂合端口是主 VLAN 的一部分，每个杂合端口都可以对应一个以上的辅助 VLAN。
- 团体端口：团体端口之间可以相互直接通信，也可以和杂合端口直接通信，但不能与孤立端口直接通信。

私有 VLAN 有两种类型，分别是主 VLAN 和辅助 VLAN。主 VLAN 下可以有多个辅助 VLAN，辅助 VLAN 必须与主 VLAN 绑定。同一个主 VLAN 下的所有辅助 VLAN 都可以使用同一个子网。

辅助 VLAN 也有两种类型，分别是团体 VLAN 和孤立 VLAN。团体 VLAN 内的端口可以直接通信，也可以与主 VLAN 内的杂合端口直接通信。孤立 VLAN 内的端口不可以直接通信，只可以与杂合端口直接通信。

本节的内容参考自《CCNP SWITCH（642-813）学习指南》，因为缺少实验环境，故本节没有提供私有 VLAN 的实验。

11.14 VLAN 之间的通信

VLAN 的目的是分割广播域，但不同的广播域之间还是有通信需求。不同广播域之间的通信，需要借助网络层设备。不同子网、不同 VLAN 的设备之间，可以通过多路由器端口、单臂路由、三层交换机 SVI 的方式进行通信。在同一子网通过不同 VLAN 分割广播域，就意味着隔离了 VLAN 间的广播，这样一来就把同一网段内基于广播的通信（ARP Request 和 DHCP Discover）隔离了。要想实现同一子网、不同 VLAN 间的设备通信，可以借助 ARP Proxy 技术。接下来我们采用不同的方式实现 VLAN 之间的通信。

11.14.1 基于多路由器端口的 VLAN 之间的通信

基于多路由器端口的 VLAN 之间的通信，是指将多个路由器端口分别连接不同的 VLAN。这些端口可以位于同一台路由器或不同的路由器上，如果使用不同的路由器，则必须保证这些路由器之间是互联互通的。

1. 基于华为设备实现的 VLAN 之间的通信

基于多路由器端口的 VLAN 之间的通信（基于华为设备实现）如图 11-16 所示，路由器 AR1 的两个端口分别连接交换机 LSW1 的两个 VLAN，并为两个 VLAN 内的设备提供网关服务。

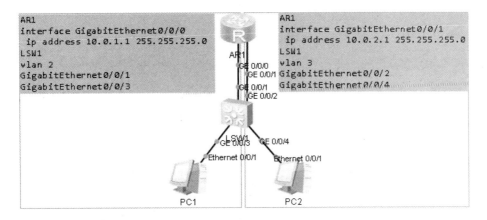

图 11-16 基于多路由器端口的 VLAN 之间的通信（基于华为设备实现）

AR1 上的业务相关配置如下：

```
#
 sysname AR1
#
#
interface GigabitEthernet0/0/0
 ip address 10.0.1.1 255.255.255.0
#
interface GigabitEthernet0/0/1
 ip address 10.0.2.1 255.255.255.0
#
#
```

LSW1 上的业务相关配置如下：

```
#
sysname LSW1
#
vlan batch 2 to 3
#
#
interface GigabitEthernet0/0/1
 port hybrid pvid vlan 2
 port hybrid untagged vlan 2
#
interface GigabitEthernet0/0/2
 port hybrid pvid vlan 3
 port hybrid untagged vlan 3
#
interface GigabitEthernet0/0/3
 port hybrid pvid vlan 2
 port hybrid untagged vlan 2
#
interface GigabitEthernet0/0/4
```

```
   port hybrid pvid vlan 3
   port hybrid untagged vlan 3
 #
 #
```

2. 基于思科设备实现的 VLAN 之间的通信

基于多路由器端口的 VLAN 之间的通信（基于思科设备实现）如图 11-17 所示，路由器 Router0 的两个端口分别连接交换机 Switch0 的两个 VLAN，并为两个 VLAN 内的设备提供网关服务。

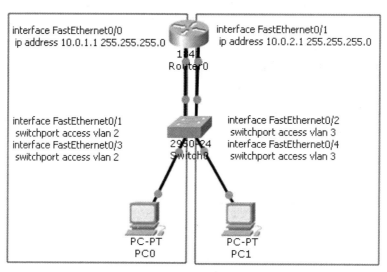

图 11-17　基于多路由器端口的 VLAN 之间的通信（基于思科设备实现）

Router0 上的业务相关配置如下：

```
!
!
hostname Router0
!
!
interface FastEthernet0/0
  ip address 10.0.1.1 255.255.255.0
  duplex auto
  speed auto
!
interface FastEthernet0/1
  ip address 10.0.2.1 255.255.255.0
  duplex auto
  speed auto
!
!
```

Switch0 上的业务相关配置如下：

```
!
!
hostname Switch0
```

```
!
!
interface FastEthernet0/1
 switchport access vlan 2
!
interface FastEthernet0/2
 switchport access vlan 3
!
interface FastEthernet0/3
 switchport access vlan 2
!
interface FastEthernet0/4
 switchport access vlan 3
!
!
```

11.14.2 基于单臂路由的 VLAN 之间的通信

基于单臂路由的 VLAN 之间的通信是通过启用路由器子端口和终结干线封装来实现的。

1. 基于华为设备实现的 VLAN 之间的通信

基于单臂路由的 VLAN 之间的通信（基于华为设备实现）如图 11-18 所示，交换机 LSW1 与路由器 AR1 相连的端口模式是中继模式或打标签的混合模式，在路由器 AR1 上启用子端口并终结 Dot1Q 封装。

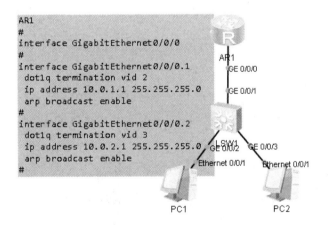

图 11-18　基于单臂路由的 VLAN 之间的通信（基于华为设备实现）

AR1 上的业务相关配置如下：

```
#
 sysname AR1
#
#
interface GigabitEthernet0/0/0
#
interface GigabitEthernet0/0/0.1
```

```
   dot1q termination vid 2
   ip address 10.0.1.1 255.255.255.0
   arp broadcast enable
#
interface GigabitEthernet0/0/0.2
   dot1q termination vid 3
   ip address 10.0.2.1 255.255.255.0
   arp broadcast enable
#
#
```

LSW1 上的业务相关配置如下：

```
#
  sysname LSW1
#
vlan batch 2 to 3
#
#
interface GigabitEthernet0/0/1
  port hybrid tagged vlan 2 to 3
#
interface GigabitEthernet0/0/2
  port hybrid pvid vlan 2
  port hybrid untagged vlan 2
#
interface GigabitEthernet0/0/3
  port hybrid pvid vlan 3
  port hybrid untagged vlan 3
#
#
```

2．基于思科设备实现的 VLAN 之间的通信

基于单臂路由的 VLAN 之间的通信（基于思科设备实现）如图 11-19 所示，交换机 Switch0 与路由器 Router0 相连的端口模式是中继模式，在路由器 Router0 上启用子端口并配置封装类型为 Dot1Q 封装。

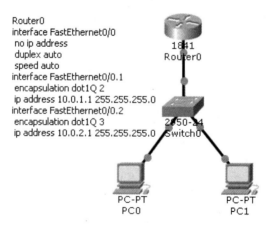

图 11-19　基于单臂路由的 VLAN 之间的通信（基于思科设备实现）

Router0 上的业务相关配置如下：

```
!
!
hostname Router0
!
!
interface FastEthernet0/0
 no ip address
 duplex auto
 speed auto
!
interface FastEthernet0/0.1
 encapsulation dot1Q 2
 ip address 10.0.1.1 255.255.255.0
!
interface FastEthernet0/0.2
 encapsulation dot1Q 3
 ip address 10.0.2.1 255.255.255.0
!
!
```

Switch0 上的业务相关配置如下：

```
!
!
hostname Switch0
!
!
interface FastEthernet0/1
 switchport trunk allowed vlan 2-3
 switchport mode trunk
!
interface FastEthernet0/2
 switchport access vlan 2
!
interface FastEthernet0/3
 switchport access vlan 3
!
!
```

11.14.3 基于三层交换机 SVI 的 VLAN 之间的通信

基于三层交换机 SVI 的 VLAN 之间的通信的实现原理在本质上与基于多路由器端口的 VLAN 之间的通信实现原理一样，相当于同一台路由器的不同端口连接不同的 VLAN，数据通过三层端口转发。这种实现方式在网络中比较常见。

1. 基于华为设备实现的 VLAN 之间的通信

基于三层交换机 SVI 的 VLAN 之间的通信（基于华为设备实现）如图 11-20 所示，交换机 LSW1 连接两个 VLAN，并在交换机上启用两个 VLAN 的 SVI，实现两个 VLAN 的互通。

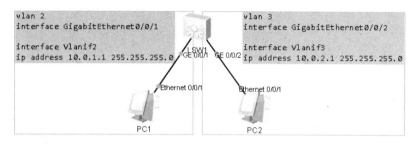

图 11-20　基于三层交换机 SVI 的 VLAN 之间的通信（基于华为设备实现）

LSW1 上的业务相关配置如下：
```
#
sysname LSW1
#
vlan batch 2 to 3
#
#
interface Vlanif2
  ip address 10.0.1.1 255.255.255.0
#
interface Vlanif3
  ip address 10.0.2.1 255.255.255.0
#
#
interface GigabitEthernet0/0/1
  port hybrid pvid vlan 2
  port hybrid untagged vlan 2
#
interface GigabitEthernet0/0/2
  port hybrid pvid vlan 3
  port hybrid untagged vlan 3
#
```

2．基于思科设备实现的 VLAN 之间的通信

基于三层交换机 SVI 的 VLAN 之间的通信（基于思科设备实现）如图 11-21 所示，交换机 Switch0 连接两个 VLAN，并在交换机上启用两个 VLAN 的 SVI，实现两个 VLAN 的互通。

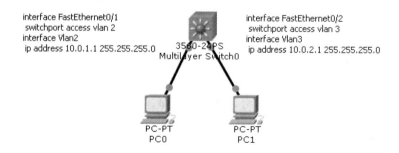

图 11-21　基于三层交换机 SVI 的 VLAN 之间的通信（基于思科设备实现）

Switch0 上的业务相关配置如下：

```
!
!
hostname Switch0
!
!
ip routing
!
!
interface FastEthernet0/1
  switchport access vlan 2
!
interface FastEthernet0/2
  switchport access vlan 3
!
!
interface Vlan2
  ip address 10.0.1.1 255.255.255.0
!
interface Vlan3
  ip address 10.0.2.1 255.255.255.0
!
!
```

11.14.4　在网络对接时使用 SVI 与将物理端口设置为网络层端口的区别

作者有这样一个问题在某问答网站被问到过：在三层交换机上使用 SVI 与将物理端口设置为网络层端口有什么区别？

对于数据封装来说两者并没有本质的区别。

启用 SVI 后，三层交换机在接收到数据帧时，首先会检查数据帧的目的 MAC 地址，以确定是否需要送往网络层处理，目的 MAC 地址与接收端口 MAC 地址相同的单播、组播或广播的目的 MAC 地址数据帧，都需要送往网络层处理，处理的过程与直接启用网络层端口（三层端口）相同。对于数据帧的目的 MAC 地址与接收端口的 MAC 地址不相同的单播，这意味着数据帧需要送往同广播域内的其他设备，进行二层转发，交换机会查询 MAC 地址表或进行洪泛（Flooding）。这与终端设备通过二层交换机与路由器相连的数据处理过程基本相同。

将物理端口设置为网络层端口，相当于将三层交换机变成了路由器或终端设备，端口不会收到目的 MAC 地址不是自己的数据帧，在此端口下不再考虑二层转发的问题。设备在接收到广播帧、组播帧和目的 MAC 地址是接收端口 MAC 地址的数据帧时，会去掉二层报头，并根据数据帧的类型和服务标志送往上层处理。例如，Ethernet Type 值为 0x0800 的数据帧，会在去掉以太网帧的封装后送给 IPv4；Ethernet Type 值为 0x86dd 的数据帧，会在去掉以太网帧的封装后送给 IPv6；Ethernet Type 值为 0x0806 的数据帧，会在去掉以太网帧的封装后送给 ARP；Ethernet Type 值为 0x8100 的数据帧，会在去掉以太网帧的封装后送给 Dot1Q。

在 VLAN 仅有一个物理端口的情况下启用 SVI，其数据处理过程在本质上与直接将物理端口设置为网络层端口并没有什么区别。

另外，思科的三层交换机因为对 CEF 特性的支持，与上面的过程稍有不同，还需要邻接表（Adjacency Tables）的参与，而邻接表的构建需要借助于 ARP。

对于运行生成树协议（STP）来说，区别就大了。

使用 SVI 后，与 STP 相关的网桥协议数据单元（Bridge Protocol Data Unit，BPDU）并没有被隔离，一个网络中的 TC 或 TCN 报文仍然会转发到另外一个网络中，这可能会导致网络不稳定或部分网络流量未得到最优转发甚至丢弃。将物理端口设置成网络层端口后，将不在接收处理与 STP 相关的报文，可以达到分割生成树规模的效果。因此在使用三层交换机对接网络时，强烈建议将物理端口设置成网络层端口，直接在物理端口中配置 IP 地址。

关于数据在网络中的处理过程，请参考本书第 2 章。有关 STP 的内容，请参考本书第 14 章。

11.15 思考题

（1）VLAN 的目的是分割广播域，广播域是否越小越好？为什么？

（2）两台直接相连的交换机，其端口设置为接入模式，但 VLAN ID 不同，通信能否正常？为什么？

（3）当多个 VLAN 的数据在同一条链路传输时，该如何处理？

（4）在通过 VLAN 相互隔离的网络中如何实现相互通信？有哪些手段或方式？

（5）多个 VLAN 是否可以共用一个三层端口？如何实现？

（5）一个 VLAN 对应一个三层端口与对应多个三层端口相比，有什么区别？会带来什么影响？

（6）4096 个 VLAN ID 在网络中是否够用？如果不够用怎么办？

第 12 章
QinQ

12 bit 的 VLAN ID 不够用，该怎么办呢？

12.1 概述

在 Ethernet II 数据帧中，VLAN Tag 占 12 bit，理论上可用的 VLAN ID 有 2^{12} 个，即 4096 个。也就是我们常所说的有 4000 多个 VLAN ID 可供使用，但实际上在思科设备上使用 ISL 封装时，可能只有 1000 个 VLAN ID 可供使用。在城域网等大型网络中，4000 多个 VLAN ID 是不够用的，为了解决 VLAN ID 资源不足的问题，IEEE 提出了 VLAN 套 VLAN 的方式，即每个外层 VLAN 中还可以有 4094 个内层 VLAN，这就是我们常说的 QinQ（802.1Q in 802.1Q）。QinQ 在 802.1Q Tag 的基础上再封装一层 802.1Q Tag，形成一个二层隧道，在有效地解决 VLAN ID 不够用的同时，还可以把运营商网络与客户网络、不同客户网络的业务隔离开。

QinQ 在网络中主要解决两个问题：
- VLAN ID 不够用；
- 提供一个简易的数据链路层（二层）隧道。

落实在技术实现上可以归结为两点：
- QinQ 封装，在内层 VLAN 的基础上再封装外层 VLAN；
- QinQ 终结，QinQ 封装后直接上送到三层端口。

QinQ 技术的应用场景多数是城域网，不论采用默认封装，还是基于内层 VLAN 的封装，都可以解决 VLAN ID 不够用的问题，以及达到隔离不同用户业务的目的。

当多层封装的数据帧到达用户侧时，需要终结 QinQ，不论一次终结一层 VLAN Tag，还是一次终结两层 VLAN Tag，都是通过子端口实现的。只有去掉封装的数据帧，才能被三层端口接收。

12.2 QinQ 帧格式

802.1Q in 802.1Q 简称 QinQ，就是在 802.1Q 的上面再封装一层 802.1Q。由此我们可以容易想象出 QinQ 的结构。原来的 VLAN Tag 标识的 VLAN，我们把它称为内层或客户 VLAN，记为 C-VLAN；再一次添加的 VLAN Tag 标识，我们把它称为外层 VLAN 或运营商网络的

VLAN，记为 S-VLAN。QinQ 封装如图 12-1 所示。

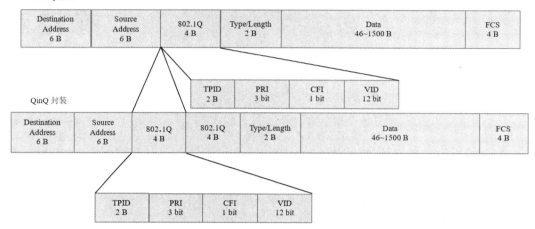

图 12-1　QinQ 封装

根据 QinQ 封装可知，可以给 VLAN 数据帧打上多个 802.1Q Tag（多次封装 802.1Q），实际上也的确如此。标签的个数仅受帧长度的影响。在网络中有这样的应用时，就可以再次以指数级扩大可用的 VLAN ID 数量。

12.3 基于默认封装的 QinQ 应用

在交换机的某个端口，不管收到什么数据，都给其打上一个固定的外层 VLAN Tag（封装 VLAN Tag），只有包含此 VLAN Tag 的数据帧才会通过此端口转发出去，出去的时候去掉这个外层 VLAN Tag，并不关心内层 VLAN 的 VLAN ID 等信息。

12.3.1　基于默认封装和华为设备的 QinQ 应用

1．实验介绍

基于默认封装和华为设备的 QinQ 应用如图 12-2 所示，两个企业网络使用相同的 VLAN 和地址空间，通过由交换机 LSW1 和交换机 LSW2 构成的运营商网络与分部互联，两个企业网络的业务不能受到影响。为企业网络 1 进入运营商网络的数据封装外层 VLAN 10，为企业网络 2 进入运营商网络的数据封装外层 VLAN 20，出运营商网络时再剥离 VLAN Tag，即可满足业务需要。

2．配置实现

这是一个基于默认封装的典型 QinQ 应用。在交换机的端口 GE 0/0/3 上，企业网络 1 和企业网络 2 的两台交换机按常规的业务配置即可，VLAN Tag 相关的配置工作在两台运营商网络交换机上进行。

在两台运营商网络交换机的用户端口上配置默认封装，在连接企业网络 1 的端口 GE 0/0/2 时，为进来的数据封装上 VLAN 10 的外层 Tag；在连接企业网络 1 的端口 GE 0/0/3 时，为企业网络 2 的数据封装上 VLAN 20 的外层 Tag。如在连接企业网络 1 的端口 GE 0/0/1 时执行如下命令：

```
[lsw1-GigabitEthernet0/0/2]port link-type dot1q-tunnel
[lsw1-GigabitEthernet0/0/2]port default vlan 10
```

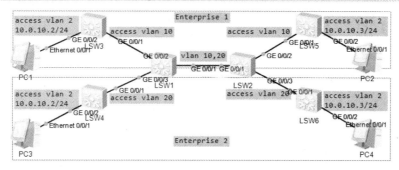

图 12-2 基于默认封装和华为设备的 QinQ 应用

在两台运营商网络交换机的内部端口上，配置端口为中继模式或混合模式，允许 VLAN 10 和 VLAN 20 通过，配置命令如下。

中继模式的配置命令为：

```
[lsw1-GigabitEthernet0/0/1]port link-type trunk
[lsw1-GigabitEthernet0/0/1]port trunk allow-pass vlan 10 20
```

混合模式的配置命令为：

```
[lsw1-GigabitEthernet0/0/1]port link-type hybrid
[lsw1-GigabitEthernet0/0/1]port hybrid tagged vlan 10 20
```

3. 相关配置

LSW1 上的业务相关配置如下：

```
#
sysname LSW1
#
vlan batch 10 20
#
#
interface GigabitEthernet0/0/1
 port hybrid tagged vlan 10 20
#
interface GigabitEthernet0/0/2
 port link-type dot1q-tunnel
 port default vlan 10
#
interface GigabitEthernet0/0/3
 port link-type dot1q-tunnel
 port default vlan 20
#
```

LSW2 上的业务相关配置如下：

```
#
sysname LSW2
#
vlan batch 10 20
```

```
#
#
interface GigabitEthernet0/0/1
 port hybrid tagged vlan 10 20
#
interface GigabitEthernet0/0/2
 port link-type dot1q-tunnel
 port default vlan 10
#
interface GigabitEthernet0/0/3
 port link-type dot1q-tunnel
 port default vlan 20
#
```

LSW3 上的业务相关配置如下：

```
#
sysname LSW3
#
vlan batch 2
#
#
interface GigabitEthernet0/0/1
 port hybrid pvid vlan 2
 port hybrid untagged vlan 2
#
interface GigabitEthernet0/0/2
 port hybrid pvid vlan 2
 port hybrid untagged vlan 2
#
```

LSW4 上的业务相关配置如下：

```
#
sysname LSW4
#
vlan batch 2
#
#
interface GigabitEthernet0/0/1
 port hybrid pvid vlan 2
 port hybrid untagged vlan 2
#
interface GigabitEthernet0/0/2
 port hybrid pvid vlan 2
 port hybrid untagged vlan 2
#
```

LSW5 上的业务相关配置如下：

```
#
sysname LSW5
#
vlan batch 2
#
#
interface GigabitEthernet0/0/1
```

```
  port hybrid pvid vlan 2
  port hybrid untagged vlan 2
#
interface GigabitEthernet0/0/2
  port hybrid pvid vlan 2
  port hybrid untagged vlan 2
#
```

LSW6 上的业务相关配置如下：

```
#
sysname LSW6
#
vlan batch 2
#
#
interface GigabitEthernet0/0/1
  port hybrid pvid vlan 2
  port hybrid untagged vlan 2
#
interface GigabitEthernet0/0/2
  port hybrid pvid vlan 2
  port hybrid untagged vlan 2
#
```

4．验证

分别在 PC1 和 PC3 上分别 ping 各自的企业网络的内部地址 10.0.10.3，同时在 LSW1 与 LSW2 之间进行抓包。在 PC1 上 ping 10.0.10.3 时，封装的外层 VLAN 的 ID 是 10。验证 VLAN 10 的 QinQ 封装如图 12-3 所示。

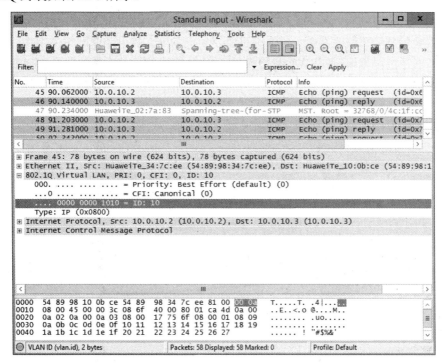

图 12-3　验证 VLAN 10 的 QinQ 封装

在 PC3 上 ping 10.0.10.3 时，封装的外层 VLAN 的 ID 是 20，如图 12-4 所示。

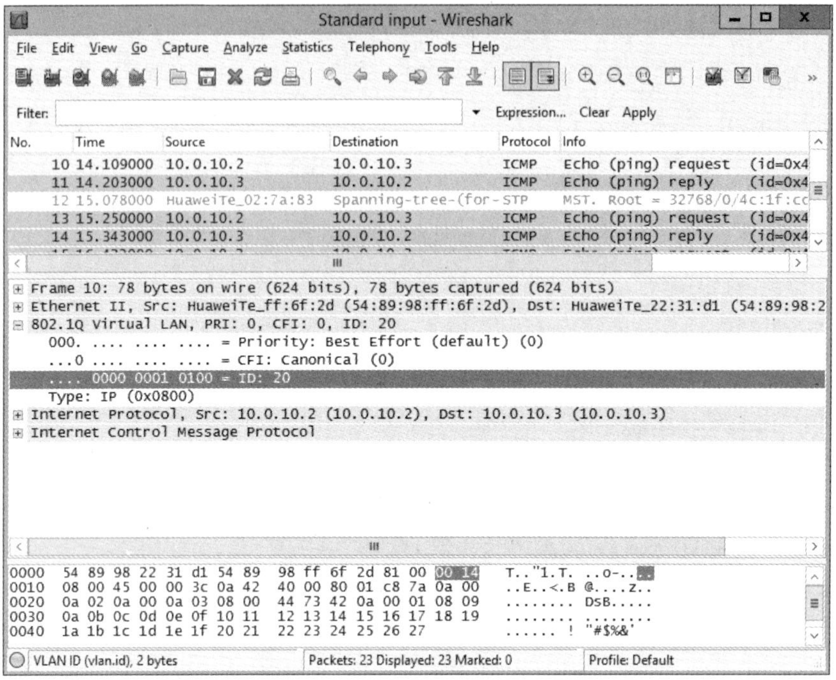

图 12-4　验证 VLAN 20 的 QinQ 封装

12.3.2　基于默认封装和思科设备的 QinQ 应用

1．实验介绍

基于默认封装和思科设备的 QinQ 应用如图 12-5 所示，两个企业网络使用相同的 VLAN 和地址空间，通过由交换机 LSW1 和交换机 LSW2 构成的运营商网络与分部互联，两个企业网络的业务不能受到影响。为企业网络 1 进入运营商网络的数据封装外层 VLAN 10，为企业网络 2 进入运营商网络的数据封装外层 VLAN 20，出运营商网络时再剥离 VLAN Tag，可满足业务实现要求。

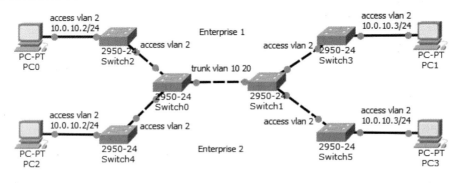

图 12-5　基于默认封装和思科设备的 QinQ 应用

2．配置实现

思科网络模拟器 Cisco Packet Tracer Student（Version 6.2.0.0052）并不支持做这个实验，

思科 C4500 以上的交换机才支持这个特性。建议使用 GNS3 等模拟环境。

基于思科设备的实现与基于华为设备的实现思路是一样的，不同的是要执行的命令。在这个实验中，需要在 Switch0 和 Switch1 连接用户的端口上执行如下命令：

```
Switch0(config)#int fa 0/2
Switch0(config-if)#switchport mode dot1q-tunnel
Switch0(config-if)#switchport access vlan 10
```

将 Switch0 和 Switch1 的内部端口配置成中继模式，允许 VLAN 10 和 20 通过，配置命令如下：

```
Switch0(config)#int fa 0/1
Switch0(config-if)#switchport mode trunk
Switch0(config-if)#switchport trunk allowed vlan 10,20
```

12.4 基于 VLAN 封装的 QinQ 应用

在运营商网络对接客户的设备上，即运营商网络边缘（Provider Edge，PE）设备上，与用户对接的端口可能不止一个用户或不止一个 VLAN，这就需要根据不同的内层 VLAN ID，打上相应的外层 VLAN Tag。

对于交换机来说，只有我们期望的 VLAN，才给打上一个合适的外层 VLAN Tag，在出交换机时再去掉外层 VLAN Tag。只有进入交换机的数据帧才关心内层 VLAN ID，出交换机的数据帧并不关心内层 VLAN ID。

1. 实验介绍

基于 VLAN 封装和华为设备的 QinQ 应用如图 12-6 所示，运营商网络由交换机 LSW1 和 LSW2 组成，两个企业网络采用相同的 VLAN 和地址空间，要求通过相同的设备转发数据帧而不会相互冲突。交换机 LSW1 的端口 GE 0/0/2 连接企业网络 1，需要为企业网络 1 的 VLAN 2 和 VLAN 3 封装外层 VLAN 10；交换机 LSW1 的端口 GE 0/0/3 连接企业网络 2，需要为企业网络 2 的 VLAN 2 和 VLAN 3 封装外层 VLAN 20。

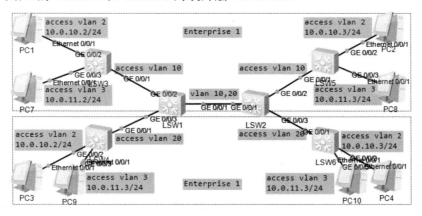

图 12-6　基于 VLAN 封装和华为设备的 QinQ 应用

在基于华为交换机进行这一实验时，要求实现基于 VLAN 封装的 QinQ 的交换机端口，其模式是必须是混合模式，并且在交换机上必须创建了相应的外层 VLAN。

2. 配置实现

在两台运营商网络交换机的用户端口上，配置基于特定 VLAN 的封装，只有期望的 VLAN 才封装指定的外层 VLAN，配置命令如下：

```
[lsw1-GigabitEthernet0/0/2] qinq vlan-translation enable
[lsw1-GigabitEthernet0/0/2] port hybrid untagged vlan 10
[lsw1-GigabitEthernet0/0/2] port vlan-stacking vlan 2 to 3 stack-vlan 10
```

在两台运营商网络交换机的内部端口上，将端口模式为中继模式或混合模式，允许外层 VLAN 通过，配置命令如下：

```
[lsw1-GigabitEthernet0/0/1]port hybrid tagged vlan 10 20
```

在企业网络交换机上，因为有多个 VLAN 需要通过运营商网络，实验需要将端口模式配置为中继模式或混合模式，并配置允许通过的 VLAN，配置命令如下：

```
[lsw1-GigabitEthernet0/0/1] port hybrid tagged vlan 2 to 3
```

3. 相关配置

LSW1 上的业务相关配置如下：

```
#
sysname LSW1
#
vlan batch 10 20
#
#
interface GigabitEthernet0/0/1
 port hybrid tagged vlan 10 20
#
interface GigabitEthernet0/0/2
 qinq vlan-translation enable
 port hybrid untagged vlan 10
 port vlan-stacking vlan 2 to 3 stack-vlan 10
#
interface GigabitEthernet0/0/3
 qinq vlan-translation enable
 port hybrid untagged vlan 20
 port vlan-stacking vlan 2 to 3 stack-vlan 20
#
```

LSW2 上的业务相关配置如下：

```
#
sysname LSW2
#
vlan batch 10 20
#
#
interface GigabitEthernet0/0/1
 port hybrid tagged vlan 10 20
#
interface GigabitEthernet0/0/2
 qinq vlan-translation enable
```

```
  port hybrid untagged vlan 10 20
  port vlan-stacking vlan 2 to 3 stack-vlan 10
#
interface GigabitEthernet0/0/3
  qinq vlan-translation enable
  port hybrid untagged vlan 20
  port vlan-stacking vlan 2 to 3 stack-vlan 20
#
```

LSW3 上的业务相关配置如下：

```
#
sysname LSW3
#
vlan batch 2 to 3
#
#
interface GigabitEthernet0/0/1
  port hybrid tagged vlan 2 to 3
#
interface GigabitEthernet0/0/2
  port hybrid pvid vlan 2
  port hybrid untagged vlan 2
#
interface GigabitEthernet0/0/3
  port hybrid pvid vlan 3
  port hybrid untagged vlan 3
#
```

LSW4 上的业务相关配置如下：

```
#
sysname LSW4
#
vlan batch 2 to 3
#
#
interface GigabitEthernet0/0/1
  port hybrid tagged vlan 2 to 3
#
interface GigabitEthernet0/0/2
  port hybrid pvid vlan 2
  port hybrid untagged vlan 2
#
interface GigabitEthernet0/0/3
  port hybrid pvid vlan 3
  port hybrid untagged vlan 3
#
```

LSW5 上的业务相关配置如下：

```
#
sysname LSW5
```

```
#
vlan batch 2 to 3
#
#
interface GigabitEthernet0/0/1
 port hybrid tagged vlan 2 to 3
#
interface GigabitEthernet0/0/2
 port hybrid pvid vlan 2
 port hybrid untagged vlan 2
#
interface GigabitEthernet0/0/3
 port hybrid pvid vlan 3
 port hybrid untagged vlan 3
#
```

LSW6 上的业务相关配置如下：

```
#
sysname LSW6
#
vlan batch 2 to 3
#
#
interface GigabitEthernet0/0/1
 port hybrid tagged vlan 2 to 3
#
interface GigabitEthernet0/0/2
 port hybrid pvid vlan 2
 port hybrid untagged vlan 2
#
interface GigabitEthernet0/0/3
 port hybrid pvid vlan 3
 port hybrid untagged vlan 3
#
```

4. 验证

分别在 PC1 和 PC7 上分别 ping 各自企业网络的内部地址 10.0.10.3；在 PC3 和 PC9 上分别 ping 各自企业网络的内部地址 10.0.11.3，并在 LSW1 与 LSW2 之间抓包，查看 QinQ 的封装情况。

在 PC1 上 ping 10.0.10.3 时，封装的内层 VLAN 的 ID 是 2，封装的外层 VLAN 的 ID 是 10，如图 12-7 所示。

在 PC7 上 ping 10.0.11.3 时，封装的内层 VLAN 的 ID 是 3，封装的外层 VLAN 的 ID 是 10，如图 12-8 所示。

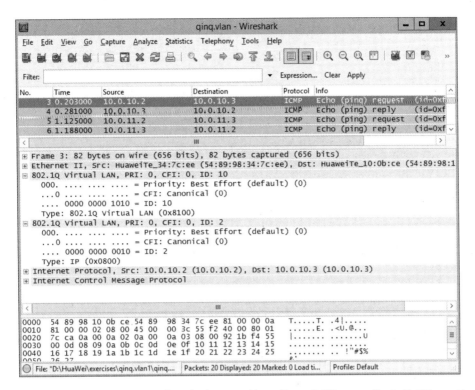

图 12-7　两层 VLAN 封装（内层 VLAN 的 ID 是 2、外层 VLAN 的 ID 是 10）

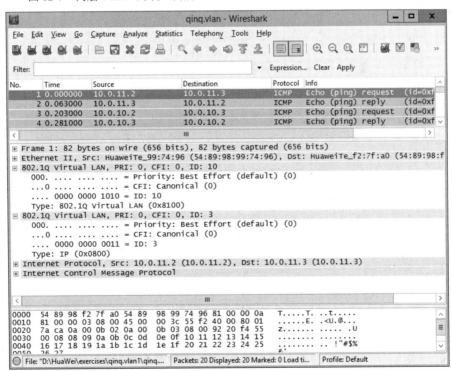

图 12-8　两层 VLAN 封装（内层 VLAN 的 ID 是 3、外层 VLAN 的 ID 是 10）

在 PC3 上 ping 10.0.10.3 时，封装的内层 VLAN 的 ID 是 2，封装的外层 VLAN 的 ID 是 20，如图 12-9 所示。

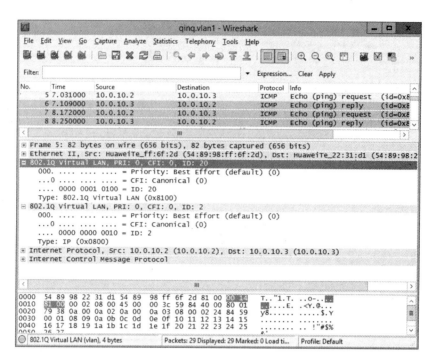

图 12-9　两层 VLAN 封装（内层 VLAN 的 ID 是 2、外层 VLAN 的 ID 是 20）

在 PC9 上 ping 10.0.11.3 时，封装的内层 VLAN 的 ID 是 3，封装的外层 VLAN 的 ID 是 20，如图 12-10 所示。

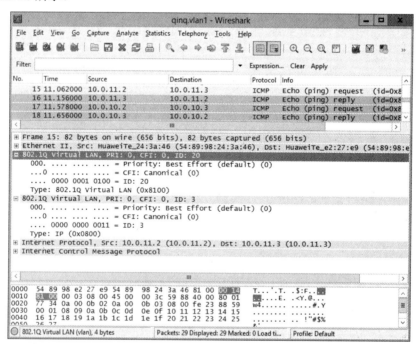

图 12-10　两层 VLAN 封装（内层 VLAN 的 ID 是 3、外层 VLAN 的 ID 是 20）

作者在思科的技术文档中未看到对这一特性的支持，因此本节没有在思科设备上进行实验。

12.5 QinQ 终结

一般情况下，网络设备在处理带有 VLAN Tag 的数据帧时，需要将 VLAN Tag 剥离掉之后才送往网络层处理。在某些场景下，我们也需要将带有 VLAN Tag 的数据帧直接送往网络层处理，这就会用到 Dot1Q（802.1Q）Termination 或 QinQ Termination。

从运营商网络过来的数据携带了 VLAN Tag，直接上送到网络层处理。运营商网络通常会把带一层或两层 VLAN Tag 的数据帧传递给客户网络，在与之对接的客户网络设备上，需要同时终结掉一层或两层 VLAN Tag，这种情况下需要借助网络层接口，并创建不同的子端口，分别用来终结不同的单层 VLAN Tag，或根据外层 VLAN Tag，同时终结多层 VLAN Tag。

关于在路由器上终结一层 VLAN Tag，在 11.14.2 节也有相关介绍，有兴趣的读者可以查阅。

12.5.1 基于华为设备的 QinQ 终结

1. 实验介绍

基于华为设备的 QinQ 终结如图 12-11 所示，某企业的分公司网络与运营商网络的交换机 LSW2 相连，运营商网络将分公司的 VLAN 2 封装在运营商网络的 VLAN 10，将分公司的 VLAN 3 和 VLAN 4 封装在运营商网络的 VLAN 20。在运营商网络与企业总部网络接入侧的 LSW3 上，去掉外层 VLAN 10，只打一层 VLAN Tag（VLAN 2）；对于 VLAN 20，则保留两层 VLAN Tag，即内部的 VLAN 3 或 VLAN 4 和外部的 VLAN 20。在企业总部网络与运营商网络接入的端口，需要创建两个子端口，分别用来与 VLAN 2（已经去掉外层 VLAN 10）和运营商网络 VLAN 20（包含内层 VLAN 3 和 VLAN 4）对接。

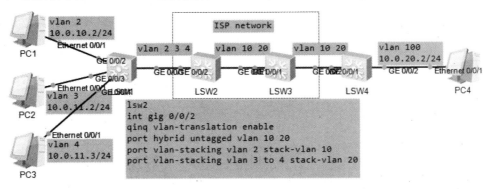

图 12-11 基于华为设备的 QinQ 终结

本节的实验目的是为演示终结一层 VLAN Tag 和终结两层 VLAN Tag，这两种场景在网络中是很常见的。

2. 配置实现

终结 VLAN Tag 的操作一般都是在客户侧设备上实现的，在本实验中就是 LSW4。在同一个物理端口中可以终结一层 VLAN Tag 或同时终结两层 VLAN Tag，但无论终结一层还是两层 VLAN Tag，都需要创建子端口。

一次终结一层 VLAN Tag 的配置如下：

```
[lsw4]int gig 0/0/1.1
[lsw4-GigabitEthernet0/0/1.1]ip address 10.0.10.1 255.255.255.0
```

一次终结两层 VLAN Tag 的配置如下：

```
[lsw4]int gig 0/0/1.2
[lsw4-GigabitEthernet0/0/1.2]qinq termination pe-vid 10 ce-vid 3 to 4
[lsw4-GigabitEthernet0/0/1.2]ip address 10.0.11.1 255.255.255.0
[lsw4-GigabitEthernet0/0/1.2]arp broadcast enable
```

3. 相关配置

LSW1 上的业务相关配置如下：

```
#
sysname LSW1
#
vlan batch 2 to 4
#
#
interface GigabitEthernet0/0/1
 port hybrid tagged vlan 2 to 4
#
interface GigabitEthernet0/0/2
 port hybrid pvid vlan 2
 port hybrid untagged vlan 2
#
interface GigabitEthernet0/0/3
 port hybrid pvid vlan 3
 port hybrid untagged vlan 3
#
interface GigabitEthernet0/0/4
 port hybrid pvid vlan 4
 port hybrid untagged vlan 4
#
```

LSW2 上的业务相关配置如下：

```
#
sysname LSW2
#
vlan batch 10 20
#
#
interface GigabitEthernet0/0/1
 port hybrid tagged vlan 10 20
#
interface GigabitEthernet0/0/2
 qinq vlan-translation enable
 port hybrid untagged vlan 10 20
 port vlan-stacking vlan 2 stack-vlan 10
```

```
  port vlan-stacking vlan 3 to 4 stack-vlan 20
#
```

LSW3 上的业务相关配置如下：

```
#
sysname LSW3
#
vlan batch 10 20
#
#
interface GigabitEthernet0/0/1
 port hybrid tagged vlan 10 20
#
interface GigabitEthernet0/0/2
 port hybrid pvid vlan 10
 port hybrid tagged vlan 20
 port hybrid untagged vlan 10
#
```

LSW4 上的业务相关配置如下：

```
#
sysname LSW4
#
vlan batch 100
#
#
interface Vlanif100
 ip address 10.0.20.1 255.255.255.0
#
#
interface GigabitEthernet0/0/1.1
 ip address 10.0.10.1 255.255.255.0
#
interface GigabitEthernet0/0/1.2
 qinq termination pe-vid 20 ce-vid 2 to 3
 ip address 10.0.11.1 255.255.255.0
 arp broadcast enable
#
interface GigabitEthernet0/0/2
 port hybrid pvid vlan 100
 port hybrid untagged vlan 100
#
```

4．验证

在本节的实验中，由于环境条件的限制，我们无法在此展示以上实验的抓包效果。作者曾经在相关项目中使用华为 S9300 交换机上应用过这一技术，虽然本节的实验没有实际的验证效果，但仍然可以向读者保证上面的实现是没有问题的。

我们通过抓包看一下 VLAN Tag 的封装吧！

在 LSW3 和 LSW4 之间抓包，可以看到 VLAN 2 只封装了一层 VLAN Tag；VLAN 3 和 VLAN 4 在外层 VLAN 20 封装了 VLAN Tag，分别如图 12-12、图 12-13 和图 12-14 所示。

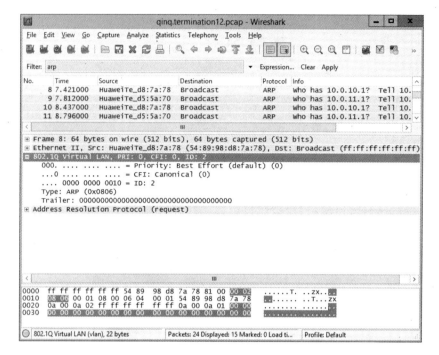

图 12-12　VLAN 2 只封装一层 VLAN Tag

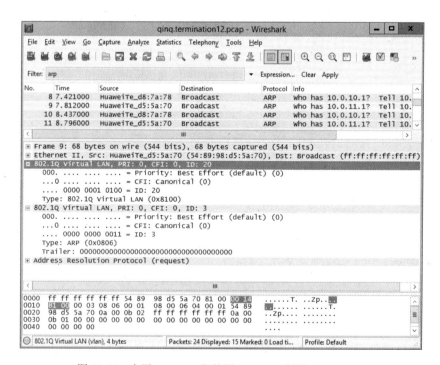

图 12-13　内层 VLAN 3 和外层 VLAN20 封装 VLAN Tag

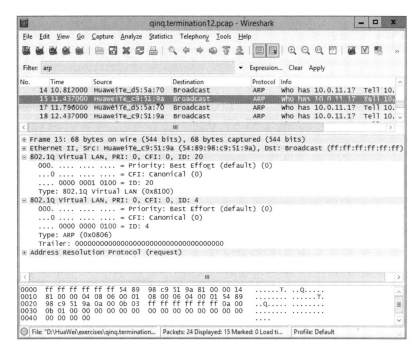

图 12-14　内层 VLAN 4 和外层 VLAN20 封装 VLAN Tag

12.5.2　基于思科设备的 QinQ 终结

思科设备支持一次终结一层 VLAN Tag 或两层 VLAN Tag，也是通过子端口实现的。但作者手头的思科网络模拟器 Cisco Packet Tracer Student（Version 6.2.0.0052）并不支持这个特性，无法搭建实验环境，只能给出相关配置，有条件的读者可以做一下实验。

本节以 12.5.1 节的实验拓扑为例，假设 LSW4 是一台思科设备，用户侧设备 LSW4 连接的运营商网络端口也是 GE 0/0/1。相关配置如下：

终结一层 VLAN Tag（由思科设备的单臂路由实现）的配置如下：

```
Router(config)# interface gigabitethernet0/0/1.1
Router(config-subif)# encapsulation dot1q 2
Router(config-subif)# ip address 10.0.10.1 255.255.255.0
```

终结两层 VLAN Tag 的配置如下：

```
Router(config)# interface gigabitethernet0/0/1.2
Router(config-subif)# encapsulation dot1q 20 second-dot1q 3-4
Router(config-subif)# ip address 10.0.11.1 255.255.255.0
```

对运营商网络侧设备与用户总部相连的端口进行配置，使该端口既可以带一层 VLAN Tag，又可以带两层 VLAN Tag，可以通过本征 VLAN（Native VLAN）中继模式实现。

假设 LSW3 是一台思科设备，是一台运营商网络的侧设备，它连接客户端侧设备的端口是 GE 0/0/2。相关配置如下：

```
Switch(config)#int gig 0/0/2
Switch(config-if)#switchport mode trunk
Switch(config-if)#switchport trunk native vlan 10
Switch(config-if)#switchport trunk allowed vlan 20
Switch(config-if)#
```

12.6 VLAN 映射

VLAN 映射（VLAN Mapping）其实就是修改 VLAN Tag 中的 VID 字段，通过映射的方式将一个或多个 VLAN 转换成另外一个 VLAN。可以对单层 VLAN 进行转换，也可以对多层 VLAN 进行转换，也就是说，通过 VLAN 映射，既可以修改单层 VLAN Tag 中的 VID 字段，也可以同时修改多层 VLAN Tag 中的 VID 字段。对于两层 VLAN Tag，可以只修改外层，也可以同时修改外层与内层。VLAN 映射有一对一映射、一对多映射、多对一映射、多对多映射等形式，可解决 VLAN ID 冲突和两网融合时的 VLAN ID 不一致等问题。

运营商网络可能同时会连接多个企业网络，其 VLAN ID 的规划可能存在相同情况，为了区分两个 VLAN ID 相同的企业网络的数据帧，可以在其中一个企业网络的数据帧进入运营商网络时，修改其 VLAN ID，在数据帧离开运营商网络时再改回来，这样就可以达到区分不同企业网络数据帧的目的。这种方式的好处是在 VLAN ID 充足的情况下，可在避免冲突同时，无须再增加一次 802.1Q 封装，不会增加数据帧的长度，它可以将一个或多个客户 VLAN（C-VLAN）映射为一个运营商网络 VLAN（S-VLAN），实际上只打一层 VLAN Tag，虽然不扩展 VLAN ID 范围，但可以提供隔离和隧道，减少了 4 B 的 802.1Q 封装。

VLAN 映射的另外一个应用是当两个企业网络合并时，需要对网络进行整合，原来规划了不同 VLAN ID，需要对将它们进行相互映射，以达到互联互通的目的。

12.6.1 基于华为设备的单层 VLAN 映射

修改 802.1Q 帧的 VID 字段，可以解决 VLAN ID 冲突和两网融合导致的 VLAN ID 不一致等问题。

1. 实验介绍

基于华为设备的单层 VLAN 映射如图 12-15 所示，本实验通过 VLAN 映射融合 VLAN 2 与 VLAN 3，使两个网络能够互联互通。这个实验稍加扩展后，就可以用于运营商网络的 VLAN ID 冲突场景。运营商网络通常会连接企业网络的两个甚至更多的分部，在某个分部的数据帧进入运营商网络时进行一次 VLAN 映射，在数据帧离开运营商网络时再映射回来。

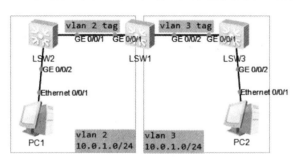

图 12-15 基于华为设备的单层 VLAN 映射

2. 配置实现

为了实现两个不同 VLAN 的互联互通，需要在互联的交换机上进行 VLAN 映射，并且在接入端口同时以打标签（Tagged）的方式加入映射前和映射后的 VLAN，要求参与 VLAN 映射的端口模式是中继模式或混合模式，因为只有这两种模式才能封装 VLAN Tag。配置一个端口的 VLAN 映射，可以使用如下命令：

```
<lsw1>system
Enter system view, return user view with Ctrl+Z.
[lsw1]int gig 0/0/1
[lsw1-GigabitEthernet0/0/1]qinq vlan-translation enable
[lsw1-GigabitEthernet0/0/1]port hybrid tagged vlan 2 to 3
[lsw1-GigabitEthernet0/0/1]port vlan-mapping vlan 2 map-vlan 3
[lsw1-GigabitEthernet0/0/1]quit
[lsw1]int gig 0/0/2
[lsw1-GigabitEthernet0/0/2]qinq vlan-translation enable
[lsw1-GigabitEthernet0/0/2]port link-type trunk
[lsw1-GigabitEthernet0/0/2]port trunk allow-pass vlan 2 to 3
[lsw1-GigabitEthernet0/0/2]port vlan-mapping vlan 3 map-vlan 2
[lsw1-GigabitEthernet0/0/2]
```

3. 相关配置

LSW1 上的业务相关配置如下：

```
#
sysname LSW1
#
vlan batch 2 to 3
#
#
interface GigabitEthernet0/0/1
 qinq vlan-translation enable
 port hybrid tagged vlan 2 to 3
 port vlan-mapping vlan 2 map-vlan 3
#
interface GigabitEthernet0/0/2
 qinq vlan-translation enable
 port link-type trunk
 port trunk allow-pass vlan 2 to 3
 port vlan-mapping vlan 3 map-vlan 2
#
#
```

LSW2 上的业务相关配置如下：

```
#
sysname LSW2
#
vlan batch 2
#
#
interface GigabitEthernet0/0/1
 port hybrid tagged vlan 2
#
```

```
interface GigabitEthernet0/0/2
 port hybrid pvid vlan 2
 port hybrid untagged vlan 2
#
#
```

LSW3 上的业务相关配置如下：

```
#
sysname LSW3
#
vlan batch 3
#
#
interface GigabitEthernet0/0/1
 port hybrid tagged vlan 3
#
#
interface GigabitEthernet0/0/2
 port hybrid pvid vlan 3
 port hybrid untagged vlan 3
#
#
```

4．验证

在 PC1 上 ping PC2，并在各条线路上进行抓包，查看 VLAN Tag 封装的变化情况。数据帧从 PC1 出来之后，且在进入交换机 LSW2 之前，没有封装 VLAN Tag，如图 12-16 所示。

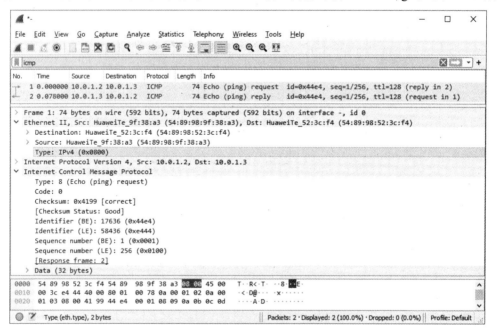

- 图 12-16　未封装 VLAN Tag 的数据帧

数据帧从 LSW2 出来后，且在进入交换机 LSW1 之前，对 VLAN 2 封装 802.1Q，如图 12-17 所示。

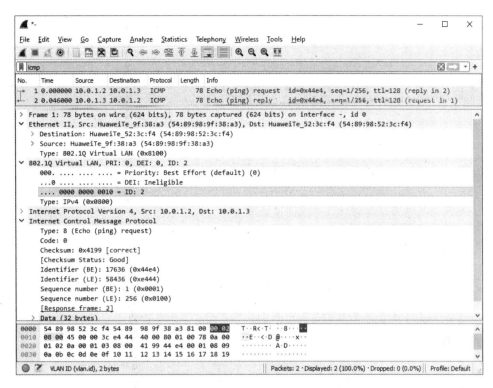

图 12-17　对 VLAN 2 封装 802.1Q

数据帧从 LSW1 出来后，且在进入交换机 LSW3 之前，对 VLAN 3 封装 802.1Q，如图 12-18 所示。

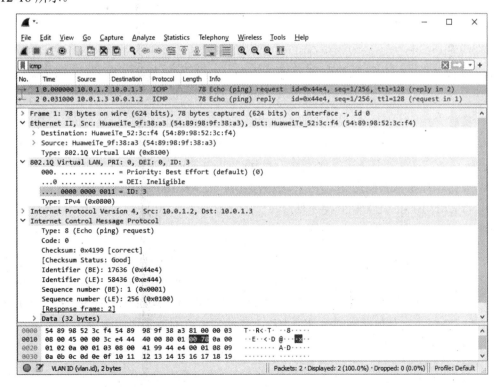

图 12-18　对 VLAN 3 封装 802.1Q

数据帧从 LSW3 出来后，且在进入 PC2 之前，去掉 VLAN 3 的 802.1Q 封装，如图 12-19 所示。

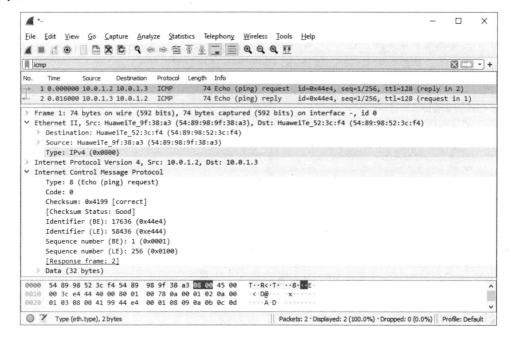

图 12-19　去掉 VLAN 3 的 802.1Q 封装

12.6.2　基于华为设备的多层 VLAN 映射

修改 QinQ 帧的外层 VLAN Tag 中的 VID 字段或外层与内层 VLAN Tag 中的 VID 字段，可以解决 VLAN ID 冲突或网络融合时 VLAN ID 不一致的问题。前几节的实验只修改外层 VLAN Tag 中的 VID 字段，虽然解决了 VLAN ID 不够用的问题，但没有解决 VLAN ID 冲突的问题。

1．实验介绍

基于华为设备的多层 VLAN 映射如图 12-20 所示，通过修改 QinQ 帧的外层 VLAN Tag 中的 VID 字段，解决了企业网络外层 VLAN ID 与运营商网络 VLAN ID 的冲突问题。LSW9 与 LSW10 用于模拟运营商网络，在运营商网络内，VLAN 100 使用外层 VLAN Tag；在用户网络内，VLAN 10 和 VLAN 20 使用外层 VLAN Tag。

2．配置实现

LSW9 和 LSW10 用于模拟运营商网络，因此重点配置这两台交换机。LSW9 的端口 GE 0/0/2 需要开启 VLAN 转换（VLAN Translation），因此将这个端口的模式设置为混合模式，并对所有需要通过的数据帧封装内层 VLAN Tag 和外层 VLAN Tag。LSW9 的端口 GE 0/0/1 要与内部网络相连，对数据帧封装外层 VLAN Tag 即可。业务实现的命令如下：

```
<lsw9>system
Enter system view, return user view with Ctrl+Z.
[lsw9]int gig 0/0/2
[lsw9-GigabitEthernet0/0/2] qinq vlan-translation enable
```

```
[lsw9-GigabitEthernet0/0/2] port hybrid tagged vlan 10 20 100 200
[lsw9-GigabitEthernet0/0/2] port vlan-mapping vlan 10 map-vlan 100
[lsw9-GigabitEthernet0/0/2] port vlan-mapping vlan 20 map-vlan 200
[lsw9-GigabitEthernet0/0/2] quit
[lsw9]int gig 0/0/1
[lsw9-GigabitEthernet0/0/1] port hybrid tagged vlan 100 200
[lsw9-GigabitEthernet0/0/1]
```

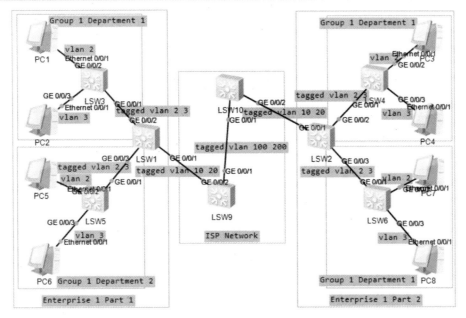

图 12-20　基于华为设备的多层 VLAN 映射

3. 相关配置

LSW1 上的业务相关配置如下：

```
#
sysname LSW1
#
vlan batch 2 to 3 10 20
#
#
interface GigabitEthernet0/0/1
 port hybrid tagged vlan 10 20
#
interface GigabitEthernet0/0/2
 qinq vlan-translation enable
 port hybrid untagged vlan 10
 port vlan-stacking vlan 2 to 3 stack-vlan 10
#
interface GigabitEthernet0/0/3
 qinq vlan-translation enable
 port hybrid tagged vlan 20
 port vlan-stacking vlan 2 to 3 stack-vlan 20
```

```
#
#
```

LSW2 上的业务相关配置如下：
```
#
sysname LSW2
#
vlan batch 2 to 3 10 20
#
#
interface GigabitEthernet0/0/1
 port hybrid tagged vlan 10 20
#
interface GigabitEthernet0/0/2
 qinq vlan-translation enable
 port hybrid untagged vlan 10
 port vlan-stacking vlan 2 to 3 stack-vlan 10
#
interface GigabitEthernet0/0/3
 qinq vlan-translation enable
 port hybrid tagged vlan 20
 port vlan-stacking vlan 2 to 3 stack-vlan 20
#
#
```

LSW3 上的业务相关配置如下：
```
#
sysname LSW3
#
vlan batch 2 to 3 10
#
#
interface GigabitEthernet0/0/1
 port hybrid tagged vlan 2 to 3
#
interface GigabitEthernet0/0/2
 port hybrid pvid vlan 2
 port hybrid untagged vlan 2
#
interface GigabitEthernet0/0/3
 port hybrid pvid vlan 3
 port hybrid untagged vlan 3
#
```

LSW4 上的业务相关配置如下：
```
#
sysname LSW4
#
vlan batch 2 to 3 10
#
```

```
#
interface GigabitEthernet0/0/1
 port hybrid tagged vlan 2 to 3
#
interface GigabitEthernet0/0/2
 port hybrid pvid vlan 2
 port hybrid untagged vlan 2
#
interface GigabitEthernet0/0/3
 port hybrid pvid vlan 3
 port hybrid untagged vlan 3
#
#
```

LSW5 上的业务相关配置如下：

```
#
sysname LSW5
#
vlan batch 2 to 3 20
#
#
interface GigabitEthernet0/0/1
 qinq vlan-translation enable
 port vlan-stacking vlan 2 to 3 stack-vlan 20
#
interface GigabitEthernet0/0/2
 port hybrid pvid vlan 2
 port hybrid untagged vlan 2
#
interface GigabitEthernet0/0/3
 port hybrid pvid vlan 3
 port hybrid untagged vlan 3
#
```

LSW9 上的业务相关配置如下：

```
#
sysname LSW9
#
vlan batch 10 20 100 200
#
#
interface GigabitEthernet0/0/1
 port hybrid tagged vlan 100 200
#
interface GigabitEthernet0/0/2
 qinq vlan-translation enable
 port hybrid tagged vlan 10 20 100 200
 port vlan-mapping vlan 10 map-vlan 100
 port vlan-mapping vlan 20 map-vlan 200
```

```
#
#
```

LSW10 上的业务相关配置如下：

```
#
sysname LSW10
#
vlan batch 10 20 100 200
#
#
interface GigabitEthernet0/0/1
 port hybrid tagged vlan 100 200
#
interface GigabitEthernet0/0/2
 qinq vlan-translation enable
 port hybrid tagged vlan 10 20 100 200
 port vlan-mapping vlan 10 map-vlan 100
 port vlan-mapping vlan 20 map-vlan 200
#
#
```

4．验证

在 PC1 上 ping PC3，在与交换机相连的端口抓包，检查 VLAN Tag 的封装情况。数据帧从 PC1 出来后，且在进入交换机 LSW3 之前，没有封装 VLAN Tag，如图 12-21 所示。

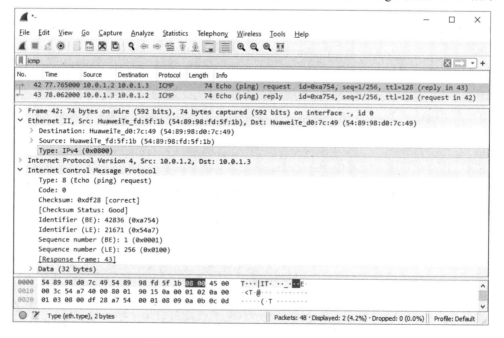

图 12-21　没有封装 VLAN Tag 的数据帧

数据帧从 LSW3 出来后，且在进入交换机 LSW1 之前，对 VLAN 2 封装 VLAN Tag，如图 12-22 所示。

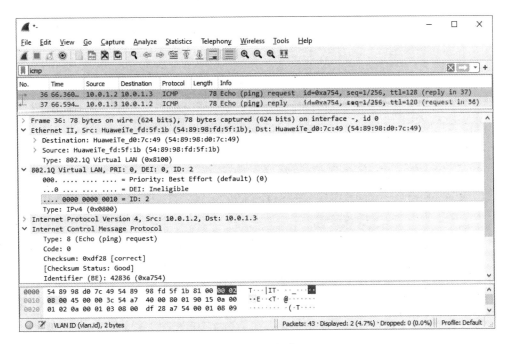

图 12-22 对 VLAN 2 封装 VLAN Tag

数据帧从 LSW1 出来，且在进入交换机 LSW9 之前，对 VLAN 10 封装外层 VLAN Tag，如图 12-23 所示。

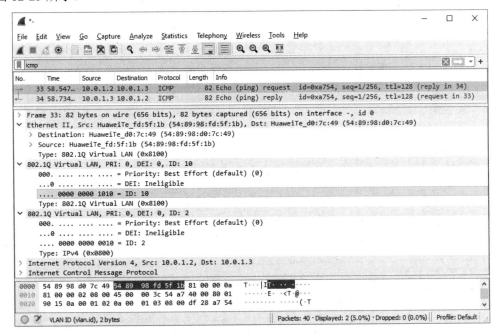

图 12-23 对 VLAN 10 封装外层 VLAN Tag

数据帧从 LSW9 出来后，且在进入交换机 LSW10 之前，对 VLAN 10 封装 VLAN Tag，被修改成 VLAN 100，内层 VLAN 不变，如图 12-24 所示。

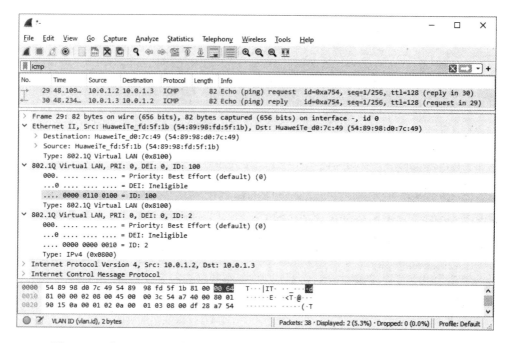

图 12-24　对 VLAN 10 封装 VLAN Tag，被修改成 VLAN 100，内层 VLAN 不变

数据帧从 LSW10 出来后，且在进入交换机 LSW2 之前，对 VLAN 100 封装外层 VLAN Tag，被修改回 VLAN 10，如图 12-25 所示。

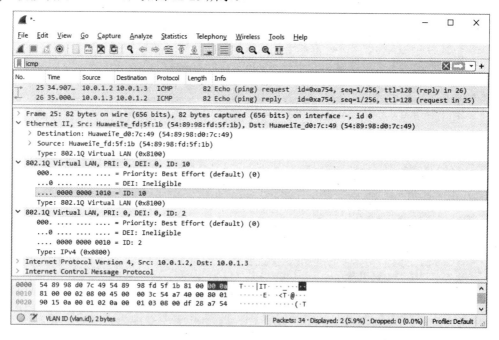

图 12-25　对 VLAN 100 封装外层 VLAN Tag，被修改回 VLAN 10

数据帧从 LSW2 出来后，且在进入交换机 LSW4 之前，去掉外层 VLAN Tag 封装，只对 VLAN 2 封装内层 VLAN Tag，如图 12-26 所示。

数据帧从 LSW4 出来后，且在进入用户计算机 PC3 之前，去掉内层 VLAN Tag 封装，如图 12-27 所示。

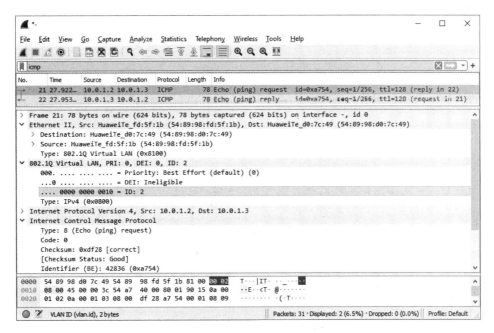

图 12-26　去掉外层 VLAN Tag 封装，只对 VLAN 2 封装内层 VLAN Tag

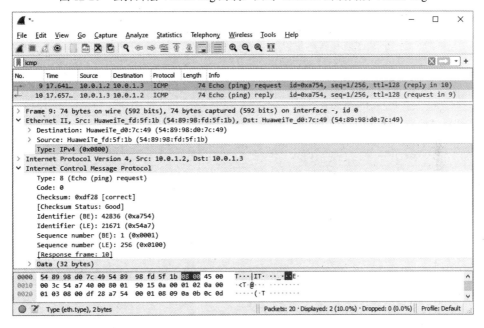

图 12-27　去掉内层 VLAN Tag 封装

12.7 思考题

（1）4096 个 VLAN ID 在网络中是否够用？如果不够用该怎么办？

（2）是否可以对数据帧封装两层甚至更多层的标签？为什么？

（3）当 VLAN ID 不一致时是否可以通信？如何实现？

第 13 章 Bonding

为了提高链路的可靠性,我们想到了链路冗余的办法。但如何在提高链路可靠性的同时又避免环路呢?

13.1 概述

为了在提高链路的带宽和可靠性的同时避免环路,研究人员开发出了 Bonding 这个功能。

将多个网络端口加入一个链路聚合组中,然后基于链路聚合组再抽象出一个聚合网络端口(聚合端口),聚合端口对上层来说与普通的网络端口并没有什么不同,但多个成员端口共同承担聚合端口的业务流量,使聚合端口拥有更大的带宽和更高的可靠性,同时还可以避免两台设备直接用多条链路连接所产生的环路问题。

Bonding 在不同的厂家和应用场景下有不同的叫法,这里将这些不同叫法列出来,目的是希望读者在进行工作对接时不会因此迷茫。

(1) 在思科的技术文档中将该功能称为 Ethernet Channel、Port-Channel、Channel-Group 或 Etherchannel。在思科早期的交换机中又称为 Bundle(集束)。思科设备实现这一功能的协议有链路聚合控制协议(Link Aggregation Control Protocol,LACP)和端口聚合协议(Port Aggregation Protocol,PAgP),其中 PAgP 是思科的私有协议。

(2) 在华为的技术文档中将该功能称为 Eth-Trunk。

(3) 在华三的技术文档中将该功能称为 Link-Aggregation、Bridge-Aggregation 或 IP-Aggregation。

(4) 在 Linux 系统上有两种叫法,最早是 Bonding,与中文绑定谐音,这也是最常用的叫法,综合各种文献看,这也可能是这一功能的起源,但作者没有找到有力证据,不敢妄言。在 RHEL 7.0、Kernel 3.10.0 及以后的版本中,Linux 系统增加了对 Team 的支持,Team 的配置方式与 Bonding 基本一样,只是在创建设备类型时要使用 Team,添加成员网卡的操作和 Bonding 一样,但 Team 支持特性明显比 Bonding 要多。RedHat 在官网中介绍了 Bonding 与 Team 的区别,该介绍的链接地址为 https://access.redhat.com/documentation/en-us/red_hat_enterprise_linux/7/html/networking_guide/sec-comparison_of_network_teaming_to_bonding。

(5) 在 Windows 系统中,不同网卡厂家的叫法还有些差异。在 Intel 网卡中将该功能称为 Team 或 Group,中文名称为分组;在 Broadcom 网卡将该功能称为 Team,中文名称亦为分组。

虽然不同组织实现 Bonding 的方式并不相同,但普遍对 LACP 都有很好的支持。LACP

在有的场合也称为 IEEE 802.3ad，是 IEEE 的标准，在网络对接时不太容易出现兼容性问题。LACP 在提供负载均衡的同时，还能提供冗余备份。基于以上理由，在网络中在使用 Bonding 时，推荐使用 LACP 模式或 IEEE 802.3ad 模式。

为什么这些厂家不能有一个统一的叫法呢？商标原因？版权原因？统一向 Linux 看齐可好？害得作者在本章开头先啰嗦了半天。

13.2 应用场景

Bonding 针对的是以太网链路聚合，在本质上属于网络层以下的技术，主要应用于与交换机的连接，以及数据流量大、对可靠性要求高的场景。例如，Bonding 可用于交换机、服务器设备、存储设备、安全设备或传送网设备，甚至也可以用于支持交换功能的路由器。

13.3 在思科设备上实现 Bonding

在思科设备上创建 Bonding 时，使用的关键词是 port-channel，在某个端口加入其中时使用的 channel-group，查看端口时显示的是 Etherchannel。确实有点懵懂，只能多做实验练习来加强记忆了。

每个加入 Channel-Group 的端口在加入时都需要指明协议模式，我们推荐使用 Active 模式，即大名鼎鼎的 LACP。

思科设备要求先把成员端口加入 Port-Channel，再对 Port-Channel 进行操作，如设置端口模式和加入 VLAN 等。对 Port-Channel 进行操作相当于对一个二层端口进行操作，对 Port-Channel 的配置内容也会同时显示在成员端口中，前提是需要先把成员端口加进来。如果先配置好 Port-Channel 业务数据，再加入成员端口，则成员端口会不显示部分业务数据，从而对业务产生影响。推荐创建 Port-Channel 后再配置其模式，接着加入成员端口，最后配置业务数据。整个配置过程稍微烦琐，需要来回切换不同的模式。

本节先创建一个 Port-Channel，再将成员端口加入 Channel-Group 中。

1. 创建聚合端口

```
Switch#config t
Enter configuration commands, one per line.  End with CNTL/Z.
Switch(config)#int  port-channel 1
Switch(config-if)#exit
```

2. 将成员端口加入聚合端口中

```
Switch(config)#int fa 0/1
Switch(config-if)#channel-group 1 mode active
Switch(config-if)#exit
Switch(config)#int fa 0/2
Switch(config-if)#channel-group 1 mode active
Switch(config-if)#exit
```

3. 对聚合端口进行操作

```
Switch(config)#vlan 2
Switch(config-vlan)#exit
Switch(config)#int port-channel 1
Switch(config-if)#switchport mode access
Switch(config-if)#switchport access vlan 2
Switch(config-if)#end
```

4. 检查配置

```
Switch#show running
Building configuration...
……
!
interface FastEthernet0/1
channel-group 1 mode active
switchport mode access
!
interface FastEthernet0/2
channel-group 1 mode active
switchport mode access
!
……部分内容省略……
!
interface port-channel 1
switchport access vlan 2
switchport mode access
!
……部分内容省略……
end
Switch#show etherchannel
                Channel-group listing:
                ----------------------

Group: 1
----------
Group state = L2
Ports: 2   Maxports = 16
Port-channels: 1 Max port-channels = 16
Protocol:    LACP
Switch#
```

13.4 在华为设备上实现 Bonding

在华为的技术文档中，Bonding 被称为 Eth-Trunk。在版本稍老一些的华为设备中，更改 Eth-Trunk 模式需要当前状态下没有成员端口，在 R7 及以后版本的设备中并没有这个限制。

在 Eth-Trunk 中，聚合端口的配置信息只会显示在聚合端口中，成员端口中只显示它所归属的 Eth-Trunk 的信息。另外，在实现 Bonding 时，应当先将成员端口加入聚合端口，再配置聚合端口参数；否则，已经存在的配置信息可能对新加入的成员端口无效。

对于华为设备来说，可以配置的链路聚合模式有两种，默认的是手动负载均衡模式，另一种就是众所周知的 LACP。

本节先创建一个 Eth-Trunk，再将成员端口加入 Eth-Trunk 中。

1. 创建聚合端口

```
<Huawei>sys
Enter system view, return user view with Ctrl+Z.
[Huawei]int eth-trunk 0
[Huawei-Eth-Trunk0]mode lacp
[Huawei-Eth-Trunk0]port link-type access
[Huawei-Eth-Trunk0]quit
[Huawei]
```

2. 操作聚合端口

```
[Huawei]vlan batch 2
Info: This operation may take a few seconds. Please wait for a moment...done.
[Huawei]int eth-trunk 0
[Huawei-Eth-Trunk0]port link-type access
[Huawei-Eth-Trunk0]port default vlan 2
[Huawei-Eth-Trunk0]quit
[Huawei]int eth-trunk 1
[Huawei-Eth-Trunk1]undo portswitch
[Huawei-Eth-Trunk1]ip address 10.0.1.1 255.255.255.252
```

3. 将成员端口加入聚合端口中

```
[Huawei]int gig 0/0/1
[Huawei-GigabitEthernet0/0/1]eth-trunk 0
Info: This operation may take a few seconds. Please wait for a moment...done.
[Huawei-GigabitEthernet0/0/1]
[Huawei]int gig 0/0/2
[Huawei-GigabitEthernet0/0/2]eth-trunk 0
Info: This operation may take a few seconds. Please wait for a moment...done.
[Huawei-GigabitEthernet0/0/2]
[Huawei-GigabitEthernet0/0/2]quit
```

4. 检查验证

```
[Huawei]dis cur int eth-trunk 0
#
interface Eth-Trunk0
 port link-type access
 port default vlan 2
 mode lacp-static
#
return
```

```
[Huawei]dis trunkmembership eth-trunk 0
Trunk ID: 0
Used status: VALID
TYPE: ethernet
Working Mode : Static
Number Of  ports in Trunk = 2
Number Of Up ports in Trunk = 2
Operate status: up

Interface GigabitEthernet0/0/1, valid, operate up, weight=1
Interface GigabitEthernet0/0/2, valid, operate up, weight=1
[Huawei]
[Huawei]dis int eth-trunk 0
Eth-Trunk0 current state : UP
Line protocol current state : UP
Description:
Switch port, PVID :   2, Hash arithmetic : According to SIP-XOR-DIP,Maximal
BW: 2G, Current BW: 2G, The Maximum Frame Length is 9216
  IP  Sending  Frames'  Format  is  PKTFMT_ETHNT_2,  Hardware  address  is
4c1f-cc9b-0246
  Current system time: 2016-10-02 21:09:13-08:00
  Input bandwidth utilization :    0%
  Output bandwidth utilization :   0%
----------------------------------------------------------
PortName                 Status       Weight
----------------------------------------------------------
GigabitEthernet0/0/1       UP           1
GigabitEthernet0/0/2       UP           1
----------------------------------------------------------
The Number of  ports in Trunk : 2
The Number of UP ports in Trunk : 2
[Huawei]
```

13.5 在华三设备上实现 Bonding

在华三的技术文档中，Bonding 被称为链路聚合，即 Link-Aggregation。在新一些版本的华三设备中，把 Link-Aggregation 又分为 Bridge-Aggregation 和 Route-Aggregation。对 Bridge-Aggregation 进行操作相当于对二层端口进行操作，因此可以对 Bridge-Aggregation 设置二层属性，如 Link-Type、加入 VLAN 等；对 Route-Aggregation 进行操作相当于对三层端口进行操作，可以直接在 Route-Aggregation 中配置 IP 地址。

在华三设备上，不能在聚合端口中添加成员端口，只能在成员端口中将其添加到聚合端口。聚合端口在创建时称为 Bridge-Aggregation 或 Route-Aggregation，在添加成员端口时称为 Link-Aggregation Group，在查看时称为 Link-Aggregation。有一点点绕。

将聚合端口加入 VLAN 后，成员端口中也会显示相关的 VLAN 信息。

华三设备支持的 Bonding 模式有手动模式和 LACP 模式。当配置为 LACP 模式时，需要和对端协商，并交互端口的信息，如端口模式、VLAN 等，两个端口若有不同，则聚合端口可能不会进入 Up 状态。

因为交换机端口默认是二层端口，因此在把成员端口加入二层聚合端口时，直接加入即可。

当把某个物理端口加入三层聚合端口时，需要先把这个物理端口设置成三层端口模式，才可以把该物理端口加入三层聚合端口。对三层聚合端口进行配置稍显复杂，华三可能会在后续的设备中优化成与华为一样的实现方式，即直接操作聚合端口即可。

13.5.1 Bridge-Aggregation 的实现

1. 创建聚合端口

```
<H3C>sys
System View: return to User View with Ctrl+Z.
[H3C]sysname Switch1
[Switch1] vlan 2
[Switch1-vlan2] quit
[Switch1]int Bridge-Aggregation 1
[Switch1-Bridge-Aggregation1] link-aggregation mode ?
  dynamic  Specify dynamic LACP link aggregation group

[Switch1-Bridge-Aggregation1] link-aggregation mode dynamic ?
  <cr>

[Switch1-Bridge-Aggregation1] link-aggregation mode dynamic
[Switch1-Bridge-Aggregation1] quit
```

2. 将成员端口加入聚合端口中

```
[Switch1]int gig 1/0/1
[Switch1-GigabitEthernet1/0/1] port link-aggregation group 1
[Switch1-GigabitEthernet1/0/1] quit
[Switch1]int gig 1/0/2
[Switch1-GigabitEthernet1/0/2] port link-aggregation group 1
[Switch1-GigabitEthernet1/0/2] quit
```

3. 对聚合端口进行操作

```
[Switch1]int bridge 1
[Switch1-Bridge-Aggregation1] port link-type access
[Switch1-Bridge-Aggregation1] port access vlan 2
[Switch1-Bridge-Aggregation1] quit
```

在不同型号的产品和软件版本中实现 Bonding 可能会有一些差异。在多数情况下，创建聚合端口后再加入成员端口，然后对聚合端口进行操作。如果先对聚合端口进行操作，再加入成员端口，将会出现错误。

4. 检查配置

```
[Switch1]dis cur int bridge 1
#
interface Bridge-Aggregation1
 port access vlan 2
 link-aggregation mode dynamic
#
return
[Switch1]dis cur int gig 1/0/1
#
interface GigabitEthernet1/0/1
 port link-mode bridge
 port access vlan 2
 combo enable fiber
 port link-aggregation group 1
#
return
[Switch1]dis cur int gig 1/0/2
#
interface GigabitEthernet1/0/2
 port link-mode bridge
 port access vlan 2
 combo enable fiber
 port link-aggregation group 1
#
return
[Switch1]dis link-aggregation verbose bridge 1
Loadsharing Type: Shar -- Loadsharing, NonS -- Non-Loadsharing
Port Status: S -- Selected, U -- Unselected, I -- Individual
Flags: A -- LACP_Activity, B -- LACP_Timeout, C -- Aggregation,
       D -- Synchronization, E -- Collecting, F -- Distributing,
       G -- Defaulted, H -- Expired

Aggregate Interface: Bridge-Aggregation1
Aggregation Mode: Dynamic
Loadsharing Type: Shar
System ID: 0x8000, 68b8-4f66-0100
Local:
  port            Status  Priority Oper-Key  Flag
--------------------------------------------------------------------
  GE1/0/1         S       32768    1         {ACDEFG}
  GE1/0/2         U       32768    1         {ACG}
Remote:
  Actor           Partner Priority Oper-Key  SystemID              Flag
--------------------------------------------------------------------
  GE1/0/1         0       32768    0         0x8000, 0000-0000-0000 {DEF}
  GE1/0/2         0       32768    0         0x8000, 0000-0000-0000 {DEF}
```

```
[Switch1]dis int brdge 1
Bridge-Aggregation1
Current state: UP
IP Packet Frame Type: PKTFMT_ETHNT_2, Hardware Address: 68b8-4f66-0100
Description: Bridge-Aggregation1 Interface
Bandwidth: 2000000kbps
2Gbps-speed mode, full-duplex mode
Link speed type is autonegotiation, link duplex type is autonegotiation
PVID: 2
Port link-type: access
 Tagged Vlan:   none
 UnTagged Vlan: 2
Last clearing of counters: Never
Last 300 seconds input:  0 packets/sec 0 bytes/sec 0%
Last 300 seconds output: 0 packets/sec 0 bytes/sec 0%
Input (total):  0 packets, 0 bytes
        0 unicasts, 0 broadcasts, 0 multicasts, 0 pauses
Input (normal): 0 packets, 0 bytes
        0 unicasts, 0 broadcasts, 0 multicasts, 0 pauses
Input:  0 input errors, 0 runts, 0 giants, 0 throttles
        0 CRC, 0 frame, 0 overruns, 0 aborts
        0 ignored, 0 parity errors
Output (total): 0 packets, 0 bytes
        0 unicasts, 0 broadcasts, 0 multicasts, 0 pauses
Output (normal): 0 packets, 0 bytes
        0 unicasts, 0 broadcasts, 0 multicasts, 0 pauses
Output: 0 output errors, 0 underruns, 0 buffer failures
        0 aborts, 0 deferred, 0 collisions, 0 late collisions
        0 lost carrier, 0 no carrier
```

13.5.2　Route-Aggregation 的实现

1．创建聚合端口

```
[Switch1]int route-aggregation 1
[Switch1-Route-Aggregation1]link-aggregation mode dynamic
```

2．将成员端口加入聚合端口中

```
[Switch1]int gig 1/0/3
[Switch1-GigabitEthernet1/0/3] port link-mode route
[Switch1-GigabitEthernet1/0/3] port link-aggregation group 1
[Switch1-GigabitEthernet1/0/3] quit
[Switch1]int gig 1/0/4
[Switch1-GigabitEthernet1/0/4] port link-mode route
[Switch1-GigabitEthernet1/0/4] port link-aggregation group 1
```

3．对聚合端口进行操作

```
[Switch1]int route-aggregation 1
```

```
[Switch1]ip address 10.0.0.1 255.255.255.252
[Switch1]undo shut
```

4. 查看验证

```
[Switch1]dis int route 1
Route-Aggregation1
Current state: UP
Line protocol state: UP
Description: Route-Aggregation1 Interface
Bandwidth: 2000000kbps
Maximum Transmit Unit: 1500
Internet Address is 10.0.0.1/30 Primary
IP Packet Frame Type:PKTFMT_ETHNT_2, Hardware Address: 68b8-4f66-0102
IPv6 Packet Frame Type:PKTFMT_ETHNT_2, Hardware Address: 68b8-4f66-0102
Last clearing of counters: Never
 Last 300 seconds input rate: 0 bytes/sec, 0 bits/sec, 0 packets/sec
 Last 300 seconds output rate: 0 bytes/sec, 0 bits/sec, 0 packets/sec
 0 packets input, 0 bytes, 0 drops
 0 packets output, 0 bytes, 0 drops

[Switch1]dis link-aggregation verbose route 1
Loadsharing Type: Shar -- Loadsharing, NonS -- Non-Loadsharing
Port Status: S -- Selected, U -- Unselected, I -- Individual
Flags: A -- LACP_Activity, B -- LACP_Timeout, C -- Aggregation,
       D -- Synchronization, E -- Collecting, F -- Distributing,
       G -- Defaulted, H -- Expired

Aggregate Interface: Route-Aggregation1
Aggregation Mode: Dynamic
Loadsharing Type: Shar
System ID: 0x8000, 68b8-4f66-0100
Local:
  port          Status  Priority Oper-Key  Flag
--------------------------------------------------------------------------
  GE1/0/3       S       32768    2         {ACDEF}
  GE1/0/4       S       32768    2         {ACDEF}
Remote:
  Actor         Partner Priority Oper-Key  SystemID              Flag
--------------------------------------------------------------------------
  GE1/0/3       4       32768    2         0x8000, 68b8-62dc-0200 {ACDEF}
  GE1/0/4       5       32768    2         0x8000, 68b8-62dc-0200 {ACDEF}
```

13.6 在 Windows Server 中通过 Intel 网卡实现 Bonding

作者推荐在服务器上安装 Windows Server 2012 R2 或更新的操作系统。如果使用的是 Windows Server 2008，则千万不要安装 32 位的操作系统，否则会在安装网卡驱动程序时出现问题。另外，服务器的内存现在一般都在 16 GB 以上，很难再看到内存低于 8 GB 的服务器了，而 32 位的操作系统只能识别不到 4 GB 的内存空间，服务器的性能发挥不出来。

13.6.1 安装 Intel 网卡的驱动程序

在 Windows 系统中，使用 Bonding 功能需要另外安装相关驱动程序，所以我们第一步就是安装网卡驱动程序。

Intel 网卡驱动程序的下载地址为 https://downloadcenter.intel.com/，在打开的网页中填写网卡型号的关键字，或者通过筛选，就可找到适合的驱动程序啦。下载完成后，根据提示进行安装，通常单击"下一步"按钮就可以顺利完成安装。安装完成后，通常还需要重启一下服务器。

13.6.2 打开设备管理器

按下微软徽标键（Win）+R 可打开"运行"窗口，输入"devmgmt.msc"后按 Enter 键可打开设备管理器。

在设备管理器中，找到"Network adapters"（网络适配器），打开折叠，在某一个要绑定的网卡上单击鼠标右键，在弹出的右键菜单中选择"Properties"。这里右键单击的网卡可以不是要绑定的网卡，后面有专门的步骤用于选择分组的成员网卡。

这里的操作可以总结为在设备管理器中右键单击要绑定的网卡，在弹出的右键菜单中选择"Properties"，如图 13-1 所示，可打开网卡属性对话框。

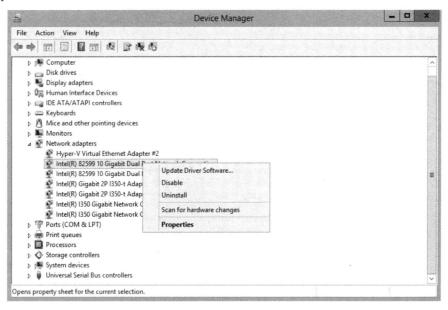

图 13-1　在弹出的右键菜单中选择"Properties"

13.6.3 创建分组

在打开的网卡属性对话框中（见图 13-2），选择"Teaming"选项卡。如果之前没有创建过分组，将会显示如图 13-2 所示界面，勾选"Team this adapter with other adapters"复选框后单击"New Team..."按钮，可打开"New Team Wizard"对话框。

图 13-2 网卡属性对话框

1. 命名

在打开的"New Team Wizard"（创建分组向导）对话框中，为分组指派一个名字，如 Team1，单击"Next"按钮，如图 13-3 所示。

图 13-3 为分组命名

2. 为分组添加成员

选中需要加入到分组中的网卡，单击"Next"按钮，如图 13-4 所示。

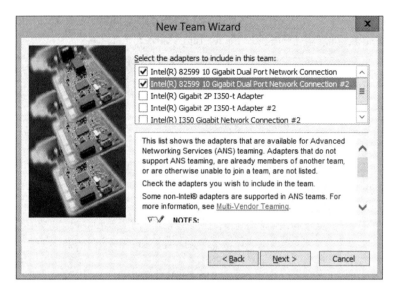

图 13-4　为分组添加成员网卡

3．设置分组类型

设置分组的类型，这里选择"IEEE 802.3ad Dynamic Link Aggregation"，即 LACP，单击"Next"按钮，如图 13-5 所示。

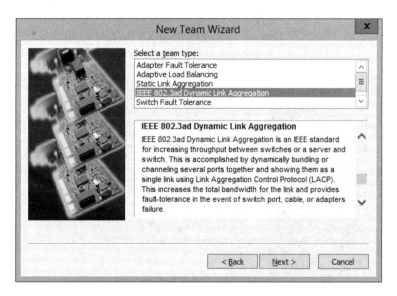

图 13-5　设置分组的类型

4．选择描述文件

在创建分组向导对话框中，为分组选择合适的描述文件，根据自己的需要，可以是"Standard Server"，也可以是"Web Server"，我们一般选择前者，单击"Next"按钮，如图 13-6 所示。

图 13-6　为分组选择描述文件

5．完成设置

在创建分组向导对话框中，单击"Finish"按钮即可完成分组的创建，如图 13-7 所示。完成设置后打开 Team1 的属性设置界面，可以对其进行修改，一般来说我们并不需要，所以直接关闭就可以了。

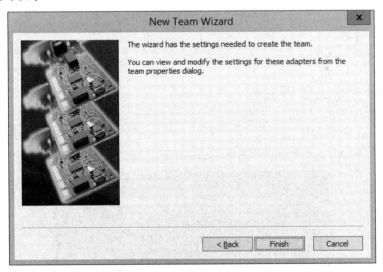

图 13-7　分组创建完成

13.6.4　查看效果

按快捷键 Win + R 打开"运行"窗口，输入"ncpa.cpl"后按 Enter 键可打开"Network Connections"对话框，如图 13-8 所示。在该对话框中多了一个名为"Ethernet 8"的网络连接，通过"Device Name"栏我们可以判断出这就是我们刚才创建的分组，接下来就可以为"Ethernet 8"设置 IP 地址等主机配置信息啦。有没有觉得很简单呢？

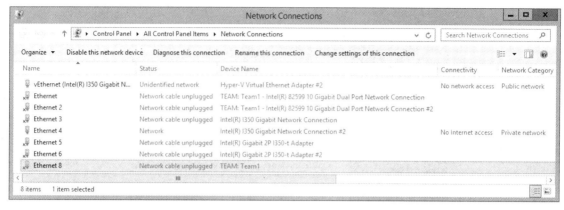

图 13-8 "Network Connections" 对话框

13.7 在 Windows Server 中通过 Broadcom 网卡实现 Bonding

目标系统一定要是 64 位的 Windows 系统，否则硬件的性能无法全部释放出来。和通过 Intel 网卡实现 Bonding 一样，还是先安装专门的驱动程序。

13.7.1 安装 Broadcom 网卡的驱动程序

从 Broadcom 官网下载 Broadcom 网卡的安装包，运行其中的网卡驱动程序，单击"下一步"按钮即可驱动程序的安装。建议安装驱动程序后最好重启一下服务器。

13.7.2 打开安装的管理套件

我们下载的安装包中包括网卡驱动程序和分组设置工具。设置主机上的网卡分组，需要运行名字是 BACS.xxx.xxx 的软件来打开 Broadcom 高级控制套件，如图 13-9 所示。

图 13-9 打开 Broadcom 高级控制套件

13.7.3 创建分组

打开 Broadcom 高级控制套件，在"Team View"视图下创建一个新的分组。右键单击

"Teams",在弹出的右键菜单中选择"Create Team",如图 13-10 所示,可打开"Broadcom Teaming Wizard"(创建分组向导)对话框。

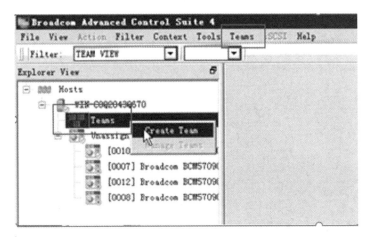

图 13-10　在右键菜单中选择"Crate Team"

1．设置分组模式

分组模式有两种,即专家模式(Expert Mode)和向导模式(Wizard Mode),默认使用的是向导模式。向导模式简单明了,但专家模式的信息量更大,一个页面就可以完成所有的设置。我们使用向导模式,如图 13-11 所示,单击"Next"按钮。

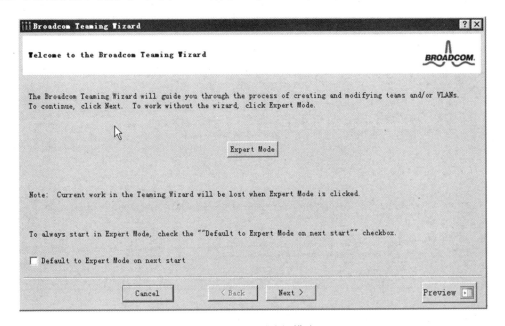

图 13-11　设置分组模式

2．命名

为创建的分组起个名字,名字中不能包含特殊字符,长度不能超过 39 个字符,如图 13-12 所示,单击"Next"按钮。

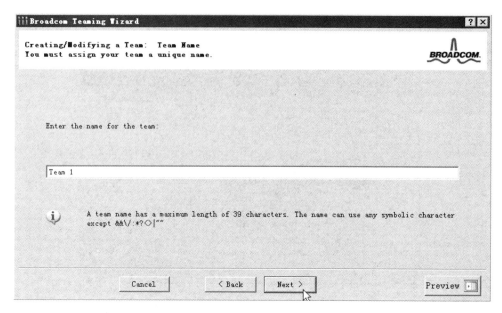

图 13-12　为创建的分组命名

3．设置分组类型

在创建分组向导对话框中，选择"Team Type"下的"802.3ad Link Aggregation using Link Aggregation Control Protocol (LACP)"，即选择 LACP，如图 13-13 所示，单击"Next"按钮。

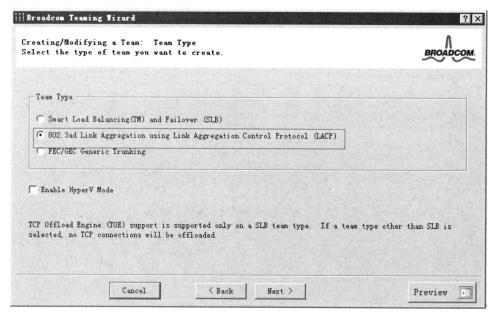

图 13-13　设置分组类型

4．为分组添加成员网卡

在"Available Adapters"栏中要添加的网卡，单击"Add"按钮将选择的网卡添加到分组中，如图 13-14 所示，单击"Next"按钮。如果要从分组中删除成员网络，选中"Team Members"栏中的成员网卡后单击"Remove"按钮即可。

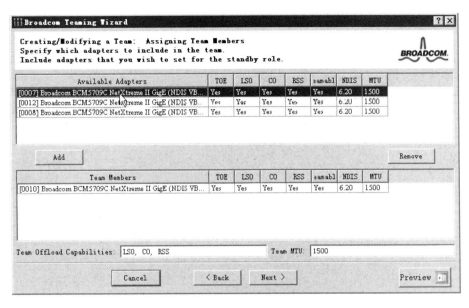

图 13-14　为分组添加成员网卡

5．管理 VLAN

添加 VLAN 是指为从服务器分组出去的数据帧封装 802.1Q。在常规情况下是不用添加 VLAN 的，选择"Skip Manage VLAN"后单击"Next"按钮可直接跳过这一步骤，使用默认配置，即不带 VLAN Tag。添加 VLAN 多用在虚拟化场景，如果有需要，则根据需求添加 VLAN。即使在这里跳过后，以后在有需要的时候还可以再添加 VLAN。管理 VLAN 如图 13-15 所示。

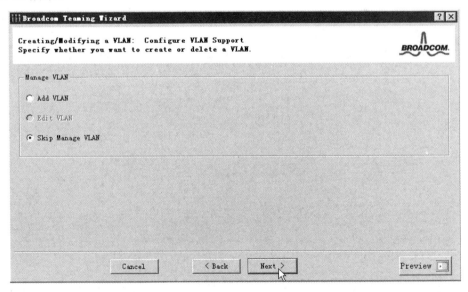

图 13-15　管理 VLAN（不添加 VLAN，跳过 VLAN 管理步骤）

6．提交配置

选择"Commit changes to system and Exit the wizard"后单击"Finish"按钮即可提交配置并退出创建分组向导，如图 13-16 所示。

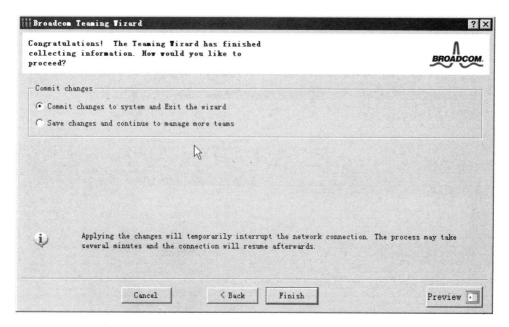

图 13-16　提交配置并退出创建分组向导

7．提交前确认

在弹出的提示对话框中单击"Yes"按钮，如图 13-17 所示。

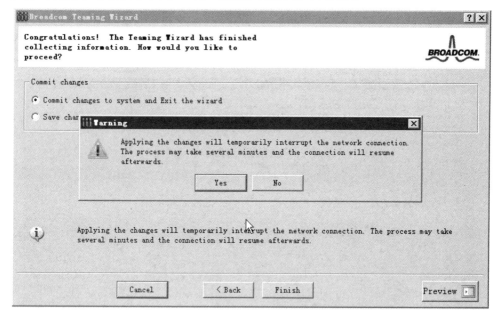

图 13-17　提交前确认

8．应用分组配置

在上一步单击"Yes"按钮后会应用分组的配置，如图 13-18 所示，一般需要几秒到几十秒不等，时间太久就不正常了。应用完成后，打开 Windows 的本地网络连接就可以找到这个分组，并可以为它配置 IP 地址等主机配置信息。

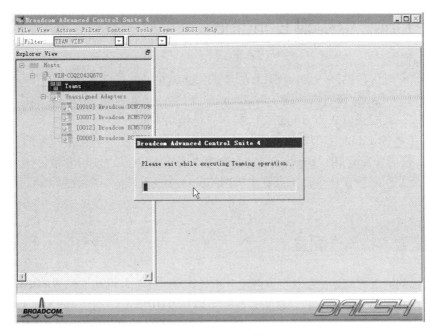

图 13-18 应用分组的配置

13.7.4 在专家模式下查看和创建分组

很多时候，我们也需要在专家模式下创建分组。在图 13-11 中单击"Expert Mode"按钮即可进入专家模式。在专家模式下可以看到已经创建好的分组，如刚才创建的"Team 1"，配置完成后单击"Apply"按钮，如图 13-19 所示。

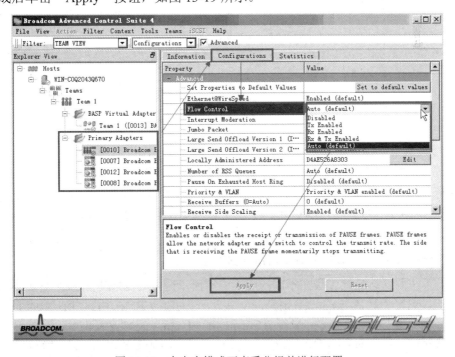

图 13-19 在专家模式下查看分组并进行配置

13.8 在 Linux 中实现 Bonding

在 Linux 的"花花世界"里，RHEL 版本的 Linux 是最旺盛的一朵。从 RHEL 7 版本的 Linux 系统开始，Linux 在内核新增了对 Team 的支持，Team 包含 Bonding 的特性功能，且功能更加强大，其配置方式与 Bonding 一样，只是模式不同。

Debian 版本的 Linux 看似默默无闻，实则拥有最多的分支，其中最有名的当属 Ubuntu 版本 Linux，它同样拥有 IP、Network Manager 等网络管理工具，使用非常便捷。

本章涉及的网络操作命令，如查看本机网络的连接及其状态、参数等，可以参考本书第 8 章。

13.8.1 查看本机网卡配置

查看本机的网卡配置，可为下一步创建分组做准备。查看本机网卡配置的常用命令是 "ip link show" 和 "ip address show"，这两条命令可以在 RHEL 6、7、8 等版本的 Linux 系统上使用。在 RHEL 6 及之前版本的 Liunx 系统上可以使用命令 "ifconfig -a" 来查看本机网卡配置。

```
[niuhai@www ~]$ ip link show
1: lo: <LOOPBACK,UP,LOWER_UP> mtu 65536 qdisc noqueue state UNKNOWN mode DEFAULT group default qlen 1000
    link/loopback 00:00:00:00:00:00 brd 00:00:00:00:00:00
2: enp0s3: <BROADCAST,MULTICAST,UP,LOWER_UP> mtu 1500 qdisc pfifo_fast state UP mode DEFAULT group default qlen 1000
    link/ether 08:00:27:20:76:bf brd ff:ff:ff:ff:ff:ff
3: enp0s8: <BROADCAST,MULTICAST,UP,LOWER_UP> mtu 1500 qdisc pfifo_fast state UP mode DEFAULT group default qlen 1000
    link/ether 08:00:27:d8:9b:3b brd ff:ff:ff:ff:ff:ff
[niuhai@www ~]$
```

13.8.2 新建网卡

本书作者喜欢先用系统配置工具先创建部分信息，这样可以减少修改配置文件的工作量。如果读者已经非常熟悉每一项的配置，就可以直接创建配置文件。如果读者已经有配置文件，那么在上传配置文件后进行简单的修改即可使用。有关网络配置文件各项参数的说明在 "/usr/share/doc/initscripts-*/sysconfig.txt" 中，这是 RHEL 版本的 Linux 系统中的一个非常有用的帮助文件。

1. 使用 system-config-network 新建网络设备

Linux 系统的网络配置工具在不同的版本中有所不同，在 RHEL 6 及之前版本的 Linux 系统中，网络配置工具是 system-config-network，在 RHEL 7 和 RHEL 8 等版本的 Liunx 系统中，网络配置工具是 nmtui。system-config-network 和 nmtui 的配置方式基本一致，参数和选项基本都没有变化，只在配置过程稍有不同。使用网络配置工具需要 Root 用户权限，如果通过 Root 用户登录，则下面命令前面的 sudo 可去掉。通过下面的命令：

```
[niuhai@ localhost ~]$ sudo system-config-network
[sudo] password for niuhai:
```

可打开 system-config-network，其主界面如图 13-20 所示，选中"Device configuration"后直接按 Enter 键可进入"Select A Device"界面。

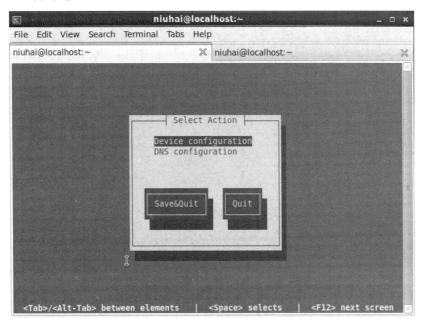

图 13-20　system-config-network 的主界面

（1）新建网络设备。在"Select A Device"界面（见图 13-21）中使用方向键选中"<New Device>"后按 Enter 键可进入"Network Configuration"界面。本节新建的网络设备是网卡。

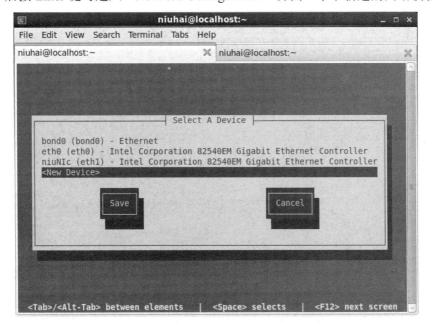

图 13-21　"Select A Device"界面

（2）设置网络设备的类型。在"Network Configuration"界面（见图 13-22）中选择"Ethernet"后按 Enter 键即可在新的界面中设置网络设备的参数。

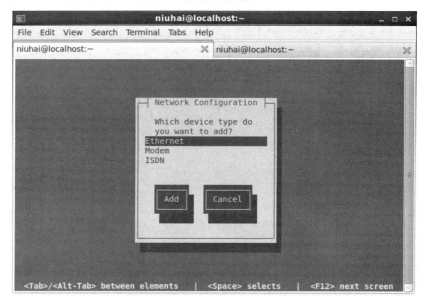

图 13-22 "Network Configuration"界面

（3）设置网络设备的参数。设置网络设备参数的界面如图 13-23 所示，在该界面中可以为新建的网络设备起一个名字，如"bond0"，当然也可以使用你喜欢的名字，如"bond0Eth0Eth1"。Device 项必须指定为"bond0"，其他参数可根据服务器所在的网络环境进行设置。设置完成后使用 Tab 键选中"Ok"，按下空格键或 Enter 键即可返回"Select A Device"界面。

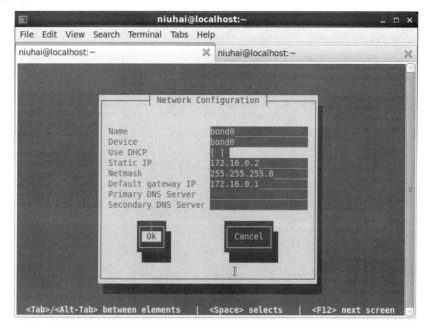

图 13-23 设置网络设备参数的界面

（4）保存新建的网络设备。在"Select A Device"界面中通过 Tab 键选择"Save"，如图 13-24 所示，按下空格键或 Enter 键即可返回 system-config-network 的主界面。

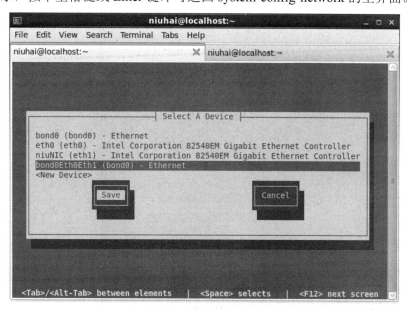

图 13-24　保存新建的网络设备

（5）回到起点。此时又回到了 system-config-network 的主界面，但这次不是新建网络设备，而是保存新建的网络设备，选择"Save&Quit"后按下 Enter 键即可完成保存并退出 system-config-network，如图 13-25 所示。

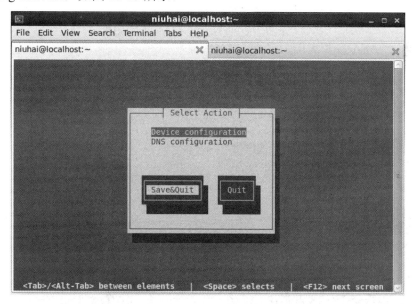

图 13-25　保存新建的网络设备并退出 system-config-network

2. 使用 nmtui 编辑连接

在 RHEL 7、RHEL 8 和 Ubuntu 20 等版本的 Linux 系统中，网络配置工具是 nmtui。这里使用 RHEL 7 中的 nmtui 来编辑连接，如果是在 Ubuntu 版本的 Linux 中使用 bmtui，则配

置文件存放在"/etc/NetworkManager/system-connections/"中,读者可以在该目录下直接编辑网络设备(本节新建的网络设备是网卡)对应的配置文件。修改网络设备的配置文件需要 Root 用户权限,如果使用 Root 用户登录,则下面命令前面的 sudo 可去掉。通过下面的命令:

```
[niuhai@ www ~]$ sudo nmtui
[sudo] password for niuhai:
```

可打开 nmtui,其主界面如图 13-26 所示。

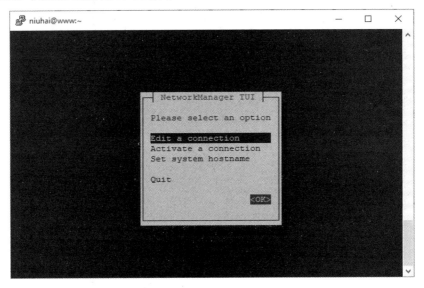

图 13-26 nmtui 主界面

(1)编辑一个连接。在图 13-26 中选择"Edit a connection"后按 Enter 键即可进入编辑界面,如图 13-27 所示。在编辑界面中,通过 Tab 键选中"<Add>"后按 Enter 键或空格键,可进入"New Connection"界面。

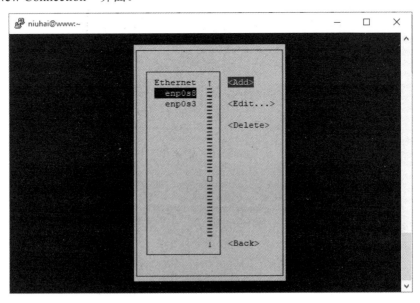

图 13-27 编辑界面

（2）创建一个 Bond 设备。在"New Connection"界面（见图 13-28）中，通过方向键选中"Bond"后，再通过 Tab 键选择"<Create>"，按 Enter 键或空格键可进入"Edit Connection"界面。

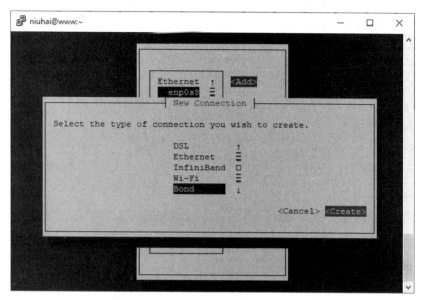

图 13-28 "New Connection"界面

（3）编辑连接。在"Edit Connection"界面（见图 13-29）的"Profile name"中输入连接的名称，如"bond0"，在"Device"中输入设备名，如"bond0"，通过 Tab 键选择"<Add>"按钮后按 Enter 键，可在添加从设备界面中为 Bond 设备添加从（Salve）设备。

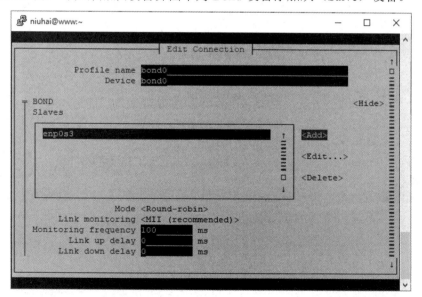

图 13-29 "Edit Connection"界面

（4）添加从设备。在添加从设备界面的"Profile name"和"Device"中，输入图 13-27 中的从设备配置文件名和名称，如图 13-30 所示，通过 Tab 键选择"<OK>"后按空格键或 Enter 键确认。

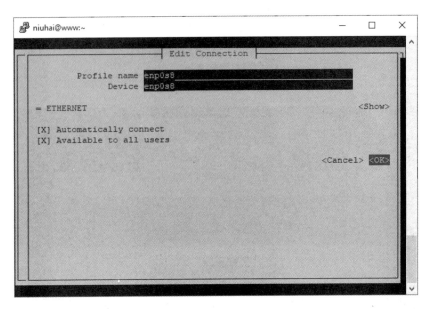

图 13-30　输入从设备的配置文件名和名称

（5）设置 Bonding 模式。在图 13-31 所示的界面中，通过 Tab 键选择 "Mode" 选项，如 "802.3ad"。

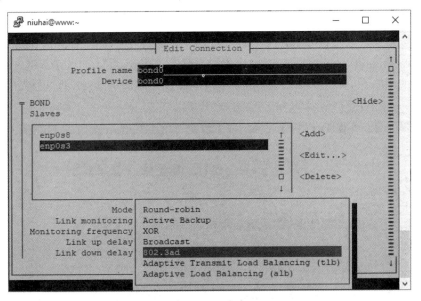

图 13-31　在 "Mode" 选项中选择 "802.3ad"

（6）保存 Bonding 设置。在图 13-32 所示的界面中，其他选项保持默认设置，通过 Tab 键或方向键选择 "<OK>" 后按 Enter 键，即可保存 Bonding 设置。

（7）查看 Bonding 设置。此时可返回到 nmtui 的编辑界面，在该界面可以看到刚才添加的 "bond0" 设备，如图 13-33 所示。

（8）返回退出。选择图 13-33 中的 "<Back>" 后按 Enter 键可返回 nmtui 的主界面，在主界面中选择 "Quit"，通过 Tab 键选择 "<OK>" 后按 Enter 键，即可退出 nmtui，如图 13-34 所示。

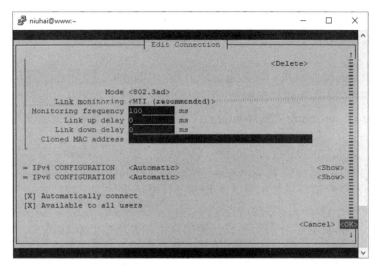

图 13-32　保存 Bonding 设置

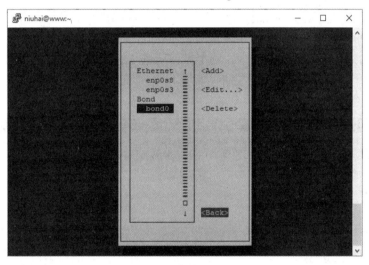

图 13-33　在 nmtui 中查看创建的"bond0"设备

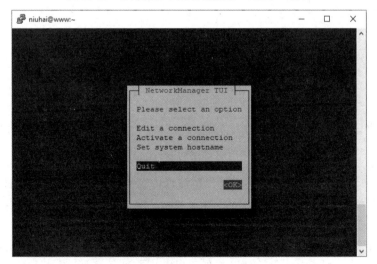

图 13-34　退出 nmtui

13.8.3 直接编辑网卡的配置文件

通过 13.8.2 节的操作,我们就创建了一个名为"bond0"的网卡,接下来可以直接使用文本编辑器神器——vi 来创建并编辑该网卡的配置文件。如果对网卡的参数有疑问,则可以查看"/usr/share/doc/initscripts-*/sysconfig.txt"获得帮助。编辑网卡配置文件的命令如下:

```
[niuhai@ localhost ~]$ll /etc/sysconfig/network-scripts/ifcfg-bond0
-rw-r-r--. 3 root root 203 Oct 17 21:21 /etc/sysconfig/network-scripts/ifcfg-bond0
```

本节对该配置文件进行稍加编辑,在配置文件最后添加绑定端口选项,如下所示:
```
BONDING_OPTS="mode=4 miimon=100"
```

在 Linux 中,mode 有多种书写形式,例如以下命令均指 LACP 模式,效果是一样的:
```
BONDING_OPTS="mode=802.3ad miimon=100"
BONDING_OPTS="mode=4"
BONDING_OPTS="mode=802.3ad"
```

```
[niuhai@ localhost ~]$sudo vim /etc/sysconfig/network-scripts/ifcfg-bond0
```

读者也可以直接使用命令新建并编辑网卡 bond0 的配置文件,只要内容和格式跟上面保持一致即可。如果记不得太多的命令,则可以使用系统的网络配置工具。

在 vi 中编辑网卡 bond0 的配置文件,如图 13-35 所示,本节在配置文件最后添加了绑定端口选项。

图 13-35 使用 vi 编辑网卡 bond0 的配置文件

图 13-35 中,虽然"#"号开头的部分是注释内容,但也很重要。这里的注释是一个帮助提示,如果对参数有疑问,则可以查阅"/usr/share/doc/initscripts-*/sysconfig.txt"。在 vi 中,参数位置的先后顺序不影响其作用。

直接编辑配置文件是最简单、有效的方式,但前提是必须要记住要写入的项,以及每项的名字和参数,通过注释中给出的帮助文件可以获取需要的信息。

13.8.4 为分组添加成员网卡

本节使用 vim 编辑器（vim 编辑器是 vi 编辑器的增强版）分别打开文件"/etc/sysconfig/network-scripts/ifcfg-eth0"和"/etc/sysconfig/network-scripts/ifcfg-eth1"，在打开的文件中添加以下两行内容：

```
MASTER=bond0
SLAVE=yes
```

上面两行的作用是将把 eth0 和 eth1 加入到 bond0 分组中，如图 13-36 和图 13-37 所示。

图 13-36　把 eth0 加入到 bond0 分组

图 13-37　把 eth1 加入到 bond0 分组

13.8.5　为 Linux 系统加载 bonding 模块

Bonding 功能需要 Linux 系统中 bonding 模块的支持，如果 Linux 系统中没有加载 bonding 模块，即使配置了 Bonding 功能，该功能也不会生效。以下关于加载 bonding 模块的操作同样适用于 RHEL 版本和 Ubuntu 版本及其衍生版本的 Linux 系统。

（1）加载前检查，命令如下：

```
[niuhai@ localhost ~]$lsmod | grep bonding
```

如果没有任何输出，则表示没有 Linux 系统中没有 bonding 模块。如果 Linux 系统中有 bonding 模块，就会输出该模块的相关信息。Linux 系统中通常没有 bonding 模块，需要自行加载该模块。

（2）加载 bonding 模块的方法其实很简单，使用 modprobe 命令即可，该命令还可以解决模块之间的依赖性。具体的操作如下：

```
[niuhai@ localhost ~]$sudo modprobe bonding
[sudo] password for niuhai:
[niuhai@ localhost ~]$lsmod | grep bonding
bonding      113833  0
802.1q       20805   1 bonding
ipv6         270489  38 bonding,ip6t_REJECT,nf_conntrack_ipv6,nf_defrag_ipv6
```

从上面的命令可以看出，bonding 模块已经成功加载到 Linux 系统中了。如果 bonding 模块加载失败，则需要安装 ifenslave。

13.8.6　启用绑定口

下面的三种方法都可以启用网卡，根据需要使用其中任何一种方法即可。注意：前两种方法需要 Root 用户权限。

（1）启用网卡 bond0，命令如下：

```
[niuhai@ localhost ~]$sudo ifdown bond0
[niuhai@ localhost ~]$sudo ifup bond0
```

（2）重启网络服务，命令如下：

```
[niuhai@ localhost ~]$sudo services network restart
[niuhai@ localhost ~]$sudo systemctl restart network
```

（3）正常情况下，通过前两种方法就可以启用绑定口了。如果前两种方法失效，则可以采用下面的方法，命令如下：

```
[niuhai@ localhost ~]$reboot
```

13.8.7　验证

此时查看网卡的 MAC 地址，读者会惊奇地发现它们居然是一样的！

```
[niuhai@ localhost ~]$ifconfig | grep HWaddr
bond0    Link encap:Ethernet  Hwaddr 08:00:27:BB:CC:C4
eth0     Link encap:Ethernet  Hwaddr 08:00:27:BB:CC:C4
eth1     Link encap:Ethernet  Hwaddr 08:00:27:BB:CC:C4
```

13.8.8 脚本化

将下面的代码复制到一个文本文件中，如 bonding.sh，然后上传到目标主机，即可实现命令的脚本化。

```bash
#!/bin/bash
# bond.sh
# bonding the NIC to bond.
# Heaven Niu 20171120

# Check Environment
# Who am I?
if [ $UID -ne 0 ]
then
    echo "Run this script need Root right."
    exit 1
fi

# Backup existing bond file under /etc/sysconfig/network-scripts/
<<BOND0
BOND=$(ls -l /etc/sysconfig/network-scripts/ | grep bond | cut -d: -f2 | cut -d- -f2)
if [ $BOND ]
then
    /bin/cp -f /etc/sysconfig/network-scripts/ifcfg-$BOND ~/ifconfi-${BOND}.bak
fi
BOND0

# Read terminal user's input, ip address, network mask, and default gateway.
read -p "IP address for bond0: " ip
if [[ $ip =~ ^([0-9]{1,2}|1[0-9][0-9]|2[0-4][0-9]|25[0-5])\.([0-9]{1,2}|1[0-9][0-9]|2[0-4][0-9]|25[0-5])\.([0-9]{1,2}|1[0-9][0-9]|2[0-4][0-9]|25[0-5])\.([0-9]{1,2}|1[0-9][0-9]|2[0-4][0-9]|25[0-5])$ ]]
then
    echo $ip
else
    echo "Not match"
fi

read -p "Network Mask for bond0: " mask
if [[ $mask =~ ^([0-9]{1,2}|1[0-9][0-9]|2[0-4][0-9]|25[0-5])\.([0-9]{1,2}|1[0-9][0-9]|2[0-4][0-9]|25[0-5])\.([0-9]{1,2}|1[0-9][0-9]|2[0-4][0-9]|25[0-5])\.([0-9]{1,2}|1[0-9][0-9]|2[0-4][0-9]|25[0-5])$ ]]
then
    echo $mask
else
    echo "Not match"
fi

read -p "Gateway address for bond0: " gateway
if [[ $gateway =~ ^([0-9]{1,2}|1[0-9][0-9]|2[0-4][0-9]|25[0-5])\.([0-9]
```

```bash
{1,2}|1[0-9][0-9]|2[0-4][0-9]|25[0-5])\. ([0-9]{1,2}|1[0-9][0-9]|2[0-4][0-9]|
25[0-5])\.([0-9]{1,2}|1[0-9][0-9]|2[0-4][0-9]|25[0-5])$ ]]
    then
        echo "Match"
        echo ${BASH_REMATCH[1]}
        echo ${BASH_REMATCH[2]}
        echo ${BASH_REMATCH[3]}
        echo ${BASH_REMATCH[4]}
    else
        echo "Not match"
    fi

    # Create bond file under /etc/sysconfig/network-sciipts/ifcfg-bond0
    # and modify the content of the file
    echo "DEVICE=\"bond0\"" > /etc/sysconfig/network-scripts/ifcfg-bond0
    echo "BOOTPROTO=none" >> /etc/sysconfig/network-scripts/ifcfg-bond0
    echo "ONBOOT=yes" >> /etc/sysconfig/network-scripts/ifcfg-bond0
    echo "TYPE=Ethernet" >> /etc/sysconfig/network-scripts/ifcfg-bond0
    echo "BOND_OPTS=\"mode=802.3ad miimon=50\"" >> /etc/sysconfig/network-scripts/ifcfg-bond0
    echo "IPADD=$ip" >> /etc/sysconfig/network-scripts/ifcfg-bond0
    echo "MASK=$mask" >> /etc/sysconfig/network-scripts/ifcfg-bond0
    echo "GATEWAY=$gateway" >> /etc/sysconfig/network-scripts/ifcfg-bond0

    # modify physical NIC as slave
    # NIC1
    nic1=$(ifconfig -a | grep ^e | cut -d' ' -f1 | cut -d: -f1 | head -n 2 | head -n 1)
    cp /etc/sysconfig/network-scripts/ifcfg-$nic1 ~/network-scripts/ifcfg-${nic1}.$(date +%Y%m%d%T)
    echo "DEVICE=${nic1}" > /etc/sysconfig/network-scripts/ifcfg-$nic1
    echo "ONBOOT=yes" >> /etc/sysconfig/network-scripts/ifcfg-$nic1
    echo "BOOTPROTO=none" >> /etc/sysconfig/network-scripts/ifcfg-$nic1
    echo "MASTER=bond0" >> /etc/sysconfig/network-scripts/ifcfg-$nic1
    echo "SLAVE=yes" >> /etc/sysconfig/network-scripts/ifcfg-$nic1

    # NIC2
    nic2=$(ifconfig -a | grep ^e | cut -d' ' -f1 | cut -d: -f1 | head -n 2 | tail -n 1)
    cp /etc/sysconfig/network-scripts/ifcfg-$nic2 ~/network-scripts/ifcfg-${nic2}.$(date +%Y%m%d%T)
    echo "DEVICE=${nic2}" > /etc/sysconfig/network-scripts/ifcfg-$nic2
    echo "ONBOOT=yes" >> /etc/sysconfig/network-scripts/ifcfg-$nic2
    echo "BOOTPROTO=none" >> /etc/sysconfig/network-scripts/ifcfg-$nic2
    echo "MASTER=bond0" >> /etc/sysconfig/network-scripts/ifcfg-$nic2
    echo "SLAVE=yes" >> /etc/sysconfig/network-scripts/ifcfg-$nic2

    # Loading bonding module
    modprobe bonding

    # Active Bond0
    services network restart
```

```
systemctl restart network

# Test the Bond0
ifconfig | grep HWaddrifconfig | grep HWaddri
ip link show
ip address show
```
将文件的权限修改为用户可执行，命令如下：

[niuhai@ localhost ~]$ chmod u+x bond.sh

执行脚本，命令如下：

[niuhai@ localhost ~]$ sudo ./bond.sh

13.8.9　关于分组模式

在分组中，两端设备的模式一定要匹配，否则不仅达不到预期的效果，甚至还有可能会导致网络环路。模式（mode）问题曾经狠狠地伤害过我的一个外号叫果岭的兄弟，并给他留下了深刻记忆。关于链路聚合和 LACP 模式，"果岭"兄弟的总结如下：

（1）链路两端的模式必须一致；

（2）Windows 系统中的 mode 是 IEEE 802.3ad；

（3）Linux 系统中的 mode 是 4；

（4）某些存储类产品的 mode 可能是 802.3ad；

（5）还有一些厂家的 mode 干脆显示为链路聚合。

其实不管是什么模式，只要记住几个关键词就可以了，即 LACP、IEEE 802.3ad、mode=4 或 802.3ad。

13.8.10　关于 BONDING_OPTS

在配置 Linux 网卡时，我们往往会被 BONDING_OPTS（绑定端口选项）所迷惑，本节简要地对下面两个选项进行说明。

本节内容主要参考了文章 *Linux Ethernet Bonding Driver HOWTO*，该文章的链接地址为 https://www.kernel.org/doc/Documentation/networking/bonding.txt。

1．mode

共有七种模式，分别是 0~6。

（1）mode=0。等价于 mode=balance-rr，该模式是平衡循环策略（Round-Robin Policy）。该模式的第 1 个数据包从 eth0 传输，第 2 个数据包从 eth1 传输，第 3 个数据包从 eth0 传输，第 4 个数据包从 eth1 传输，依次类推，直到传输完所有的数据包为止。数据包可能会乱序地到达接收端，这时会导致重传，从而导致网络有效利用率的下降。

（2）mode=1。等价于 mode=active-backup，该模式是主备策略（Active-Backup Policy）。该模式在同一时间只有一个端口处于活动状态，其他端口只提供冗余，不能均衡负载。

（3）mode=2。等价于 mode=balance-xor，该模式是平衡策略（XOR Policy）。该模式基于 Hash 策略传输数据包，既可提供主备，也可提供冗余。

（4）mode=3。等价于 mode=broadcast，该模式是广播策略（Broadcast Policy）。该模式

在每一个端口上都传输数据包,属于多发选收,提供了最佳的容错能力。

(5) mode=4。等价于 mode=802.3ad,该模式是动态链接聚合(IEEE 802.3ad Dynamic link aggregation)。该模式既可以均衡负载,也可以冗余,但存在部分包乱序的问题。在实际的网络中,该模式的使用最为广泛。

(6) mode=5。等价于 mode=balance-tlb,该模式是适配器传输负载均衡(Adaptive Transmit Load Balancing)。该模式不需要对端设备的支持,在每一成员端口上根据负载分配流量。如果正在接收数据的端口失效,则其他成员端口会接管失败端口的 MAC 地址。

(7) mode=6。等价于 mode=balance-alb,该模式是适配器适应性负载均衡(Adaptive Load Balancing)。该模式在 balance-tlb 的基础上增加了接收负载均衡,同样不需要对端的支持。

2. miimon

miimom 即 MII monitoring。介质无关端口(Media Independent Interface,MII)也称为媒体独立端口,是 IEEE 802.3 定义的以太网行业标准。miimon 指定 MII 的监视频率,以毫秒为单位,用来指定监视链路连接状态是否失效的频率。不要把 miimom 设置为 0,否则这个功能就失效了。建议将 miimom 设置为 100,这个值在 Linux 内核中的默认值是 0,但在商业发行版本的 Linux 系统中,其默认值是 100。也就是说,当使用 Linux 内核编译出来的 miimon 值是 0,在 CentOS 系统中的默认值是 100。

13.9 其他联网设备

在网络中还有各种存储设备、安全设备等,也需要相对较大的带宽和可靠性。这些设备在接入网络时,也需要设置链路聚合。

一般来说,存储设备和安全设备都会通过公共网关接口(Common Gateway Interface,CGI)提供 Web 网关,配置起来并不会有什么难度,基本都遵循如下流程:

(1)创建虚拟端口绑定组。
(2)设置分组端口模式,如 LACP。
(3)添加成员。
(4)保存、提交、启用配置文件。

13.10 M-LAG

在华为的 CloudEngine 设备上,可以对跨设备的链路进行聚合。

在两台设备之间提供冗余并避免环路,可以使用 Bonding;在多台设备之间提供冗余并避免环路,可以使用 STP,但 STP 在理解和使用上比较复杂。于是华为开发出了跨设备链路聚合技术 M-LAG(Multi-Chassis Link Aggregation Group),该技术的实现需要依赖特殊设备,应用场景比较少。

第 14 章 生成树协议

交换机是如何工作的?它的工作机制存在什么问题?如何解决?

14.1 生成树协议的作用

为了提高交换机之间的链路可靠性,通常会在交换机之间连接多条链路,但多条链路又会引入一个新问题——网络环路(简称环路)。为了在提高链路可靠性的同时避免环路的发生,工程技术人员开发出来了 STP 及相关技术。根据本书第 2 章可知,以太网不像 IP 网络那样具有防止环路(防环)机制,一旦发生环路,广播的数据帧就会在网络中不停地被复制转发,直到系统崩溃为止。因此,类似 STP 的以太网防环技术就显得非常重要了。

生成树协议(Spanning Tree Protocol,STP)是在 IEEE 802.1d 中定义的。设计 STP 的目的是在增加二层网络可靠性的同时,避免产生环路。STP 在网络中得到了广泛的应用,几乎所有厂家的可网管交换机在出厂时都默认开启了 STP 功能,一般都是基于快速生成树协议(Rapid Spanning Tree Protocol,RSTP)的多实例生成树协议(Multiple Instances Spanning Tree Protocol,MISTP)。

几乎所有的二层网络都会使用 STP 及其相关技术。

14.2 MAC 地址表的建立

在以太网中,交换机转发数据帧的依据是 MAC 地址表,所以我们也经常把交换机构建 MAC 地址表的过程称为交换机的工作原理。本节通过图 14-1 所示的 MAC 地址表的构建示例来进行说明。

(1) PC0 要和网络上的其他设备进行通信,它就要发送数据,数据帧到达 Switch0 时,Switch0 会将数据帧的源 MAC 地址(这里是 0060.70D8.6A01)当成一条条目记录在端口 Fa0/2 中,并启动老化定时器,记录这条条目的生存时间,于是交换机 Switch0 的 MAC 地址表就有了第一条条目:

```
Fa0/2   0060.70d8.6a01
```

不管有没有主机回应 PC0,都不会影响该条目的建立。

(2) 当 PC1 回应 PC0 时,回应的数据帧到达 Switch0,Switch0 也会将回应的数据帧的源 MAC 地址(0005.5E2E.542E)当成条目记录在端口 Fa0/3 中,并为这一条条目启动老化定时器,于是交换机 Switch0 的 MAC 地址表就有了第二条条目:

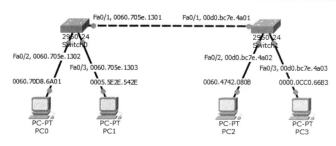

图 14-1　MAC 地址表的构建示例

交换机在读取某个端口接收到的数据帧的源 MAC 地址时，与该端口建立起对应关系，并构建 MAC 地址表。在接收到数据帧时，交换机会检查数据帧的源 MAC 地址是否在端口中有记录，如果没有，就在这个端口中以条目的形式记录数据帧的源 MAC 地址，并为这一条条目启动老化定时器；如果端口中有记录，则仅刷新该条目的老化定时器。

14.2.1　好问题一

问题来了，如果交换机上没有 MAC 地址表，那么 PC1 是如何接收 PC0 发给它的数据的？

新的专业术语出现了，Flooding。这是一个我至今都不会翻译专业术语，有的资料上译作"洪泛"，有的资料上译作"泛洪"，我个人认为第一个翻译得更好一些，Flooding 的过程犹如洪水泛滥。

当交换机收到一个数据帧时，这个数据帧的目的 MAC 地址不在交换机的 MAC 地址表里，洪泛的作用就是将数据帧复制到除接收该数据帧端口外的每一个活动端口（可不就是洪水泛滥嘛）。接收到数据帧的设备会根据不同的情况进行不同的处理，如接收、转发或丢弃等。

是时候画个流程图了。交换机的工作原理如图 14-2 所示。

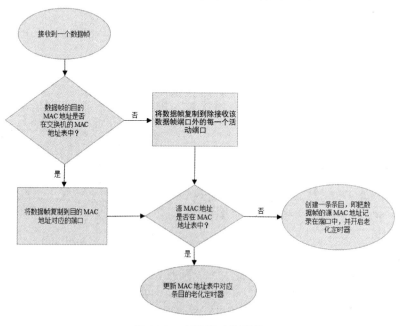

图 14-2　交换机工作原理

真是一图胜千言呀！

14.2.2 好问题二

问题又来了。如果 PC0 要访问的是 PC2，Switch0 会不会在端口 Fa0/1 中记录 PC2 的 MAC 地址呢？或者说 Switch1 会不会在端口 Fa0/1 中记录 PC0 的 MAC 地址？

这真的是一个好问题！PC0 发出的第一个数据帧因为洪泛的作用来到了 Switch1，Switch1 接收到这个数据帧后，要记录下数据帧的源 MAC 地址以创建 MAC 地址表，因为数据帧没有经过网络层处理，所以没有重新成帧（对数据帧进行封装），数据帧的源地址和目的地址并没有发生变化，交换机 Switch1 收到 PC0 的数据帧，会在 Fa0/1 中记录它的 MAC 地址。

因为 Switch1 还没有构建 MAC 地址表，所以开始洪泛。PC2 回应这个数据包后，Switch1 在查表后把这个回应复制到了端口 Fa0/1，并在端口 Fa0/2 中记录 PC2 的 MAC 地址。

同样的道理，Switch0 收到这个回应之后，要记录下数据帧的源 MAC 地址以创建 MAC 地址表。因为数据帧的源 MAC 地址和目的 MAC 地址并没有改变，所以交换机 Switch0 的端口 Fa0/1 会接收到数据帧，并在端口 Fa0/1 中记录数据帧的源 MAC 地址。

结合组网拓扑和描述，我们来看一下这两台交换机上的 MAC 地址表吧！

Switch0 的 MAC 地址表如下：

```
Switch0>show mac-address-table
        Mac Address Table
-------------------------------------------

Vlan    Mac Address       Type        ports
----    -----------       --------    -----

1       0000.0cc0.66b3    DYNAMIC     Fa0/1
1       0005.5e2e.542e    DYNAMIC     Fa0/3
1       0060.4742.080b    DYNAMIC     Fa0/1
1       0060.70d8.6a01    DYNAMIC     Fa0/2
1       00d0.bc7e.4a01    DYNAMIC     Fa0/1
Switch0>
```

Switch1 的 MAC 地址表如下：

```
Switch1>show mac-address-table
        Mac Address Table
-------------------------------------------

Vlan    Mac Address       Type        ports
----    -----------       --------    -----

1       0000.0cc0.66b3    DYNAMIC     Fa0/3
1       0005.5e2e.542e    DYNAMIC     Fa0/1
1       0060.4742.080b    DYNAMIC     Fa0/2
1       0060.705e.1301    DYNAMIC     Fa0/1
1       0060.70d8.6a01    DYNAMIC     Fa0/1
Switch1>
```

从两台交换机的 MAC 地址表可以看出，以太网设备在转发数据帧时，不修改数据帧的源 MAC 地址和目的 MAC 地址。

14.2.3　好问题三

好问题层出不穷！为了提高两台交换机之间链路的可靠性，在两台交换机之间搭建两条链路时，洪泛会将同一个数据帧复制到两个端口吗？

答案是肯定的。

如图 14-1 所示，Switch0 在 MAC 地址表没有构建起来之前，会通过洪泛将数据帧复制到与交换机相连的两个端口。Switch1 在相关 MAC 地址表没有构建起来之前，也会对 PC0 发送的数据进行洪泛，Switch0 收到后会再次进行洪泛，直到环路消失为止。

Switch1 会从两个端口接收源 MAC 地址相同的数据帧，Switch0 会从三个端口接收源 MAC 地址相同的数据帧，这会导致交换机的 MAC 地址表被频繁地修改，并上报 MAC 地址漂移告警。

我们知道，交换机是分隔冲突域、共享广播域的，网络通信又是基于广播的。广播帧和组播帧都会在同一个广播域内传输，如果没有采用防环技术，就会导致广播风暴，进而导致网络的性能下降甚至使网络不可用。

14.3　STP 详解

生成树协议的目的是通过生成树算法（Spanning Tree Algorithm，STA）来阻塞环状网络中的部分端口，从而把一个环状网络变成一个树状网络。要阻塞哪些端口，是由根桥通过运行 STA 来决定的，但在此之前，必须先选择根桥。

14.3.1　STP 与 Bonding

当然，读者可能会说："用 Bonding！除了可以增加可靠性，还可以增加链路带宽呢！"是的！Bonding 确实可以在提高链路可靠性的同时增加链路的带宽，但使用场景局限在两台交换机直接相连的情况。多台交换机互联或级联所遇到的环路问题，还是得请 STP 出马。

换句通俗的话来说，在两台交换机连接的场景中，解决多链路所带来的问题最好使用 Bonding；在多交换机互联或级联的场景中，最好使用 STP。

部署 STP 的目的是通过 STP 的拓扑计算，消除冗余链路所引起的环路问题。拓扑计算是通过 STA 算法实现的，消除环路和备份链路则是通过转化端口状态来实现的。

好吧！我承认这个前奏有点长，现在让我们进入主题吧！

14.3.2　STP 的术语

1. 生成树算法

交换机通过运行生成树算法（Spanning Tree Algorithm，STA），可以计算整个网络的拓扑、阻塞部分冗余端口，把环状网络转化为树状网络，并选择根桥（Root Bridge）、根端口（Root Port）和指定端口（Designated Port）等。

2．网桥协议数据单元

网桥协议数据单元（Bridge Protocol Data Unit，BPDU）用于在交换机之间交换信息，这些信息包括根桥 ID、发送端 ID、路径代价和端口 ID 等，可用于根桥和根端口的选择以及网络配置。

在 STP 中，有两种 BPDU，一种是配置 BPDU（Configuration BPDU），另一种是拓扑更改通知 BPDU（Topology Change Notification BPDU，TCN BPDU），有些技术文档也称为 TC BPDU 或 TC。Configuration BPDU 与 TCN BPDU 的格式一样，只是字段的利用不同，TCN BPDU 使用了更小的 Payload 字段内容。在工程实现中，一个 BPDU 既可以是 Configuration BPDU，也可以是 TCN BPDU，由 BPDU 的 Flags 字段和其他相关字段标识。

Configuration BPDU 可以把环状网络转换成树状网络，其实就是通过计算阻塞掉环状网络的某些端口，使其成为树状网络的。

TCN BPDU 只有在组网拓扑发生变化时才发出，目的是将 MAC 地址表的生存时间缩短，其实就是缩短 MAC 地址表的刷新时间。在思科交换机上，接收到 TCN BPDU 的交换机会把相关 MAC 地址条目的默认老化时间由 300 s 修改为 15 s；在华为交换机上，接收到 TCN BPDU 的交换机会把相关 MAC 地址条目立即老化。

BPDU 包含在以太网帧当中，目的地址是 01:80:c2:00:00:00，这是一个组播 MAC 地址。

STP 报文中的 Configuration BPDU 和 TCN BPDU 如图 14-3 所示，从中可以看到，Info 栏中显示为 Conf. Root 的 BPDU 是 Configuration BPDU；显示为 Conf. TC + Root 的 BPDU 是 TCN BPDU，其实就是对 Configure BPDU 的 TC 位进行置位。两种 BPDU 的格式是一样的，置不同的位就是不同的 BPDU，因此一个 BPDU 既可以是 Configuration BPDU，也可以是 TCN BPDU。

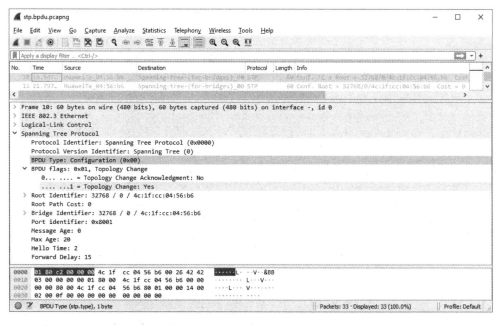

图 14-3　STP 报文中的 Configuration BPDU 和 TCN BPDU

每一台交换机既可以产生 TCN BPDU，也可以产生 Configuration BPDU，只有根桥产生的 TCN BPDU 才可以被全网转发，其他网桥产生的 TCN BPDU 只能向上级网桥转发。网桥并不是简单地转发 Configuration BPDU，而是重新生成一个 Configuration BPDU。

3．网桥 ID（Bridge ID）

网桥 ID 用来标识网络中的某个网桥，由网桥优先级和网桥的 MAC 地址组成。网桥 ID 是 64 bit 的二进制数，高 16 bit 表示网桥的优先级，低 48 bit 表示网桥的 MAC 地址，如图 14-3 中的 Bridge Identifier 字段所示。在选择根桥时会比较网桥 ID，ID 最小的网桥会被选为根桥。

4．网桥优先级（Bridge Priority）

网桥优先级是一个 16 bit 的二进制数，默认值是 32768，可选值是一个公差为 4096 的等差数列，最小值是 0，最大值是 61440，数值越小，越有可能被选举为根桥。

在网络中部署 STP 时，很大程度上就是修改网桥优先级，用来避免性能较差的设备被选为根桥，但在实际的网络中我们一般不直接修改网桥优先级，而是通过直接配置根桥或备份根桥的方式来间接修改网桥优先级的。

思科交换机的网桥优先级的默认值是 32768，根桥的优先级会被设置为 24576，备份根桥的优先级会被设置为 28672。

华为交换机的网桥优先级的默认值也是 32768，根桥会的优先级会被设置为 0，备份根桥的优先级会被设置为 4096。

在华为交换机上配置根桥或备份根桥的命令如下：

```
[Huawei]stp instance 1 root ?
 primary  Primary oroot switch
 secondary  Secondary root switch

[Huawei]stp instance 1 root primary ?
 <cr>

[Huawei]stp instance 1 root primary
```

在运行 PVST 协议的思科交换机上配置根桥或备份根桥的命令如下：

```
Switch0(config)#spanning vlan 10 ?
 priority  Set the bridge priority for the spanning tree
 root      Configure switch as root
 <cr>
Switch0(config)#spanning vlan 10 root ?
 primary    Configure this switch as primary root for this spanning tree
 secondary  Configure switch as secondary root
Switch0(config)#spanning vlan 10 root primary ?
 <cr>
Switch0(config)#spanning vlan 10 root primary
```

5．网桥 MAC 地址

网桥 MAC 地址是一个 48 bit 的二进制数，高 24 bit 表示生产厂商，低 24 bit 表示流水号，因此设备的 MAC 地址在全球是唯一的。交换机的 MAC 地址是一个烧录（Burn In）地址，一经写入就不被改变。一般，一台交换机只有一个 MAC 地址，所有的端口都使用这个 MAC 地址，即使三层交换机的 SVI，使用的也是这个 MAC 地址。大型框式交换机的每块业务板都有一个 MAC 地址。思科和华为的一些高端三层交换机不同的 SVI 使用不同的 MAC 地址，这一点与路由器有所不同，路由器上的每个端口都有一个 MAC 地址。有关 MAC 更多知识，请参考本书第 2 章。

6．端口 ID（Port ID）

端口 ID 是一个 16 bit 的二进制数，由端口优先级和端口号组成，高 8 bit 表示端口优先级，低 8 bit 表示端口号。在选择指定端口时会比较端口 ID，ID 比较小的端口被选为指定端口。

如果想有意识地影响网络流量的路径，可以通过选择指定端口来实现，从而让数据帧在可靠性和带宽都比较高链路上传输。这就需要修改端口 ID，但由于端口号是无法改变的，因此就只能修改端口优先级。换句话说就是，修改端口 ID 只能通过修改端口优先级来实现。

7．端口优先级（Port Priority）

端口优先级是一个 8 bit 的二进制数，思科设备和华为设备上的端口优先级的默认值都是 128，可选值是一个公差为 16 的等差数列，最小值是 0，最大值是 240。

因为端口 ID 是由端口优先级和端口号组成的，所以修改端口优先级的最终结果就是修改端口 ID，从而影响端口的选择。端口优先级相对小的端口会被选为指定端口。

在华为交换机上修改端口优先级的命令如下：

```
[Huawei-GigabitEthernet1/0/47]stp port priority ?
  INTEGER<0-240>  Port priority, in steps of 16. The default is 128. Valid
                  values are 0, 16, 32, 48, 64, 80, 96, 112, 128, 144, 160,
                  176, 192, 208, 224, and 240

[Huawei-GigabitEthernet1/0/47]stp port priority
```

在运行 PVST 协议的思科交换机上修改端口优先级的命令如下：

```
Switch(config-if)#spanning-tree vlan 2 port-priority ?
  <0-240>  port priority in increments of 16
Switch(config-if)#spanning-tree vlan 2 port-priority
```

8．根桥（Root Bridge）

在选择根桥时会比较网桥 ID，ID 最小的网桥会被选为根桥。每个 STP 网络中有且仅有一个根桥。在网络中可以通过修改网桥 ID（实际上是修改网桥优先级）的方式来影响根桥的选择，以避免不合适的网桥（如性能低的网桥）成为根桥。

9．指定网桥（Designated Bridge）

对于一台交换机来说，指定网桥是指与本机直接相连并且拥有指定端口的，负责向本交换机发送 Configuration BPDU 的网桥。对于一个 STP 网络来说，指定网桥是网络中负责发送 Configuration BPDU 的网桥，根桥肯定是指定网桥，指定网桥却不一定是根桥。Configuration BPDU 是由指定端口发送的。

10．非根桥（Nonroot Bridge）

在 STP 网络中，除根桥和备份根桥外的其他网桥都是非根桥。

11. 路径开销（Path Cost）

路径开销是指经过某段路径的成本，是通过端口体现出来的。路径开销是生成树计算的重要依据，用来选择指定端口和根端口。交换机的路径开销是以端口速率为依据来计算的，端口速率值越高，路径开销越小。华为交换机有三种计算路径开销的办法：

- dot1d-1998：IEEE 802.1D-1998，可表示的数字范围是 1～65535。
- dot1t：IEEE 802.1T，可表示的数字范围是 1～200000000。
- legacy：历史遗留计算法，可表示的数字范围是 1～200000。

华为交换机的默认计算方法是 dot1t，即 IEEE 802.1T。在华为交换机上修改计算路径开销方法的命令如下：

```
[Huawei]stp pathcost-standard ?
 dot1d-1998  IEEE 802.1D-1998
 dot1t       IEEE 802.1T
 legacy      Legacy

[Huawei]stp pathcost-standard dot1t
[Huawei]int gig 1/0/47
[Huawei-GigabitEthernet1/0/47]stp cost ?
 INTEGER<1-200000000>  Port path cost

[Huawei-GigabitEthernet1/0/47]stp cost 100
```

思科交换机计算路径开销的方法有两种：

- short：短方法，使用 16 bit 的二进制数来表示路径开销，可表示的数字范围是 1～65535。
- long：长方法，使用 32 bit 的二进制数来表示路径开销，可表示的数字范围是 1～200 000 000。

思科交换机的默认计算方法 long。作者试图在运行 PVST 协议的思科交换机上修改计算路径代价的方法，但没有思科的模拟环境，也没有设备环境，只能根据在思科官方网站上找到的资料，推演配置过程，如下所示：

```
switch(config)# spanning-tree pathcost method ?
  long   Specifies the 32-bit based values for port path costs.
  short  Specifies the 16-bit based values for port path costs.
switch(config)# spanning-tree pathcost method long
switch(config)# interface ethernet 0/1
switch(config-if)# spanning-tree cost 100
```

12. 根路径开销（Root Path Cost）

根路径开销是指某端口到达根桥所经过路径的开销总和。

14.3.3 STP 的端口

1. 指定端口（Designated Port）

指定端口是负责发送 Configure BPDU 的端口。根桥上的端口都是指定端口；在非根桥上，会在远离根桥的一端选择指定端口。只有指定端口才会发送 Configure BPDU，指定端口并不一定会转发用户数据，因为指定端口的对端可能是根端口，也有可能是阻塞端口。

如果到达根桥的路径不止一条，那么：
- 到达根桥路径开销最小的端口就会被选为指定端口；
- 如果多个端口的路径开销相同，则根据端口 ID 选择指定端口，ID 小的端口会被选为指定端口；
- 可以通过修改端口优先级来影响指定端口的选择，修改端口优先级其实就是修改端口 ID。

2．根端口（Root Port）

在非根桥上会选择一个根端口，这个端口负责向根桥转发用户数据，接收根桥发送的 Configuration BPDU。根端口只在非根桥上出现，位于指定端口的对端，一台交换机上只有一个根端口。

根端口的选择与指定端口的选择机制大致相同，如果到达根桥的路径不止一条，那么：
- 到达根桥路径开销最小的端口就会被选为根端口；
- 如果多个端口的路径开销相同，则根据端口 ID 选择根端口，ID 小的端口会被选为根端口；
- 可以通过修改端口优先级来影响根端口的选择，修改端口优先级其实就是修改端口 ID。

14.3.4　STP 的端口状态

1．禁用（Disabled/Down）

禁用是指端口处于不可用状态，既不处理 BPDU，也不转发用户数据。有的技术文档将禁用称为 Disabled，有的将禁用称为 Down，虽然叫法不同，但本质都是不可用。

2．阻塞（Blocking）

被 STP 阻塞掉的端口处于阻塞状态。处于阻塞状态的端口只处理 BPDU，但不构建 MAC 地址表，也不转发用户数据。

3．侦听（Listening）

处于侦听状态的端口只处理 BPDU，但不构建 MAC 地址表，也不转发用户数据。侦听状态是一种过渡状态，指端口还没有完全确定自己的角色。也有说法认为，只有确定了自己身份的端口（指定端口或根端口）才会进入侦听状态，这种状态的端口还不能够转发用户数据，不是最终状态，最终状态只会是阻塞状态或转发状态。

4．学习（Learning）

处于学习状态的端口可以处理 BPDU，接收用户数据并构建 MAC 地址表，但不转发用户数据。学习状态也是一种过渡状态，还没有完全确定自己的角色。也有说法认为，只有确定了自己身份的端口（指定端口或根端口）才会进入学习状态。

5．转发（Forwarding）

处于转发状态的端口可以处理 BPDU，构建 MAC 地址表，转发用户数据。指定端口和根端口进入转发状态后会成为转发端口。

根端口和指定端口都要先后经历侦听状态和学习状态，才能进入转发状态，从而转发用户数据。侦听状态和学习状态在本质上与阻塞状态一样，都不转发用户数据。转发时延是 15 s，而等待两倍的转发时延后才会进入转发状态，包括 15 s 的侦听状态和 15 s 学习状态。

处于阻塞状态的端口只接收 BPDU，但不构建 MAC 地址表，也不转发用户数据；处于侦听状态和学习状态的端口只构建 MAC 地址表，不转发用户数据；只有处于转发状态的端口才构建 MAC 地址表并转发用户数据。

当网络拓扑结构稳定后，端口只会处于转发状态或者阻塞状态，如果还有其他状态的端口，说明网络还不稳定。

14.3.5　STP 的端口转化图

STP 端口状态转化如图 14-4 所示，具体如下：

① 端口在初始化或使能后，进入阻塞状态。

② 端口被选为根端口或指定端口后，进入侦听状态。

③ 端口的过渡状态停留时间到达后，先进入侦听状态，再进入学习状态，端口被选为根端口或指定端口。

④ 端口不再是根端口、指定端口或指定状态后，进入阻塞状态。

⑤ 端口被禁用或者链路失效后，进入禁用状态。

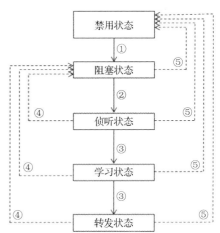

图 14-4　STP 的端口状态转化（引自华为产品的技术文档）

14.3.6　STP 的瑕疵

在 STP 中，端口角色和端口状态非常容易混淆，当初在设计端口角色和端口状态的解耦时没有考虑清楚，这是 STP 一个小瑕疵。另外一种说法是，STP 的端口角色只有指定端口和根端口，转发端口、阻塞端口都是端口状态。显然这一种说法不太能站得住脚。

初学者看到这里应该已经有所感受了，一点点的困惑不必太在意，继续前行，很快就会柳暗花明。

14.3.7　STP 的网络收敛时间

1. 呼叫时间（Hello Time）

运行 STP 的设备为了保持彼此的在线状态，会定时发送一个 Configuration BPDU，用来检测链路或设备故障。网络收敛后，如果想修改呼叫时间，只能在根桥上进行修改，根桥会通过 BPDU 将计时器信息传递到整个网络。呼叫时间的默认值 2 s，通过抓包很容易看到。

2. 转发时延（Forward Delay Time）

转发时延指一个端口处于侦听状态或学习状态的时延，两种状态的时延都默认是 15 s 秒，即侦听时延为 15 s，随后的学习时延也是 15 s。侦听时延或学习时延称为转发时延，在这两个状态下的端口相当于处在阻塞状态，因为端口此时并不转发用户数据。设置 STP 的转发时延其实就是设置侦听时延和学习时延。转发时延是 STP 避免临时环路的关键。

为了避免造成临时环路，新选出来的指定端口和根端口会等待 2 倍的转发时延后，才进入转发状态。这个时延保证了新的 Configuration BPDU 能够传遍整个网络，可规避临时环路的产生。

3．老化时间（Max Age）

Max Age 是指端口 BPDU 的老化时间。网络收敛以后，如果想修改 Max Age，则只能在根桥上进行，根桥会通过 BPDU 将计时器信息传递到整个网络。老化时间的默认值是 20 s。

通过上面的介绍可知，STP 的网络收敛时间最多可能需要 52 s，即 Hello Time（2 s）+ Listening Time（15 s）+ Learning Time（15 s）+ Max Age（20 s）= 52 s。

14.3.8　STP 对拓扑变化的处理

STP 将端口的状态由 Up 转为 Down 或由 Down 转为 Up，都视为拓扑变化。

（1）一旦交换机检测到拓扑发生变化，就会不停向上游设备发送 TC 字段被置位的 Configuration BPDU。

（2）上游设备收到 Configuration BPDU 后，会回送 TC 字段和 TCA 字段都被置位的 Configuration BPDU，告知下游设备停止发送 TC 字段被置位的 Configuration BPDU，同时复制一份 TC 字段被置位的 Configuration BPDU，并发送到根桥。

（3）重复步骤（1），直到根桥收到这个 TC 字段被置位的 Configuration BPDU。

（4）根桥同时置位 Configuration BPDU 中的 TC 字段与 TCA 字段，并发给所有的下游设备，TC 字段被置位是通知下游设备删除 MAC 地址表（基于华为设备实现）或快速老化 MAC 地址表（基于思科设备实现），TCA 字段被置位是通知下游设备停止发送 TC 字段被置位的 Configuration BPDU。根桥会持续发送 TC 字段被置位的 Configuration BPDU，持续时间为最大老化时间+转发时延。

只有指定端口才会处理 TC 字段被置位的 Configuration BPDU，其他端口可以接收，但不处理。

14.3.9　STP 实践

要想在网络中部署 STP，其实只需要确保将适合的交换机选为根桥即可，将性能和位置均比较合适的交换机的网桥 ID 改成全网的最小值，将备份根桥的网桥 ID 改成全网第二小。在网络中最常用的方法是直接将相关的交换机设置为根桥或备份根桥。其次的方法是修改端口 ID，以影响端口角色的选择，实现的方法是修改端口优先级，从而达到修改端口 ID 的目的。还有一种方法是修改路径开销，如果是不同厂家的设备互联，那么在修改路径开销时还需要注意路径开销的计算方法要一致。

我们不推荐在网络中部署 STP。事实上 STP 在网络中也基本不用，主要是因为它存在以下问题：

- 端口角色和端口状态的定义不清晰，不便于理解、学习及实现；
- 依赖于定时器，网络收敛速度慢；

⊃ Configuration BPDU 只能由根桥发出，同样会影响网络收敛速度。

14.4 快速生成树协议

快速生成树协议（Rapid Spanning Tree Protocol，RSTP）是在 IEEE 802.1w 中定义的，主要目的是解决 STP 效率低的问题。很多设备厂家在实现 RSTP 时，都将某些端口设置成特殊的角色，减少端口的过渡状态，从而提高网络收敛速度，减少网络的不可用时间。

14.4.1 RST 的网桥协议数据单元

RSTP 的网桥协议数据单元（BPDU）与 STP 的网桥协议数据单元使用的格式相同，但字段的置位不同。STP BPDU 中的 Type 字段的值是 0x00，表示 STP BPDU，是 Configuration BPDU，如图 14-3 所示。RSTP BPDU 中的 Type 字段的值是 0x02，表示 RSTP BPDU，是 RST BPDU，如图 14-5 所示。也可以认为，STP 中的 Configuration BPDU 在 RSTP 中被称为 RST BPDU。

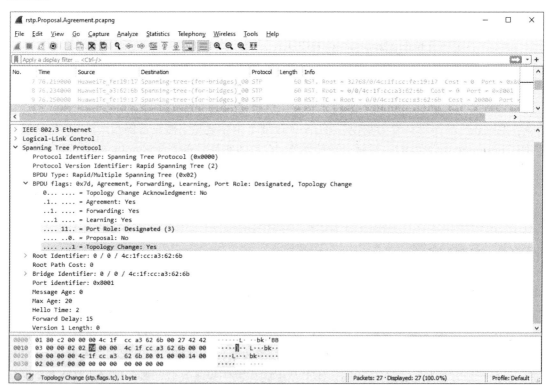

图 14-5　RSTP 报文中的 RST BPDU

RST BPDU 将 Flags 字段的 8 bit 全部利用起来；Configuration BPDU 只用到了 Flags 字段的第 0 位和第 7 位，即 bit0 和 bit7，RST BPDU 的 Flags 字段如表 14-1 所示。

表 14-1 RST BPDU 的 Flags 字段

7	6	5	4	3	2	1	0
Topology Change Acknowledge	Agreement	Forwarding	Learning	Port Role		Proposal	Topology Change

14.4.2 RSTP 的端口角色

RSTP 的端口角色有四种，分别是根端口（Root Port）、指定端口（Designated Port），以及为支持 RSTP 快速特性的替代端口（Alternate Port）和备份端口（Backup Port）。其中指定端口和根端口的定义与 STP 中的定义是一样的，这里不做赘述，本节重点介绍替代端口和备份端口。

端口角色由 RST BPDU 的 Flags 字段第 2 位（bit2）和第 3 位（bit3）表示，如表 14-2 所示。

表 14-2 RST BPDU 的 Flags 字段中的 bit2 与 bit3 表示的端口角色

bit3	bit2	端口角色
0	0	Unknow
0	1	替代端口/备份端口
1	0	根端口
1	1	指定端口

1．备份端口

备份端口是指定端口的备份，当指定端口失效时，备份端口可以快速转换成指定端口，但需要经过 P/A 机制的协商，有一定时延，一般不超过 5 s。备份端口在接收到自己发送的 RST BPDU 后，会进入阻塞状态。备份接口会出现在根桥和非根桥上。

2．替代端口

替代端口是根端口的备份端口，当根端口失效时，替代端口可以快速转换成根端口，不经过协商，无时延。替代端口接收到其他网桥发送的 RST BPDU 后，会进入阻塞状态。替代端口只会出现在非根桥上。

14.4.3 边缘端口和快速端口

华为交换机的边缘端口（Edge Port）与思科交换机的快速端口（Fast Port）的功能是一样的，都是为了在连接终端设备时实现快速转发数据帧的功能。设计边缘端口的目的只有一个，就是让连接终端设备的端口状态变为 Up 后快速进入转发状态。RSTP 中边缘端口由管理员指定，与协议无关。边缘端口通常是指定端口。如果某个边缘端口的状态变为 Up，则该端口可以快速进入转发状态；当边缘端口接收到 RST BPDU 后，其角色和状态由 RSTP 决定。

边缘端口的优点如下：

◯ 边缘端口在其状态变为 Up 后会直接进入转发状态，能快速提供业务，与 STP 相比，最多能快 52 s；
- 边缘端口在进入转发状态时不产生 TCN BPDU，可减少网络数据流量和系统开销，保证网络的稳定性；
- 在生成树拓扑发生变化时边缘端口不会进入阻塞状态，可持续提供业务，保证业务的稳定性，减少系统开销；
- 边缘端口在接收到 TCN BPDU 时不会刷新 MAC 地址表，可持续提供业务，保证业务的稳定性；
- 系统不会向边缘端口转发 TCN BPDU，可减少网络数据流量和系统开销；
- 边缘端口在接收到 RST BPDU 后会变成普通端口，可防止环路发生，保证网络业务的连续性。

边缘端口的缺点如下：
- 可能会造成最长 2 s 的临时环路；
- 在接收到 RST BPDU 后会成为普通端口，需要重新计算生成树、刷新 MAC 地址表，会导致网络不稳定；
- 边缘端口仍然会向它所连接的端口发送 BPDU，如果这个端口连接的不是终端设备而是网络设备，可能会导致对方网络不稳定。

对于以上存在的缺点，可以使用以下方法解决：
- 在边缘端口启用 BPDU 保护，并配置自动恢复，其作用是在接收到 RST BPDU 后关闭端口（Error Down）；
- 在边缘端口启用 BPDU 过滤器，让边缘端口不收发 BPDU。

基于边缘端口的特性，建议把所有连接终端设备的端口都设置成边缘端口，如用户桌面终端、网络电话机、服务器、打印机等，可以加快网络进入转发状态、减少网络振荡。

14.4.4 RSTP 的端口状态

RSTP 的端口有三种状态，依据是否接收 BPDU、是否学习 MAC 地址、是否转发用户数据帧，可以将 RSTP 的状态分为丢弃状态、学习状态和转发状态。端口状态是由 RST BPDU 中 Flags 字段的 bit5 和 bit4 组合表示的，如表 14-3 所示。

表 14-3　RST BPDU 中 Flags 字段的 bit5 与 bit4 组合表示的端口状态

bit5	bit4	端口状态
0	0	丢弃状态
0	1	学习状态
1	1	转发状态

1. 丢弃（Discarding）状态

处于丢弃状态的端口不转发用户的数据帧、不学习 MAC 地址，但接收 BPDU。任何一个端口都可能处于丢弃状态，对于根端口、指定端口、替代端口、备份端口等来说，丢弃状态是一种过渡状态。

当端口从 Down 状态变为 Up 状态时，端口先处于丢弃状态；当网络稳定后，只有替代端口、备份端口才会处于丢弃状态，且只能处于丢弃状态。

2. 学习（Learning）状态

处于学习状态的端口不转发用户的数据帧，但学习 MAC 地址、接收 BPDU。只有根端口和指定端口才会处于学习状态，但网络稳定后不会再有端口处于学习状态。学习状态仅仅只是一种过渡状态，在正常情况下存在的时间比较短，网络收敛后就不会再有学习状态了，取而代之的是丢弃状态或转发状态。

3. 转发（Forwarding）状态

处于转发状态的端口接收 BPDU、学习 MAC 地址、转发用户的数据帧。只有根端口和指定端口才会处于转发状态。

当 RSTP 网络收敛后，端口只会处于以下状态：

- 指定端口和根端口处于转发状态；
- 替代端口和备份端口处于丢弃状态。

14.4.5　RSTP 对 BPDU 的处理

（1）在网络稳定后，对于非根桥，不论是否接收到根桥发送的 RST BPDU，都会自动按照呼叫时间规定的时间间隔发送 RST BPDU。非根桥不转发根桥的 RST BPDU，而是重新生成一个 RST BPDU。如果网络拓扑发生变化，发生变化处的交换机发送 TC 字段被置位的 RST BPDU 并在网络内扩散，不依赖于根桥。

（2）RSTP 的 RST BPDU 超时时间相比 STP 的 Configuration BPDU 更短。RSTP 端口的超时时间= Hello Time×3×Timer Factor，而 STP 需要等待老化时间（Max Age，默认为 20 s）。一个端口在一个超时时间间隔内没有收到对端发送的 RST BPDU，就认为对端失效。

（3）一个端口接收到上游的指定网桥发送的 RST BPDU，该端口就会对接收到的 RST BPDU 与自身存储的 RST BPDU 进行比较，根据优先级高低选择接收或丢弃。如果接收到的 RST BPDU 优先级比自己存储的 RST BPDU 优先级低，则丢弃接收到的 RST BPDU 并回应自己存储的 RST BPDU，不再依赖于定时器，从而加速了网络收敛。

14.4.6　RSTP 的 P/A 机制

P/A（Proposal/Agreement，提议/同意）机制的作用是通过相互协商来选择端口角色、确定端口状态。P/A 机制是 RSTP 网络快速收敛的重要技术和关键因素。P/A 机制如图 14-6 所示。

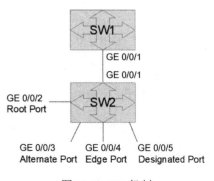

图 14-6　P/A 机制

在图 14-6 中，SW1 的网桥的 MAC 地址是 4C:1F:CC:A3:62:6B，SW2 的网桥的 MAC 地址是 4C:1F:CC:FE:19:17。我们通过抓包来分析 P/A 机制。

（1）两台运行 RSTP 的交换机 SW1 和 SW2 连接后，都认为自己是根桥，相连的两个端口都是指定端口。两台交换机互发 RST BPDU，Agreement 位和 Proposal 位都被置位，端口状态不是转发状态和学习状态，而是丢弃状态，如图 14-7 与图 14-8 所示。

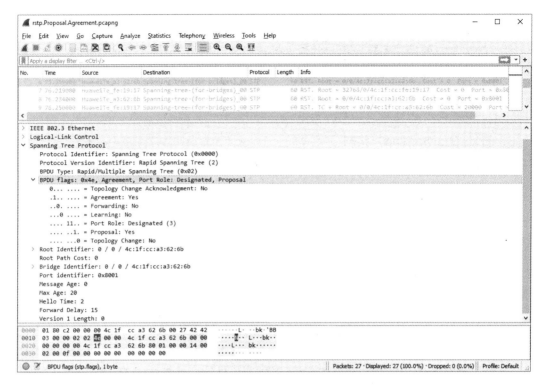

图 14-7　SW1 向 SW2 发送 Proposal 位和 Agreement 位被置位的 RST BPDU

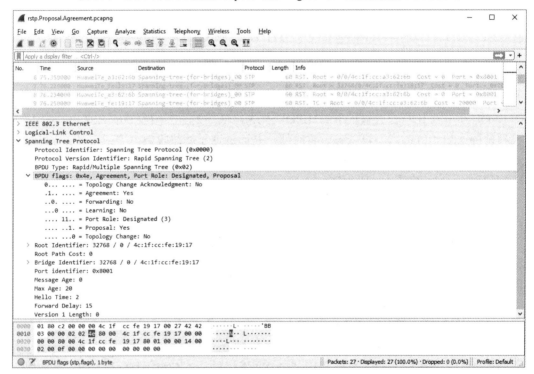

图 14-8　SW2 向 SW1 发送 Proposal 位和 Agreement 位被置位的 RST BPDU

（2）比较两台交换机的网桥 ID 后发现，SW1 的网桥优先级的值更小，被选为根桥，由它再发送一个 Proposal 位和 Agreement 位被置位的 RST BPDU，如图 14-9 所示，端口角色是指定端口，端口状态是丢弃状态。SW2 停止并不再发送 RST BPDU。

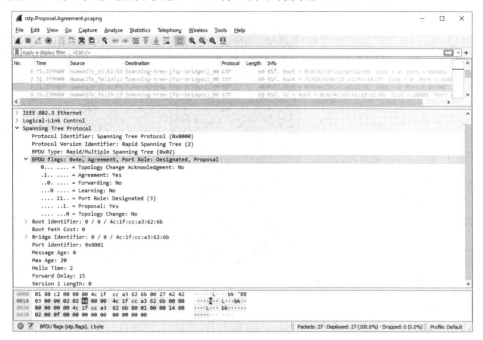

图 14-9　SW1 向 SW2 再发送一个 Proposal 位和 Agreement 位被置位的 RST BPDU

还有一种情况是端口优先级数值较小的 SW1 先发现两台交换机之间的链路，在 SW2 还没有向 SW1 发送 Proposal 位和 Agreement 位被置位的 RST BPDU 前，SW1 已经向 SW2 发送了两个 Proposal 位和 Agreement 位被置位的 RST BPDU，如图 14-10 中的第 12 个数据帧和第 13 个数据帧，SW2 就不再向 SW1 发送 Proposal 位和 Agreement 位被置位的 RST BPDU。

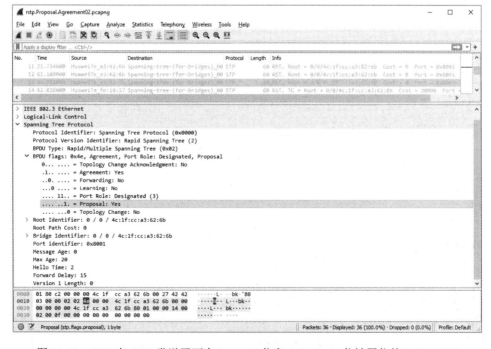

图 14-10　SW1 向 SW2 发送了两个 Proposal 位和 Agreement 位被置位的 RST BPDU

（3）SW2 接收到来自根桥的 Proposal 位被置位的 RST BPDU，开始同步所有的下游端口，将所有的下游端口的 Sync 位都置位，因为边缘端口不参与计算，替代端口已经处于丢弃状态，所以结果是边缘端口的指定端口进入丢弃状态，如 SW2 的端口 GE 0/0/2。这个状态持续时间非常短，需要在连接到 SW1 的端口时在 SW2 上执行查看的命令，从图 14-11 中多次执行的 dis stp brief 命令中可以看出，在网络收敛过程中，相关端口的角色和状态的变化。

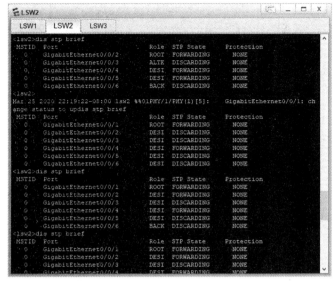

图 14-11 在网络收敛过程中相关端口的角色和状态的变化

（4）SW1 会发送过来两个 TC（Topology Change）位被置位的 RST BPDU，在第一个 TC 位被置位的 RST BPDU 中，将自己的端口角色设置为根端口，将端口状态设置为转发状态和学习状态。如图 14-12 所示；在第二个 TC 位被置位的 RST BPDU 中，将自己的端口角色设置为指定端口，将端口状态设置为转发状态，如图 14-13 所示。TC 位被置位的 RST BPDU 会快速被转发到网络中的其他交换机上，接收到 TC 位被置位的 RST BPDU 的交换机会重新运行 STA，重新选择端口角色和确定端口状态。

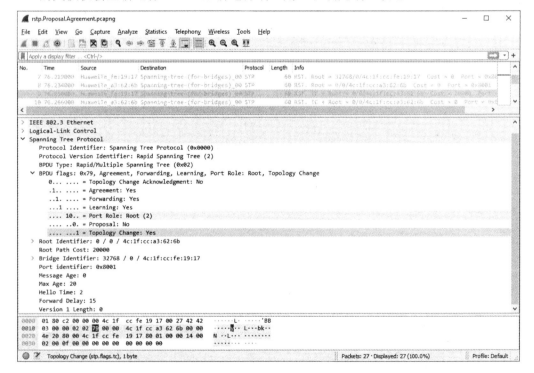

图 14-12 根交换机 SW1 发送第一个 TC 位被置位的 RST BPDU

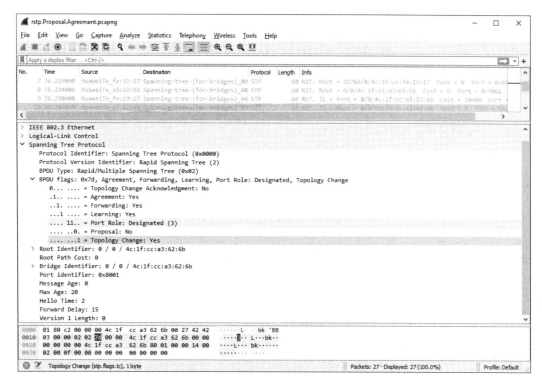

图 14-13　根交换机 SW1 发送第二个 TC 位被置位的 RST BPDU

（5）P/A 过程结束后，SW1 以 2 s 为周期，持续发送常规 RST BPDU，从而维护网络的稳定性。

14.4.7　RSTP 比 STP 收敛快的原因

通过前面的介绍可知，STP 最多可能需要 52 s 的收敛时间。相比而言，RSTP 的收敛时间明显比 STP 要少得多。主要原因如下：

（1）RSTP 引入了边缘端口和替代端口，边缘端口可以在端口状态变为 Up 后直接进入转发状态，替代端口是根端口的备份，当根端口失效后替代端口可直接替换失效的根端口，并进入转发状态。

（2）RSTP 引入了 P/A 机制，该机制的收敛速度不依赖于定时器，当端口的状态变为 Up 时就开始进行 P/A，P/A 过程不需要定时器参与和等待，持续时间一般不超过 5 s。

（3）在 RSTP 中，发送 TC 位被置位的 RST BPDU 不依赖于根桥，任何角色的交换机都可以向邻居转发 TC 位被置位的 RST BPDU；而在 STP 中，TC 位被置位的 Configuration BPDU 必须先上传到根桥后，再由根桥向全网转发。

14.4.8　RSTP 对拓扑变化的处理

RSTP 中检测拓扑变化的原则是一个非边缘端口进入转发状态。

交换机一旦检测到拓扑变化，就会为根端口和非边缘端口的指定端口启动一个计时器，此计时器称为 TC While Timer，定时时间是呼叫时间（Hello Time）的 2 倍。在 TC While Timer

的定时时间内，华为交换机会清空所有端口上学习到的 MAC 地址，思科交换机会把 MAC 地址的老化时间设置为 15 s，加速其老化。同时，由根端口和非边缘端口的指定端口向外发送 TC 位被置位的 RST BPDU。一旦 TC While Timer 超时，则停止向外发送 TC 位被置位的 RST BPDU，所以只发送了 2～3 个 TC 位被置位的 RST BPDU。

14.4.9 RSTP 的保护

1．BPDU 保护

BPDU 保护是针对边缘端口或快速端口的。

边缘端口在接收到 RST BPDU 时会变成普通端口，导致生成树的重新计算以及 MAC 地址表不稳定，造成网络不稳定和网络业务流中断。为了防止这种情况发生，可以在边缘端口上配置 BPDU 保护。配置了 BPDU 保护的交换机，如果边缘端口接收到 RST BPDU，就会触发端口的 Error Down，即关闭端口，记录日志并上报网络管理员。关闭的端口需要由网络管理员手动开启，除非配置了自动恢复。

华为交换机实现 BPDU 保护以及将 Error Down 自动恢复时间的默认值设为 600 s 的命令如下：

```
<HUAWEI>system-view
[HUAWEI]stp bpdu-protection
[HUAWEI]error-down auto-recovery cause bpdu-protection interval 600
```

思科交换机的快速端口和 BPDU 保护是在端口视图下实现的，配置只对当前端口生效，命令如下：

```
Switch>en
Switch#config ter
Enter configuration commands, one per line. End with CNTL/Z.
Switch(config)#in fa 0/1
Switch(config-if)#spanning-treebpduguard enable
```

将思科交换机的 Error Down 自动恢复时间的默认值设为 300 s，命令如下：

```
Switch(config)#errdisable recovery cause bpduguard
Switch(config)#errdisable recovery interval 300
```

2．防 TC BPDU 保护

防 TC BPDU 保护是针对 TC BPDU 的，即 TC 位被置位的 RST BPDU。

交换机在接收到 TC BPDU 后，会删除 MAC 地址表中的相关条目，三层交换机还会同时删除 ARP 表中的相关条目。如果攻击者伪造 TC BPDU 并发送到网络中，则会使网络设备删除 MAC 地址表的相关条目，并重新计算生成树，进而导致网络的可用性下降。

配置了防 TC BPDU 保护的交换机，在单位时间内只会集中处理一次 TC BPDU。此功能在华为交换机上一般都是默认开启的，在默认的呼叫时间内处理 1 个 TC BPDU。作者不建议修改此配置。

作者仅在思科的官方网站上找到了对根保护（Root Guard）、环路保护（Loop Guard）和 BPDU 保护（BPDU Guard）的支持，未发现对防 TC BPDU 保护的支持。

3．根保护

根保护在指定端口生效，用来保护根桥的地位。

如果根端口接收到了优先级更高的 RST BPDU，会导致根桥失去其根地位，进而导致网络不稳定，影响网络的可用性和业务的连续性，甚至会导致业务流量走在低速链路上，降低网络的服务质量。根保护就是针对这种情形提出的。

BPDU 保护应用在边缘端口（或快速端口），用来防止边缘端口（快速端口）在接收到 RST BPDU 时变成普通端口；根保护应用在指定端口，用来防止根桥被取代。BPDU 保护防范的是 RST BPDU，不管优先级如何；根保护防范的是优先级值更小的 RST BPDU。两种保护的保护动作都是将端口置于丢弃状态，但 BPDU 保护需要手动恢复或配置自动恢复才能进入转发状态；根保护不需要网络管理员干预，通常等待两倍的转发时延就可以自动恢复，进入转发状态。

根保护功能与 BPDU 保护功能相似，二者的对比如表 14-4 所示。

表 14-4 BPDU 保护与根保护的对比

保护类型	端口角色	防范对象	保护动作	是否自动恢复
BPDU 保护	边缘端口或快速端口	RST BPDU	将端口置于丢弃状态	否
根保护	指定端口	优先级值更小的 RST BPDU	将端口置于丢弃状态	是

根保护可以配置在任意端口，但只在指定端口中生效，而且根保护不能与环路保护配置在同一端口。

华为设备实现根保护的配置如下：

```
<HUAWEI> system-view
[HUAWEI] interface GigabitEthernet 0/0/1
[HUAWEI-GigabitEthernet0/0/1] stp root-protection
[HUAWEI-GigabitEthernet0/0/1] quit
```

思科设备实现根保护的配置如下：

```
Switch# configure terminal
Enter configuration commands, one per line.  End with CNTL/Z.
Switch(config)# interface fastethernet 0/8
Switch(config-if)# spanning-tree rootguard
```

4．环路保护

如果链路拥塞或出现单向链路故障，则会导致根端口和处于丢弃状态的端口进入转发状态，从而造成网络环路。在部署了环路保护的交换机上，如果根端口或替代端口长时间接收不到来自上游设备的 RST BPDU，则将自己设置为指定端口，将端口状态设置为丢弃状态，并向网络管理员发出通知消息。当链路不再拥塞或单向链路故障恢复，且端口重新接收到 RST BPDU 时，可恢复到链路故障前的角色和状态。

华为设备实现环路的配置如下：

```
<HUAWEI> system-view
[HUAWEI] interface GigabitEthernet 0/0/1
[HUAWEI-GigabitEthernet0/0/1] stp loop-protection
[HUAWEI-GigabitEthernet0/0/1] quit
```

思科设备实现环路的配置如下：

```
Switch# configure terminal
Enter configuration commands, one per line.  End with CNTL/Z.
```

```
Switch(config)#interface gigabitEthernet 1/1
Switch(config-if)#spanning-tree guard loop
```

14.4.10 思科设备对 RSTP 的增强

思科设备对 RSTP 做了增强，但属于私有特性，这些增强主要有 Backbone Fast、Uplink Fast 和快速端口，其中快速端口与华为设备的边缘端口非常相似，都是应用在终端设备接入时快速进入转发状态。在相应的连接场景下设置相关的特性能够加快网络的收敛速度。

14.4.11 STP/RSTP 的配置示例（基于华为设备的实现）

还是看一个应用案例吧！概念介绍了很多，但实际配置起来却非常简单。STP 与 RSTP 的配置基本一样，只是在收敛机制上有所不同。本节以华为设备为例来进行实验，思科设备运行的是 PVST 等私有协议，我们在后面的章节再讨论。

1. 实验说明

基于华为设备的 STP 配置示例如图 14-14 所示，LSW2 和 LSW3 相当于两台核心交换机，三个在网的端口运行在中继模式下，允许 VLAN 10 和 VLAN 20 通过；LSW1 和 LSW4 相当于两台接入交换机，分别用于满足用户接入和服务器接入。为防止性能较低的接入交换机成为根桥，我们将两台核心交换机分别配置成根桥和备份根桥。为了加速网络收敛，在实验中 RSTP，并在边缘端口（连接终端设备的端口）过滤或禁用 STP 功能。

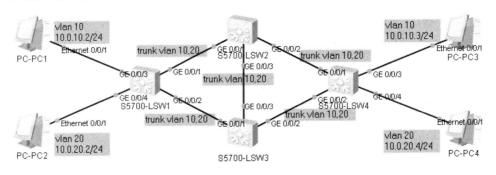

图 14-14 STP 配置示例

2. 配置实现

通常情况下，华为设备在出厂时都默认开启了 STP，并且运行的是基于 RSTP 的 MISTP，但所有的 VLAN 都映射到实例 0，也就是说只运行一个实例的快速多生成树。显然这个默认配置并不能满足我们的需求，我们在实践中往往不会这样进行配置。

我们实际上要做的配置是：①在每台交换机上都开启 RSTP；②在每台交换机上都开启 BPDU 保护，并将端口的 BPDU 错误自动恢复时间设置为 30 s；③设置根桥和备份根桥。

开启 BPDU 保护的目的是当交换机在某个端口接收到非法的 BPDU 时关闭这个端口，防止由于恶意攻击而导致的网络不稳定。

如果只配置了 BPDU 保护，没有配置端口的 BPDU 错误自动恢复时间，那么 BPDU 保护就会不生效。BPDU 错误自动恢复时间在默认情况下是没有配置的，更没有默认值，所以一定要手工配置。BPDU 错误自动恢复时间的单位是秒，取值是 30～86400。本实验的配置如下：

```
[LSW1]stp mode rstp
[LSW1]stp bpdu-protection
[LSW1]error-down auto-recovery cause bpdu-protection interval 30
  INTEGER<30-86400>  Value of the automatic recovery timer, in seconds

[LSW1]
```

将 LSW2 配置成根桥，命令如下：

```
[LSW2]stp root primary
```

将 LSW3 配置成备份根桥，命令如下：

```
[LSW3]stp root secondary
```

分别将 LSW1、LSW4 的接入端口配置为边缘端口，并开启 BPDU 过滤，命令如下：

```
[LSW1]int gig 0/0/3
[LSW1-GigabitEthernet0/0/3]stp bpdu-filter enable
[LSW1]int gig 0/0/4
[LSW1-GigabitEthernet0/0/4]stp bpdu-filter enable
```

为什么要配置边缘端口和开启 BPDU 过滤呢？是因为这个端口连接的是终端设备，不是网络交换机设备，在这个端口上向外发送 BPDU 是没有意义的。也可以直接在这类端口上禁用 STP，两种配置的实现效果是一样的。只有在确认连接的是终端设备的端口上才这么配置。本实验的边缘端口配置如下：

```
[LSW1]int gig 0/0/3
[LSW1-GigabitEthernet0/0/3]stp disable
[LSW1]int gig 0/0/4
[LSW1-GigabitEthernet0/0/4]stp disable
```

3. 验证配置

LSW2 是根桥，它上面的端口都是指定端口，处于转发状态，配置如下：

```
<LSW2>dis stp brief
 MSTID  Port                      Role  STP State    Protection
   0    GigabitEthernet0/0/1      DESI  FORWARDING   NONE
   0    GigabitEthernet0/0/2      DESI  FORWARDING   NONE
   0    GigabitEthernet0/0/3      DESI  FORWARDING   NONE
<LSW2>
```

LSW3 是备份根桥，它上面除了连接根桥（LSW1）的端口 GE0/0/3 是根端口，其他端口都是指定端口。正如我们前面的介绍，指定端口的对端是根端口或阻塞端口，最靠近根桥的端口是根端口。配置如下：

```
<LSW3>dis stp brief
 MSTID  Port                      Role  STP State    Protection
   0    GigabitEthernet0/0/1      DESI  FORWARDING   NONE
   0    GigabitEthernet0/0/2      DESI  FORWARDING   NONE
   0    GigabitEthernet0/0/3      ROOT  FORWARDING   NONE
<LSW3>
```

LSW1 的端口 GE0/0/2 连接的是备份根桥，因为本实验运行了 RSTP，它的角色是替代端口，处于丢弃状态。配置如下：

```
<LSW1>dis stp brief
 MSTID  Port                     Role  STP State     Protection
   0    GigabitEthernet0/0/1     ROOT  FORWARDING    NONE
   0    GigabitEthernet0/0/2     ALTE  DISCARDING    NONE
   0    GigabitEthernet0/0/3     DESI  FORWARDING    BPDU
   0    GigabitEthernet0/0/4     DESI  FORWARDING    BPDU
<LSW1>
```

LSW4 与 LSW1 的配置一样，所以验证配置结果也一样。配置如下：

```
<LSW4>dis stp brief
 MSTID  Port                     Role  STP State     Protection
   0    GigabitEthernet0/0/1     ROOT  FORWARDING    NONE
   0    GigabitEthernet0/0/2     ALTE  DISCARDING    NONE
   0    GigabitEthernet0/0/3     DESI  FORWARDING    BPDU
   0    GigabitEthernet0/0/4     DESI  FORWARDING    BPDU
<LSW4>
```

4. 业务相关配置

LSW2 上的业务相关配置如下：

```
#
sysname LSW2
#
vlan batch 10 20
#
stp bpdu-filter default
stp mode rstp
stp instance 0 root primary
stp bpdu-protection
#
#
error-down auto-recovery cause bpdu-protection interval 30
#
#
interface GigabitEthernet0/0/1
 port hybrid tagged vlan 10 20
#
interface GigabitEthernet0/0/2
 port hybrid tagged vlan 10 20
#
interface GigabitEthernet0/0/3
 port hybrid tagged vlan 10 20
#
```

LSW3 上的业务相关配置如下：

```
#
sysname LSW3
#
vlan batch 10 20
#
```

```
stp bpdu-filter default
stp mode rstp
stp instance 0 root secondary
stp bpdu-protection
#
#
error-down auto-recovery cause bpdu-protection interval 30
#
#
interface GigabitEthernet0/0/1
  port hybrid tagged vlan 10 20
#
interface GigabitEthernet0/0/2
  port hybrid tagged vlan 10 20
#
interface GigabitEthernet0/0/3
  port hybrid tagged vlan 10 20
#
```

LSW1 上的业务相关配置如下：

```
#
sysname LSW1
#
vlan batch 10 20
#
stp bpdu-filter default
stp mode rstp
stp bpdu-protection
#
error-down auto-recovery cause bpdu-protection interval 30
#
#
interface GigabitEthernet0/0/1
  port hybrid tagged vlan 10 20
#
interface GigabitEthernet0/0/2
  port hybrid tagged vlan 10 20
#
interface GigabitEthernet0/0/3
  port hybrid pvid vlan 10
  port hybrid untagged vlan 10
  stp bpdu-filter enable
  stp edged-port enable
#
interface GigabitEthernet0/0/4
  port hybrid pvid vlan 20
  port hybrid untagged vlan 20
  stp bpdu-filter enable
```

```
    stp edged-port enable
#
```

LSW4 上的业务相关配置如下：

```
#
sysname LSW4
#
vlan batch 10 20
#
stp bpdu-filter default
stp mode rstp
stp bpdu-protection
#
#
error-down auto-recovery cause bpdu-protection interval 30
#
#
interface GigabitEthernet0/0/1
 port hybrid tagged vlan 10 20
#
interface GigabitEthernet0/0/2
 port hybrid tagged vlan 10 20
#
interface GigabitEthernet0/0/3
 port hybrid pvid vlan 10
 port hybrid untagged vlan 10
 stp bpdu-filter enable
 stp edged-port enable
#
interface GigabitEthernet0/0/4
 port hybrid pvid vlan 20
 port hybrid untagged vlan 20
 stp bpdu-filter enable
 stp edged-port enable
#
```

14.4.12　RSTP 仍然没有解决的问题

相对于 STP，RSTP 的优势是解决了网络收敛速度慢的问题。但 RSTP 简单粗暴地阻塞端口的模式，仍然不能让人满意——整个端口进行阻塞的模式会导致流量过于集中，业务流量无法均衡。于是工程技术人员开发出了 MSTP。

14.5　多生成树协议

多生成树协议（Multiple Spanning Tree Protocol，MSTP）是在 IEEE 802.1s 中定义的。

STP 和 RSTP 都是基于交换机或者基于端口来决定转发或阻塞的，如果能够根据一个或几个 VLAN 来决定转发或阻塞，就可以解决 STP 和 RSTP 中流量过于集中的问题。实际的网络中往往有多个 VLAN，一台交换机也能够运行多个生成树实例，每一个生成树实例都可以对应一个或多个 VLAN。这样某个端口对于一个生成树实例是阻塞的，但对于另外一个生成树实例来说可能就是转发的，这个生成树实例所对应的 VLAN 的用户数据也会表现为转发或阻塞，于是就达到负载均衡的目的。

多生成树协议在网络中应用时一般会与 VRRP 同时部署，一定要注意 VLAN 所在生成树实例的根桥一定要与所在 VRRP 的主设备是同一台设备，否则可能造成次优路径。

14.5.1 MSTP 的术语

1．多生成树实例（Multiple Spanning Tree Instance，MSTI）

多生成树实例是指一个生成树实例运行生成树算法进程后，它可以为一个以上的 VLAN 提供生成树计算，即一个实例当中可以包含多个 VLAN。

2．多生成树域（Multiple Spanning Tree Region，MSTR）

多生成树域是指由所有运行多生成树的交换机组成的网络，但并不是运行了 MSTP 就能构成一个多生成树域，需要同时满足以下 4 个条件才是多生成树域：

- 运行 MSTP，这是理所当然的条件；
- 具有相同的域名；
- 生成树实例的配置相同，即 VLAN 与实例的映射关系相同；
- 具有相同的修订级别（修订级别将在 14.5.4 节介绍）。

3．映射表

映射表是指 VLAN 与 MSTI 的对应关系表，一个 MSTI 至少有一个 VLAN 与之对应。

4．公共生成树（Common Spanning Tree，CST）

如果一个交换机网络中有多个域，则为多个域互联所运行的生成树称为公共生成树。

5．内部生成树（Internal Spanning Tree，IST）

内部生成树是指运行在某个 MSTR 内的生成树。

6．单生成树（Single Spanning Tree，SST）

单生成树是指只有一个生成树进程在运行，有两种场景可出现单生成树：

- 网络中运行的是 STP 或 RSTP；
- MSTP 网络中只有一台交换机。

7．公共和内部生成树（Common and Internal Spanning Tree，CIST）

公共和内部生成树是由所有 MSTR 的 IST 和 CST 所构成的生成树，是运行在交换机内的所有网桥上的单生成树。

8．总根（CIST Root）

总根是网络内所有网桥的根桥，即 CIST 的根桥。

9. 域根（Regional Root，RR）

域根是一个域的根桥，可分为 IST 域根和 MSTI 域根。

○ IST 域根：在 MSTR 和 IST 生成树中，距离总根最近的网桥就是 IST 域根。

○ MSTI 域根：一个 MSTR 内有多个 MSTI，每一个 MSTI 都会选择一个根桥，这个根桥就是 MSTI 域根。

10. 主桥（Master Bridge，MB）

主桥是指内部生成树（IST）的主桥，是 IST 域内距离总根最近的网桥。

14.5.2 MSTP 的端口角色

MSTP 的端口角色包括指定端口、根端口、替代（Alternate）端口、备份（Backup）端口、主（Master）端口、域边缘端口和边缘端口。其中的指定端口、根端口、替代端口、备份端口、边缘端口与生成树协议和快速生成树协议中的定义一致，具体内容请参考 14.3.3 节和 14.4.2 节。

我们重点介绍一下主端口和域边缘端口。

1. 主端口

主端口是 MSTR 和总根相连的所有路径中最短路径上的端口，它是交换设备上连接 MSTR 到总根的端口。主端口是特殊的域边缘端口，是域中的报文去往总根的必经之路。

2. 域边缘端口

域边缘端口位于 MSTR 的边缘，用来连接其他 MSTR 或 SST 的端口。

14.5.3 MSTP 的端口状态

MSTP 的端口状态有三种，分别是丢弃状态、学习状态和转发状态，与 RSTP 中的端口状态定义相同，详见 14.4.4。

以上有关 MSTP 概念的内容，参考自华为的 HedEx 技术文档。该技术文档给了作者很大的帮助，在此表示衷心的感谢！

14.5.4 MSTP 的配置示例（基于华为设备的实现）

在思科的技术文档中，MSTP 又被称为 MISTP（Multi-Instance Spanning-Tree Protocol）。作者目前没有思科设备的实验环境，手头上的思科网络模拟器 Cisco Packet Tracer Student（Version 6.2.0.0052）不支持 MSTP，有条件的读者可以在思科设备上配置 MSTP。本节将在华为设备上配置 MSTP。

基于华为设备的 MSTP 配置示例如图 14-15 所示，LSW2 和 LSW3 是两台核心交换机，三个连网的端口都运行在中继模式下，允许 VLAN 10、VLAN 20、VLAN 30 和 VLAN 40 通过；LSW1 和 LSW4 是两台接入交换机，分别用于满足用户接入和服务器接入。

为了保障网络的稳定性，本实验在每台交换机上都开启了 BPDU 保护，并设置了 BPDU

错误自动恢复时间。为了加速网络收敛，本实验运行了 RSTP 并在边缘端口（连接终端设备的端口）开启了过滤或禁用 STP 功能。

本实验通过使用 MSTP 来合理分担用户流量。因为本实验的网络中只有两条主要链路，因此启用了两个 STP 实例，令 VLAN 10、VLAN 20 的流量主要走 LSW2，令 VLAN 30、VLAN 40 的流量主要走 LSW3。

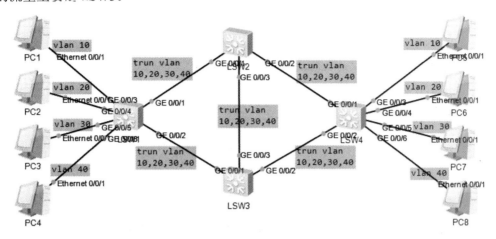

图 14-15　MSTP 配置示例

在使用华为模拟器 eNSP（Version1.2.00.500）做本实验时，在第一次完成配置后，后续只需要查看状态，不要改动配置参数，否则会出些稀奇古怪的问题，达不到想要的效果。规避的办法是复制实验拓扑，清空所有配置参数后用新参数重新做一次实验。

1. 配置实现

通常情况下，华为设备出厂时都默认开启了 STP 功能，并且运行的是多实例生成树协议，所有的 VLAN 都被映射到实例 0（Instance 0），也就是说只运行一个实例的多生成树，而且这个实例运行的是快速生成树协议。我们需要做的是确认这些默认配置，并修改实例与 VLAN 之间的映射关系。

在每台交换机上都开启 MSTP，并在每台交换机上都开启 BPDU 保护，将端口 BPDU 错误自动恢复时间设置为 30 s。配置如下：

```
[LSW1] stp mode mstp
[LSW1] stp bpdu-protection
[LSW1] error-down auto-recovery cause bpdu-protection interval 30
  INTEGER<30-86400> Value of the automatic recovery timer, in seconds

[LSW1]
```

开启 BPDU 保护的目的是当交换机在某个端口接收到非法的 BPDU 时关闭这个端口，防止由于恶意攻击而导致的网络不稳定。如果只配置了 BPDU 保护，没有配置端口的 BPDU 错误自动恢复时间，那么 BPDU 保护就不会生效。BPDU 错误自动恢复时间在默认情况下是没有配置的，更没有默认值，所以一定要手工配置。BPDU 错误自动恢复时间的单位是秒，取值是 30~86400。

配置每台交换机上的 MSTR，使其具有相同的域名、VLAN 映射关系和修订级别。配置如下：

```
[LSW1] stp mode mstp
[LSW1] stp region-configuration
[LSW1-mst-region] region-name niuhai
[LSW1-mst-region] instance 1 vlan 10 20
[LSW1-mst-region] instance 2 vlan 30 40
[LSW1-mst-region] revision-level 0
[LSW1-mst-region] active region-configuration
Info: This operation may take a few seconds. Please wait for a moment...done.
[LSW1-mst-region]
```

修订级别的默认值是 0（大多数厂家的修订级别的默认值都是 0），如果要在同一个域内配置不同厂家的设备，最好检查一下修订级别的初始值是否一致。命令如下：

```
[LSW1-mst-region]revision-level ?
  INTEGER<0-65535>  Revision level

[LSW1-mst-region]revision-level 0
```

VLAN 和 MSTI 的映射关系的配置如下：

```
[LSW1-mst-region]vlan-map modulo ?
  INTEGER<1-48>  Value of modulo

[LSW1-mst-region]vlan-map modulo 2
```

在上述的配置中，后面的整数值有两个作用：

- 数字表示实例数量；
- 分配 VLAN 与生成树实例的对应关系。

如果只有 2 个进程，则把它配置成 2，这样一来既可以把 ID 为奇数的 VLAN 映射到 MSTI 1、把 ID 为偶数的 VLAN 映射到 MSTI 2。如果只有 3 个进程，则把它配置成 3，这样一来就可以把第 1 个 VLAN 映射到 MSTI 1、把第 2 个 VLAN 映射到 MSTI 2、把第 3 个 VLAN 映射到 MSTI 3、把第 4 个 VLAN 映射到 MSTI 1，依次类推，直到映射完所有的 VLAN 为止。在上面的配置中，vlan-map modulo 是将 VLAN ID 减 1 后除以 modulo 值（Value of modulo）的余数再加 1，即(VLAN ID－1)%modulo+1。

最后一行配置很重要，也很容易被遗忘，如果不执行的话配置不会生效。配置的最后一行是：

```
[LSW1-mst-region] active region-configuration
```

这一行非常重要，当域配置信息有变化时，要想使修改后的域配置信息生效，就必须执行这一行。这里的变化主要包括第一次配置和后面的修改。作者的建议是在退出 MST 域配置模式后都要这一行。

将 LSW2 配置成实例 1 的根桥、实例 2 的备份根桥，命令如下：

```
[LSW2] stp instance 1 root primary
[LSW2] stp instance 2 root secondary
```

将 LSW2 配置成实例 1 的备份根桥、实例 2 的根桥，命令如下：

```
[LSW3] stp instance 1 root secondary
[LSW3] stp instance 2 root primary
```

分别将 LSW1 和 LSW4 的接入端口配置为边缘端口，并开启 BPDU 过滤功能，命令如下：

```
[LSW1]int gig 0/0/3
[LSW1-GigabitEthernet0/0/3] stp bpdu-filter enable
[LSW1-GigabitEthernet0/0/3] stp edged-port enable
[LSW1-GigabitEthernet0/0/3] quit
[LSW1]int gig 0/0/4
[LSW1-GigabitEthernet0/0/4] stp bpdu-filter enable
[LSW1-GigabitEthernet0/0/4] stp edged-port enable
[LSW1-GigabitEthernet0/0/4] quit
[LSW1]int gig 0/0/5
[LSW1-GigabitEthernet0/0/5] stp bpdu-filter enable
[LSW1-GigabitEthernet0/0/5] stp edged-port enable
[LSW1-GigabitEthernet0/0/5] quit
[LSW1] int gig 0/0/6
[LSW1-GigabitEthernet0/0/6] stp bpdu-filter enable
[LSW1-GigabitEthernet0/0/6] stp edged-port enable
[LSW1-GigabitEthernet0/0/6]
```

为什么要配置边缘端口和开启 BPDU 过滤功能呢？是因为这类端口连接的是终端设备，不是网络交换机设备，在这类端口上向外发送 BPDU 是没有意义的。可以直接在这类端口上禁用 STP，两种方式的实现效果是一样的，但只在确认连接终端设备时才这么进行配置。配置如下：

```
[LSW1] int GigabitEthernet 0/0/3
[LSW1-GigabitEthernet0/0/3] stp disable
[LSW1] int GigabitEthernet 0/0/4
[LSW1-GigabitEthernet0/0/4] stp disable
```

2. 验证配置

LSW2 是实例 1 的根桥，3 个活动端口都配置为指定端口，处于转发状态。在实例 2 中，LSW2 是备份根桥，端口 GE0/0/3 连接的是 LSW3（实例 2 的根桥），端口角色是根端口，处于转发状态，另外两个活动端口是指定端口，处于转发状态。配置如下

```
<LSW2>dis stp instance 1 brief
 MSTID  Port                    Role  STP State    Protection
   1    GigabitEthernet0/0/1    DESI  FORWARDING   NONE
   1    GigabitEthernet0/0/2    DESI  FORWARDING   NONE
   1    GigabitEthernet0/0/3    DESI  FORWARDING   NONE
<LSW2>dis stp instance 2 brief
 MSTID  Port                    Role  STP State    Protection
   2    GigabitEthernet0/0/1    DESI  FORWARDING   NONE
   2    GigabitEthernet0/0/2    DESI  FORWARDING   NONE
   2    GigabitEthernet0/0/3    ROOT  FORWARDING   NONE
<LSW2>
```

LSW3 是实例 1 的备份根桥，它上面除了连接根桥（LSW1）的端口 GE0/0/3 是根端口，其他端口都是指定端口。LSW3 是实例 2 的根桥，3 个活动端口都是指定端口，处于转发状态。在实例 1 中，LSW3 是备份根桥，端口 GE0/0/3 连接的是 LSW2（实例 1 的根桥），端口角色是根端口，处于转发状态，另外两个活动端口是指定端口，处于转发状态。配置如下：

```
<LSW3>dis stp instance 1 brief
 MSTID  Port                    Role  STP State    Protection
```

```
    1  GigabitEthernet0/0/1           DESI  FORWARDING      NONE
    1  GigabitEthernet0/0/2           DESI  FORWARDING      NONE
    1  GigabitEthernet0/0/3           ROOT  FORWARDING      NONE
<LSW3>dis stp instance 2 brief
  MSTID  Port                         Role  STP State       Protection
    2  GigabitEthernet0/0/1           DESI  FORWARDING      NONE
    2  GigabitEthernet0/0/2           DESI  FORWARDING      NONE
    2  GigabitEthernet0/0/3           DESI  FORWARDING      NONE
<LSW3>
```

在实例 1 中，LSW1 的端口 GE0/0/2 连接的是备份根桥，因为本实验运行了 RSTP，所以它的角色是替代端口，处于丢弃状态。在实例 2 中，LSW1 的端口 GE0/0/1 连接的是备份根桥，因为本实验运行了 RSTP，所以它的角色是替代端口，处于丢弃状态。其他两种端口角色及状态在 LSW2 和 LSW3 的配置检查中已经介绍过，在此不再赘述。

端口 GE0/0/2 和端口 GE0/0/1 的配置如下：

```
<LSW1>dis stp instance 1 brief
  MSTID  Port                         Role  STP State       Protection
    1  GigabitEthernet0/0/1           ROOT  FORWARDING      NONE
    1  GigabitEthernet0/0/2           ALTE  DISCARDING      NONE
    1  GigabitEthernet0/0/3           DESI  FORWARDING      BPDU
    1  GigabitEthernet0/0/4           DESI  FORWARDING      BPDU
<LSW1>dis stp instance 2 brief
  MSTID  Port                         Role  STP State       Protection
    2  GigabitEthernet0/0/1           ALTE  DISCARDING      NONE
    2  GigabitEthernet0/0/2           ROOT  FORWARDING      NONE
    2  GigabitEthernet0/0/5           DESI  FORWARDING      BPDU
    2  GigabitEthernet0/0/6           DESI  FORWARDING      BPDU
<LSW1>
```

LSW4 与 LSW1 的配置一样，所以验证配置结果也一样。配置如下：

```
<LSW4>dis stp instance 1 brief
  MSTID  Port                         Role  STP State       Protection
    1  GigabitEthernet0/0/1           ROOT  FORWARDING      NONE
    1  GigabitEthernet0/0/2           ALTE  DISCARDING      NONE
    1  GigabitEthernet0/0/3           DESI  FORWARDING      BPDU
    1  GigabitEthernet0/0/4           DESI  FORWARDING      BPDU
<LSW4>dis stp instance 2 brief
  MSTID  Port                         Role  STP State       Protection
    2  GigabitEthernet0/0/1           ALTE  DISCARDING      NONE
    2  GigabitEthernet0/0/2           ROOT  FORWARDING      NONE
    2  GigabitEthernet0/0/5           DESI  FORWARDING      BPDU
    2  GigabitEthernet0/0/6           DESI  FORWARDING      BPDU
<LSW4>
```

3. 业务实现相关配置

LSW1 上的 MSTP 相关配置如下：

```
#
sysname LSW1
```

```
#
vlan batch 10 20 30 40
#
stp bpdu-protection
#
#
error-down auto-recovery cause bpdu-protection interval 30
#
#
stp region-configuration
 region-name niuhai
 instance 1 vlan 10 20
 instance 2 vlan 30 40
 active region-configuration
#
#
interface GigabitEthernet0/0/1
 port hybrid tagged vlan 10 20 30 40
#
interface GigabitEthernet0/0/2
 port hybrid tagged vlan 10 20 30 40
#
interface GigabitEthernet0/0/3
 port hybrid pvid vlan 10
 port hybrid untagged vlan 10
 stp bpdu-filter enable
 stp edged-port enable
#
interface GigabitEthernet0/0/4
 port hybrid pvid vlan 20
 port hybrid untagged vlan 20
 stp bpdu-filter enable
 stp edged-port enable
#
interface GigabitEthernet0/0/5
 port hybrid pvid vlan 30
 port hybrid untagged vlan 30
 stp bpdu-filter enable
 stp edged-port enable
#
interface GigabitEthernet0/0/6
 port hybrid pvid vlan 40
 port hybrid untagged vlan 40
 stp bpdu-filter enable
 stp edged-port enable
#
```

LSW2 上的 MSTP 相关配置如下：

```
#
sysname LSW2
#
vlan batch 10 20 30 40
#
stp instance 1 root primary
stp instance 2 root secondary
stp bpdu-protection
#
#
error-down auto-recovery cause bpdu-protection interval 30
#
#
stp region-configuration
 region-name niuhai
 instance 1 vlan 10 20
 instance 2 vlan 30 40
 active region-configuration
#
#
interface GigabitEthernet0/0/1
 port hybrid tagged vlan 10 20 30 40
#
interface GigabitEthernet0/0/2
 port hybrid tagged vlan 10 20 30 40
#
interface GigabitEthernet0/0/3
 port hybrid tagged vlan 10 20 30 40
#
```

LSW3 上的 MSTP 相关配置如下：

```
#
sysname LSW3
#
vlan batch 10 20 30 40
#
stp instance 1 root secondary
stp instance 2 root primary
stp bpdu-protection
#
#
error-down auto-recovery cause bpdu-protection interval 30
#
#
stp region-configuration
 region-name niuhai
 instance 1 vlan 10 20
 instance 2 vlan 30 40
```

```
  active region-configuration
#
#
interface GigabitEthernet0/0/1
 port hybrid tagged vlan 10 20 30 40
#
interface GigabitEthernet0/0/2
 port hybrid tagged vlan 10 20 30 40
#
interface GigabitEthernet0/0/3
 port hybrid tagged vlan 10 20 30 40
#
```

LSW4 上的 MSTP 相关配置如下:

```
#
sysname LSW4
#
vlan batch 10 20 30 40
#
stp bpdu-protection
#
#
error-down auto-recovery cause bpdu-protection interval 30
#
#
stp region-configuration
 region-name niuhai
 instance 1 vlan 10 20
 instance 2 vlan 30 40
 active region-configuration
#
#
interface GigabitEthernet0/0/1
 port hybrid tagged vlan 10 20 30 40
#
interface GigabitEthernet0/0/2
 port hybrid tagged vlan 10 20 30 40
#
interface GigabitEthernet0/0/3
 port hybrid pvid vlan 10
 port hybrid untagged vlan 10
 stp bpdu-filter enable
 stp edged-port enable
#
interface GigabitEthernet0/0/4
 port hybrid pvid vlan 20
 port hybrid untagged vlan 20
 stp bpdu-filter enable
```

```
   stp edged-port enable
#
interface GigabitEthernet0/0/5
 port hybrid pvid vlan 30
 port hybrid untagged vlan 30
 stp bpdu-filter enable
 stp edged-port enable
#
interface GigabitEthernet0/0/6
 port hybrid pvid vlan 40
 port hybrid untagged vlan 40
 stp bpdu-filter enable
 stp edged-port enable
#
```

14.6 多实例生成树协议

为了解决流量过于集中的问题，除了可以采用 MSTP 的多实例，还可以使用多实例生成树协议。多实例生成树协议（Multi-Instance Spanning Tree Protocol，MISTP）是标准协议，华为设备可以支持 MISTP，但作者在思科的技术文档中未找到关于思科设备支持 MISTP 的信息。

在一台交换机上运行多个 STP 实例，不同的实例可以服务于不同的网络（或 VLAN），每个实例又可以运行不同的协议，如实例 1 运行 STP、实例 2 运行 RSTP、实例 3 运行 MSTP，在运行 MSTP 的实例 3 中，还可以运行多个实例。

配置 MISTP 的两个关键点如下，其他配置内容与前面介绍的一样，在此不再赘述。

1. 创建并启用 STP 实例

STP 的配置具体配置与前面一样，这里只介绍一下实例的创建。命令如下：

```
[LSW2] stp process ?
  INTEGER<1-15>  The identifier of the MSTP process

[LSW2] stp process
```

2. 把端口绑定到实例

一个端口可以绑定多个实例，甚至把它设置成共享链路。命令如下：

```
[LSW2-GigabitEthernet0/0/1] stp binding process 1 ?
  link-share  Binding the process with link-share method
  to          Range of processes
  <cr>

[LSW2-GigabitEthernet0/0/1]stp binding process 1
```

14.7 MCheck

STP 与 RSTP 具有互操作性，实现互操作的办法是把运行 RSTP 的端口自动转为 STP 的端口。这时就引入了一个新的问题：如果连接在这个端口上的运行 STP 的设备不在线了，端口不会自动转回 RSTP 的端口，需要人工进行干预，这时就会用到 MCheck。需要执行 MCheck 操作的场景有两种：

- 运行 STP 的设备不在线了；
- 运行 STP 的设备切换到 RSTP 中。

人工干预的操作方法如下：

```
[LSW1] int GigabitEthernet 0/0/1
[LSW1-GigabitEthernet0/0/1] stp mcheck ?
  <cr>

[LSW1-GigabitEthernet0/0/1] stp mcheck
```

在 V001、R200 等版本较老的一些软件系统中，使用华为设备进行 STP 与 RSTP 的互操作时需要注意上面的问题，在新版本的软件系统中不存在这个问题，在实际使用时可适当关注一下。

14.8 PVST 和 VBST

PVST（Per-VLAN Spanning Tree）和 VBST（VLAN-Based Spanning Tree）是为每个 VLAN 运行一个生成树实例协议，分别是思科和华为的私有协议。虽然本书并不没有使用两个协议进行实验，但注意事项还是要说一下的，毕竟这两个协议和前面的协议有所不同。

1. PVST

PVST 是每个 VLAN 生成树协议，为每个 VLAN 运行一个生成树实例，是思科的私有协议。PVST 允许设置特定的端口模式，主要目的是减少端口转换状态（阻塞），以加快网络收敛速度。特定的端口模式如下：

（1）Port Fast：这个端口连接了一台确定的终端设备，而不是一台交换机，并且确保这个端口禁用 STP 后不会产生环路。

（2）Uplink Fast：只用于网络末端的接入交换机，或者使用多条冗余链路直接相连的交换机，而且至少有一条链路处于阻塞状态，其他场景均不适用。

（3）Backbone Fast：可以在所有的交换机上使用，以检测非直连链路是否失效。相关内容请参考《CCNA 学习指南：第 6 版．640～802》。

需要注意的是思科的 PVST 不能与标准的 STP/RSTP 等进行互操作，现在已被思科淘汰。

2. VBST

VBST 是基于 VLAN 的生成树协议，是华为的私有协议，与思科的 PVST 有异曲同工之妙，而且可以与标准的 STP/RSTP 等进行互操作。

根据华为官方技术文档的说法，它的优点主要有两个：

（1）克服了 RSTP 的流量不均衡问题；

（2）解决了 MSTP 概念抽象和配置复杂的问题。

从网络中的实用性来说，VBST 的确有很大的优势。

不论 PVST 还是 VBST，本质上都是为每个 VLAN 运行一个生成树的协议，当 VLAN 数量太多时，两者都有可能增加交换机系统资源开销。当然，必须在 VLAN 数量大到一定程度时这种开销才会表现出来，具体的 VLAN 数量作者无法给出，这跟实际使用的交换机性能有关。虽然在通常情况下都不会有问题，但部署了这两种协议，请一定要留心一下交换机的 CPU 和内存占用情况。

从更大一个视角，即从环网保护的角度来看，如果是纯华为设备的场景，还可以选择 SEP、Smart Ethernet Protection、智能以太网保护，其最大优势是支持与 STP、RSTP、MSTP、RRPP 混合组网，并且部署简单。

14.9 Smart Link

Smart Link 只能算一个提供链路可靠性的解决方案，并不能够解决整个以太网络的环路问题，是一种主备技术。通过与不同的 VLAN 进行映射，Smart Link 可以达到负载均衡的目的，应用 Smart Link 的端口不能运行 STP。Smart Link 是华为的私有技术。

14.10 总结

本章的主要目的是让读者更深入地了解二层网络的运行原理和机制等，同时也说明了二层网络存在的问题和应对的策略。尤其重要的是，读者要对二层网络存在的问题有一个深刻的认识，如果本章能够让读者从思想意识上注意到下面几点，作者辛苦编写的内容也就值得了。

简单的、容易理解的技术不是太完美，多少存在着一些问题；似乎完美解决问题的技术又太过于复杂，可能带来运行效率的下降，同时不便于理解和实现。

（1）为了避免网络发生环路，一定要开启 STP。

（2）为了增加网络的可用性，一定要开启 RSTP。

（3）在多 VLAN 场景中，最好使用 MSTP。其实就算是只有一个 VLAN，使用 MSTP 也不为过。几乎所有厂家的设备在出厂时都默认开启了基于 RSTP 的 MISTP。

（4）适当修改网桥优先级，可避免性能较差的设备被选为根桥、避免过多的 STP 实例使用同一个根桥。

（5）为了让网络能够快速收敛并保持稳定，需要把连接终端的端口设置为边缘端口，并在交换机上开启 BPDU 保护。

（6）在网络对接时，最好使用 IP 地址对接，并将对接交换机的物理端口或分组设置为三层端口，而不是使用 SVI。此举可以避免网络对接后变成一个更大的二层网络，避免网络因多主根而不稳定。

（7）如果网络出现闪断和性能下降，那么就有可能就是 STP 的问题，查一下 STP 的运行状态。

（8）以太网的环网保护协议还有很多，STP 的性能也不是最好的，根据不同的应用场景，选择适合自己的。但 STP 是目前各厂家支持得最好、应用最广泛的，很多时候可能没有其他更优可选，只能选 STP。

（9）最小化二层网络，/25 位掩码的网络可能已经是你真正需要的最大网络了。

（10）单纯的 STP 在网络中基本不用，本章介绍 STP 的目的是介绍 RSTP，实际上通常所说的 STP 是 STP、RSTP、MSTP 的统称，在网络中主要应用的是基于 RSTP 的 MSTP。

（11）在实际的网络中，由于用户地理分布、数据安全性和 ARP 等原因，一般都不会规划太大的二层网络，通常做法是尽可能缩小二层网络，设备的冗余就做堆叠或集群，直连设备线路的冗余就做 LACP 绑定，通过这两项措施，二层网络的环路基本上就不会有了，同时还不会降低二层网络的可靠性，而且还可以降低网络实现的复杂度。至于 STP 等相关的技术，大家普遍关注得并不多，除非是在比较大的二层网络中，而我们常常会想尽办法避免比较大的二层网络。

14.11 思考题

（1）以太网交换机是如何构建和维护 MAC 地址表的？

（2）为什么说是网络通信是基于广播的？

（3）在同一台交换机的不同端口上会不会出现同一个 MAC 地址？如果会，则有什么后果？如何解决？

（4）如何解决 STP 中流量过于集中的问题？

（5）你还知道哪些用于二层端口的可靠性和防环技术？

（6）可以从哪些方面着手来消除环路？

附录 A
三种串行通信

A.1 串行通信的背景

在工程中，常用的串行通信协议（或标准）有 RS-232、RS-422 和 RS-485，这三个协议都是由 EIA/TIA 定义的。有关这三个协议的细节，请读者参考 EIA/TIA 的官方网站。

最早的数据通信网络就是采用这三个协议来传输数据的。计算机通过 COM 口与 Modem 相连，如果数据是发送给 Modem 的，则会在数据帧前面添加一个 AT 标识；如果数据是需要通过 Modem 转发的，则不会在数据帧前面添加 AT 标识。随着对数据传输速率和传输距离要求的不断提高，后来出现了 100BaseT 之类的我们熟知的以太网标准。从本质上来说，以太网其实也是串行通信。

对于数据通信网络的工程师来说，最值得关注的当属 RS-232，因为我们在使用计算机管理网络设备时，采用的就是 RS-232 协议。RS-232、RS-422 和 RS-485 这三个串行通信协议各有其特点，分别适用于不同的场景。接下来我们就对这三个协议进行介绍，希望可以解决读者在串行通信过程中遇到的问题。

A.2 串行通信协议简介

美国的电子工业协会（Electronic Industries Association，EIA）和电信工业协会（Telecommunications Industry Association，TIA）现在已经合并成一个协会。EIA 是电子工业企业组织的成立的一个专注于硬件接口标准的组织，它定义了非常著名的 RS-232 和 RS-422 协议，用于终端与计算机之间或者计算机与计算机之间的互联。EIA 后来和 TIA 合并，形成了 EIA/TIA。

RS-232 最初是由 EIA 于 1960 年 5 月发布的，RS-232C 是由 EIA 于 1969 年 8 发布的。RS-422 由 RS-232 发展而来，它是为弥补 RS-232 之不足而提出的。为改进 RS-232 的数据传输距离短、速率低等缺点，RS-422 定义了一种平衡通信接口，将数据传输速率提高到了 10 Mbps，将数据传输距离延长到 4000 ft（约 1219 m，速率低于 100 kbps 时），并允许在一条平衡总线上连接最多 10 个接收器。RS-422 是一种单机发送、多机接收的单向平衡传输协议，被命名为 TIA/EIA-422-A。

为了扩展 RS-422 的应用范围，EIA 于 1983 年在 RS-422 的基础上制定了 RS-485 协议，增加了多点、双向通信功能，即允许多个发送器连接到同一条总线上，提高了发送器的驱动能力，并增加了冲突保护特性，扩大了总线的共模范围。RS-485 被命名为 TIA/EIA-485-A。

RS-232、RS-422 与 RS-485 协议只对接口的电气特性做了规定，而不涉及插件、电缆或规范。用户可以在这些协议的基础上建立自己的高层通信协议。在串行通信中,使用最多的接口依次是 DB9、DB25、RJ-45、RJ-11 等。

A.3 RS-232 协议

采用 RS-232 协议的接口通常称为 RS-232 接口,该接口是计算机与通信领域中应用最广泛的一种串行接口,几乎所有的设备管理接口都是 RS-232 接口。例如,连接计算机和网络设备的 Console 口就是 RS-232 接口。RS-232 协议是一种在低速率串行通信中增加数据传输距离的单端标准,采取不平衡传输方式,即所谓的单端通信。

RS-232 接口是全双工的通信接口,因此通信的双方可以同时收发数据。接收端和发送端的数据信号是相对信号,如数据终端设备(Data Terminal Equipment,DTE)在使用 DB25 发送数据时,数据信号是 2 引脚相对 7 引脚(信号地)的电平。典型的 RS-232 信号在正、负电平之间摆动,在发送数据时,发送端驱动器输出的正电平为+5~+15 V、负电平为-15~-5 V。当无数据传输时,RS-232 总线上的电平 TTL 电平;当开始发送数据时,RS-232 总线上的电平从 TTL 电平变成 RS-232 电平;当数据发送结束时,RS-232 总线上的电平又从 RS-232 电平变成 TTL 电平。接收器的典型工作电平为+3~+12 V 与-12~-3 V。

(Data Communication Equipment)是一种数据通信设备

由于 RS-232 总线的发送端电平与接收端电平差仅为 2~3 V,所以其共模抑制能力差,再加上双绞线上的分布电容,其最大传输距离约为 15 m,最高数据传输速率为 20 kbps。

RS-232 协议是为点对点(即只用一对收发设备)通信设计的,其驱动器负载为 3~7 kΩ,所以 RS-232 协议适合本地设备之间的通信。

RS-232 总线的常用接口有 DB-9 和 DB-25 两种,这两种接口的引脚如图 A-1 所示。

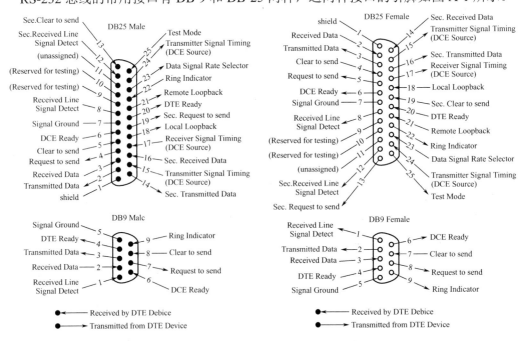

图 A-1　DB9 接口与 DB25 接口的引脚

DB25 接口（公口）的引脚定义如表 A-1 所示。

表 A-1　DB25 接口（公口）的引脚定义

引脚号	名　称	缩写	信号方向	说　明
1	shield	FG	—	屏蔽地线
2	Transmitted Data	TXD	DTE→→DCE	发送数据线
3	Received Data	RXD	DCE→DTE	接收数据线
4	Request to send	RTS	DTE→DCE	请求发送
5	Clear to send	CTS	DCE→DTE	允许发送
6	DCE Ready	DSR	DCE→DTE	数据终端准备好
7	Signal Ground	SG	—	信号地
8	Received Line Signal Detect	DCD	DCE→DTE	数据载波检测
9	Reserved for testing	—	—	备用
10	Reserved for testing	—	—	备用
11	unassigned	—	—	未定义
12	Sec. Received Line Signal Detect	DCD	DCE→DTE	数据载波检测（二次通道）
13	Sec. Clear to send	CTS	DCE→DTE	允许发送（二次通道）
14	Sec. Transmitted Data	TXD	DTE→DCE	发送数据线（二次通道）
15	Transmitter Signal Timing（DCE Source）	TXC	DCE→DTE	发送时钟
16	Sec. Received Data	RXD	DCE→DTE	接收数据线（二次通道）
17	Receiver Signal Timing（DCE Source）	RXC	DTE→DCE	接收时钟
18	Local Loopback	—	—	本地回环
19	Sec. Request to send	RTS	DTE→DCE	请求发送（二次通道）
20	DTE Ready	DTR	DTE→DCE	数据终端准备好
21	Remote Loopback	SQD	DCE→DTE	远程回环
22	Ring Indicator	RI	DCE→DTE	振铃指示
23	Data Signal Rate Selector	DRS	DTE→DCE	数据信号速率选择，它是针对 21 引脚改变的答应
24	Transmitter Signal Timing（DTE Source）	—	DTE→DCE	发送时钟
25	Test Mode	—	—	测试模式

DB9 接口的引脚定义如表 A-2 所示。

表 A-2　DB9 接口的引脚定义

DB9 接口（公口）引脚定义			DB9 接口（母口）引脚定义		
引脚	简写	功能说明	引脚	简写	功能说明
1	DCD	数据载波检测（	1	DCD	数据载波检测
2	RXD	接收数据	3	TXD	发送数据
3	TXD	发送数据	2	RXD	接收数据
4	DTR	数据终端准备好	6	DSR	数据准备好
5	GND	地线	5	GND	地线
6	DSR	数据准备好	4	DTR	数据终端准备好
7	RTS	请求发送	8	CTS	清除发送
8	CTS	清除发送	7	RTS	请求发送
9	RI	振铃指示	9	RI	振铃指示

A.4 RS-422 协议

与 RS-232 不一样，RS-422 和 RS-485 采用差分传输方式，也称为平衡传输。RS-422 和 RS-485 使用一对双绞线，将其中一线定义为 A（+），另一线定义为 B（-）。通常情况下，发送端的 A、B 之间的正电平为+1.5～+6 V，是一个逻辑状态（二进制 0）；负电平在-6～-1.5 V，是另一个逻辑状态（二进制 1）。另外，在 RS-422 和 RS-485 中还有一个信号地端 C；在 RS-485 中还有一使能信号端，而在 RS-422 中使能信号端不是必需的。使能信号用于控制发送驱动器与传输线的切断与连接。当使能信号起作用时，发送驱动器处于高阻状态，称为第三态，即有别于逻辑 1 与逻辑 0 的第三种状态。

由于 RS-422 的接收器采用高输入阻抗，其发送驱动器的驱动能力比 RS-232 更强，因此可以在传输线上连接多个接收节点（最多可接 10 个节点），即一个主设备（Master），最多 10 个从设备（Salve），从设备之间不能直接通信。RS-422 支持单点对多点的双向通信，RS-422 的四线接口采用单独的发送通道和接收通道，因此不必控制数据方向，各节点之间的信号交换均可以通过软件方式（XON/XOFF 握手）或硬件方式（一对单独的双绞线）实现。RS-422 的最大传输距离为 4000 ft（约 1219 m），最大数据传输速率为 10 Mbps。RS-422 的平衡双绞线长度与其数据传输速率成反比，在 100 kbps 速率以下，才可能达到最大传输距离。只有在很短的距离下才能获得最高速率传输，一般在 100 m 的双绞线上所能获得的最大数据传输速率仅为 1 Mbps。RS-422 一般会连接终端电阻，要求其阻值约等于传输电缆的特性阻抗。在短距离传输时无须连接终端电阻，即在传输距离小于 300 m 时无须连接终端电阻。由于终端电阻接在传输线缆（双绞线）的最远端，所以称为终端电阻。

RS-422 的设备连接如图 A-2 所示。

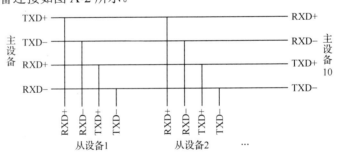

图 A-2　RS-422 的设备连接示

A.5 RS-485 协议

RS-485 协议是在 RS-422 协议的基础上发展而来的，所以 RS-485 协议的许多电气规定与 RS-422 协议类似。RS-485 协议可以采用二线式与四线式，二线式可实现真正的多点双向通信。在传输距离为几十米到上千米时，广泛采用 RS-485 协议。RS-485 协议采用共模发送和差分接收，因此具有抑制共模干扰的能力。加上 RS-485 的总线收发器具有较高的灵敏度，能检测低至 200 mV 的电压，故传输信号能在千米之外得到恢复。

RS-485 协议采用半双工方式，任何时候只能有一个节点处于发送状态，因此，发送驱动器必须由使能信号控制。RS-485 用于多点互连时非常方便，可以省掉许多信号线。应用 RS-485 可以构成分布式系统，最多允许并联 32 台驱动器和 32 台接收器，但由于不同厂家加入了防雷保护和光电隔离等功能，发送驱动器的驱动能力会有不同程度的降低。

RS-485 与 RS-422 的共模输出电压不同，RS-485 的共模输出电压为-7～12 V，RS-422 的共模输出电压为-7～7 V；RS-485 能满足 RS-422 的所有规范，所以 RS-485 的发送驱动器可以在 RS-422 中使用。RS-485 与 RS-422 一样，其最大传输距离也是 4000 ft（约 1219 m），最大的数据传输速率为 10 Mbps。

在 RS-485 中，当双绞线的电压差为 1.5～6 V 时表示逻辑 0；当双绞线的电压差为-6～-1.5 V 时表示逻辑 1。RS-485 的接口信号电平比 RS-232 低，不易损坏接口，且该电平与 TTL 电平兼容，可方便与 TTL 电路连接。

RS-485 的最大传输距离为 4000 ft（约 1219 m），实际上可达 3000 m，但数据传输速率将会受到极大限制。RS-485 最多允许连接 128 个收发器，即具有多站能力，这样用户可以利用单一的 RS-485 来方便地构建网络。RS-485 具有良好的抗噪声干扰能力、数据传输距离大和多站能力等优点，使其成为首选的串行通信协议。在通过 RS485 构建半双工网络时，一般只需要两条连接线，所以 RS-485 采用屏蔽双绞线。

RS-485 的设备连接如图 A-3 所示。

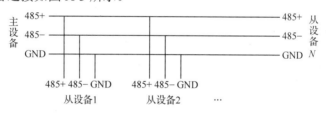

图 A-3　RS485 设备连接示意图

A.6　三种串行通信协议的对比

三种串行通信协议的对比如表 A-3 所示。

表 A-3　三种串口对比表

串行通信协议	双工模式	数据传输距离	同步方式	信号模式	信号电平
RS-232	全双工	15 m	异步	共模收发	3～15V（一般为 5～12 V）表示逻辑 0；-15～-3 V（一般为-12～-5 V）表示逻辑 1
RS-422	全双工	4000 ft（约 1219 m）	异步	共模发送、差模接收	+1.5～+6 V 表示逻辑 0；-6～-1.5 V 表示逻辑 1
RS-485	半双工	4000 ft，约 1219 米	异步	共模发送、差模接收	+1.5～+6 V 表示逻辑 0；-6～-1.5 V 表示逻辑 1

A.7 RS-485/RS-422 的使用注意事项

（1）RS-422 可连接 10 个节点，RS-485 可连接 32 个节点，因此采用 RS-422 和 RS-485 可构成多节点网络。网络一般采用总线型拓扑结构，不支持环状或星状拓扑结构。

（2）RS-485 与 RS-422 的共模输出电压不同，RS-485 的共模输出电压为-7～12 V，RS-422 的共模输出电压为-7～7 V；RS-485 的接收器最小输入阻抗为 12 kΩ，RS-422 的接收器最小输入阻抗为 4 kΩ；RS-485 能满足 RS-422 的所有规范，所以 RS-485 的发送驱动器可以在 RS-422 中使用。

（3）RS-485 与 RS-422 采用一条双绞线电缆将各个节点连接起来，从双绞线到各个节点的引出线长度应尽量短，以便使引出线中的反射信号对双绞线的影响最低。

（4）阻抗不连续和阻抗不匹配会导致信号反射，通过增加终端电阻的方法可以解决信号反射问题。

（5）当阻抗不连续时，传输线末端的阻抗会很小甚至没有，信号在这个地方会发生反射。这种信号反射的原理，与光从一种介质进入另一种介质时发生的反射是相似的。消除这种信号反射的方法是，在传输线末端跨接一个与传输线特性阻抗同样大小的终端电阻，使传输线的阻抗连续。由于信号在传输上的传输是双向的，因此在传输线的另一端可跨接一个同样大小的终端电阻。

（6）引起信号反射的另外一个原因是数据收发器与传输线之间的阻抗不匹配。这种原因引起的信号反射，主要表现在传输线处在空闲方式时会导致整个网络的数据混乱。要减弱信号反射对传输线路的影响，通常采用抑制噪声和增加偏置电阻的方法。在实际应用中，对于比较小的信号反射，为了简单方便，经常采用增加偏置电阻的方法。

（7）应注意传输线特性阻抗的连续性，在阻抗不连续处会发生信号反射。下列几种情况易产生传输线特性阻抗的不连续：传输线的不同区段采用不同电缆、某一段传输线上连接了较多的收发器，或者传输线到各个节点的引出线过长。

（8）对于 RS-485 上的任何一个节点，需要对 A 进行上拉、对 B 进行下拉，具体接线是：+5 V—R_1—A—R_2—B—R_3—GND。其中，R_1=3.3 kΩ，R_2=180 Ω，R_3=3.3 kΩ，取消了原来的 120 Ω 的电阻，这样在传输线空闲时可以保证 A 比 B 高出大约 200 mV，也就是说能保证传输线上的数据信号在传输线空闲时是稳定的 1。实践证明这种接线方式的效果非常好，在数据传输距离小于 300 m 时不需连接终端电阻。

（9）RS-485 的匹配电阻与传输线的设备有关。传输线上的设备输入阻抗和输出阻抗对传输线特性阻抗的影响比较大，因此 RS-485 中的终端电阻最好使用一个可调电阻；也可以先测量传输线的特性阻抗，再增加与之匹配的电阻；还可以通过理论计算来得到传输线的特性阻抗。

（10）RS-485 的传输线可以使用普通的双绞线，但最好选用屏蔽双绞线，并且在两端接地。

（11）在选择 RS-485 中的匹配电阻时，可以用一个简单的办法试一下，即先把一个电位器接在 A—B 之间；然后用示波器观察 A—B 之间的波形，什么时候波形最好，就测试此时的电位器阻值；最后用同阻值的电阻代替电位器。

（12）总线不稳定不一定是硬件方面的问题，也有可能是软件方面的问题。

附录 B
网络设备配置规范

B.1 总则

以组织利益最大化为最高出发点,以提高整体效率为目的,以实现业务为最基本要求。

B.2 符号说明

<>:必选项。
[]:可选项。
|:或,即一个以上选项的其中之一,或没有。

B.3 细则

B.3.1 捕获

打开虚拟终端后的第一件事就是开启捕获,因此作者建议配置自动捕获,具体方法请参考本书第 5 章。

B.3.2 主机名

主机名的命名规则是:
<地理名><设备型号>[主(A)/备(B)]。
或
<项目名><机房名><机柜名><设备型号>[主(A)/备(B)]

例如,揭阳项目市局的两台思科 6509 核心交换机分别命名为 JieYang6509A 和 JieYang6509B,揭阳项目榕城分局的两台 4506 交换机分别命名为 RongCheng4506A 和 RongCheng4506B。

B.3.3 关闭主机名解析

针对思科设备，应关闭主机名解析（即主机域名解析），以防止错误的命令被当成主机名去查找域名服务器（Domain Name Server），影响操作。

```
no ip domain lookup
```

配置主机列表是可选项，如果设备比较多，建议配置，以便通过配置了主机列表的设备远程登录其他设备。不论思科设备还是华为设备，都可以使用下面的命令来建立主机名与地址的映射关系。

```
ip host <hostname <ip_address>>
```

B.3.4 配置通过网络远程登录

用户名和密码是实现远程管理的基本元素之一。

只允许通过 SSH、STELNET 远程登录网络，只允许使用 SFTP 上传或下载文件。

Console 登录必须有登录认证。

B.4 思科设备登录用户配置

对于思科设备来说，需要配置用户名和密码，并配置特权密码和密码加密保存。可以给对接合作方技术人员用户密码，但不给特权密码，使其仅有部分查询权限。

不管用户是通过串口还是通过网络登录，都需要验证用户名和密码。

不论是通过串口还是通过网络登录，终端输出的信息都是同步显示的，不影响用户操作。

```
!
service password-encryption
!
!
enable secret Gosuncn@211
!
!
no ip domain lookup
!
!
username niuhai password 0 Gosuncn@211
!
!
line con 0
 logging synchronous
 login local
line vty 0 4
 logging synchronous
 login local
!
```

B.5 华为设备用户登录配置

对于华为设备来说,将 STELNET 默认端口号修改为 52222,删除默认用户,并创建两个不同等级的新用户,一个高等级的用户用于内部人员对设备配置管理,低等级用户用于对接合作方技术人员的有限查询。

不仅需要配置用户名密码,还需要配置用户的等级、服务类型,并配置仅可使用 STELNET 方式网络登录。第一次配置的用户密码在一下次用户登录时必须修改,因此建议第一次为用户配置的密码为临时密码,用户登录时再修改为正式密码。

配置管理网口 IP 地址,并设置管理网口为 SSH Server 的服务源端口,修改 SSH Server 的端口号为 52222。

```
#
aaa
undo local-user admin
local-user niuhai password irreversible-cipher Gosuncn@211
local-user niuhai privilege level 15
local-user niuhai service-type terminal ssh
local-user niuhi password irreversible-cipher Gosun.cn@211
local-user niuhi privilege level 1
local-user niuhi service-type terminal ssh
#
#
interface MEth0/0/1
 ip address 10.0.0.1 255.255.255.252
#
#
stelnet ipv4 server enable
ssh server port 52222
ssh user niuhai
ssh user niuhai authentication-type password
ssh user niuhai service-type all
ssh user niuhi
ssh user niuhi authentication-type password
ssh user niuhi service-type stelnet
ssh server-source -i MEth0/0/1
#
#
user-interface con 0
 authentication-mode aaa
user-interface vty 0 4
 authentication-mode aaa
#
```

B.5.1 配置主机名列表

思科可以为一个主机名配置多个 IP 地址，华为设备只可以为一个主机名配置一个 IP 地址。配置原则是：

```
<主机名><设备ID><管理终端最近的IP地址>[设备上其他端口IP]
```

例如，揭阳项目市局两台思科 6509 核心交换机创建的主机列表分别为：

```
ip host jieyang6509B 10.1.1.2 10.1.0.146 10.1.0.5 10.1.0.17
ip host jieyang6509A 10.1.1.1 10.1.0.145 10.1.0.1 10.1.0.13
```

B.5.2 端口描述

每一个在用的端口都应该添加描述，不管是物理端口还是虚拟端口。最好在启用端口时就添加描述，免得后期添加时还需要再查找、核对。原则是：

```
<To-><对端设备主机名.><对端端口类型/端口名>
```

例如，与揭阳项目市局思科 6509B 相连的端口描述为：

```
interface Port-channel1
  description To-JieYang6509B.port-channel1.gig1/1.gig1/2
interface GigabitEthernet1/1
  description  To-JieYang6509B.port-channel1.gig1/1
interface GigabitEthernet1/2
  description  To-JieYang6509B.port-channel1.gig1/2
```

与揭阳项目市局思科 6509A 相连的端口描述为：

```
interface Port-channel1
  description To-JieYang6509A.port-channel1.gig1/1.gig1/2
interface GigabitEthernet1/1
  description  To-JieYang6509A.port-channel1.gig1/1
interface GigabitEthernet1/2
  description  To-JieYang6509A.port-channel1.gig1/2
```

B.5.3 配置设备 ID（Deveice ID）

通过本地管理网口管理网络设备。

对于路由器设备，将设备 Loopback 0 的端口地址作为设备的 Device ID，并且在路由选择进程中通告这一地址，把这一地址作为管理地址使用。

对于交换机设备来说，可将 VLAN 1 的端口地址配置成设备地址，并配置默认路由，以方便远程管理。例如：

```
#
interface LoopBack0
  ipv6 enable
  ip address 10.0.0.0 255.255.255.255
  ipv6 address FE00::/128
#
```

B.5.4 检查与验证

每实现一个功能就要进行检查和验证。例如，配置网络登录后一定要验证是否能通过网络远程登录；配置完路由选择协议后一定要验证是否有预期路由、预期地址是否可达。

批量执行命令后一定要检查执行记录，以验证执行效果。

所有的查询操作都是在特权模式下完成或在用户模式下完成的，以防止敲错命令导致不必要的麻烦。如：

思科设备：
```
Router#
```
华为设备：
```
<HUAWEI>
```

B.5.5 保存配置

验证完当前实现的功能无误后要及时保存配置。如：

思科设备：
```
Router#write memory
```
或
```
Router#wr
```
华为设备：
```
<HUAWEI>save
```

B.5.6 备份配置

全部功能实现后，再输出一次当前配置，并通过虚拟终端的捕获功能，将输出内容保存到文本文件。

B.6 配置参考

B.6.1 思科设备基本配置参考（JieYang6509A）

```
!
service password-encryption
!
hostname JieYang6509A
!
!
enable secret gosuncn.com
!
!
no ip domain lookup
```

```
ip host jieyang6509B 10.1.1.2 10.1.0.146 10.1.0.5 10.1.0.17
!
!
username niuhai password 0 gosuncn.com
!
!
interface Loopback0
 ip address 10.1.1.1 255.255.255.255
!
!
interface Port-channel1
 description To-JieYang6509B.port-channel1
 switchport
 switchport access vlan 100
 switchport mode access
!
!
interface Port-channel2
 description To-Server1
 switchport
 switchport access vlan 100
 switchport mode access
!
!
interface GigabitEthernet1/1
  description To-JieYang6509B.port-channel1.gig1/1
  switchport
  switchport access vlan 100
  switchport mode access
  channel-group 1 mode active
!
interface GigabitEthernet1/2
  description To-JieYang6509B.port-channel1.gig1/2
  switchport
  switchport access vlan 100
  switchport mode access
  channel-group 1 mode active
!
!
interface GigabitEthernet1/3
  description To-Server1.port1
  switchport
  switchport access vlan 100
  switchport mode access
  channel-group 2 mode active
!
!
interface Vlan100
```

```
  description For-servers
  ip address 10.1.8.2 255.255.255.0
  vrrp 100 ip 10.1.8.1
  vrrp 100 priority 120
!
!
line con 0
  logging synchronous
  login local
  stopbits 1
line aux 0
  stopbits 1
line vty 0 4
  logging synchronous
  login local
!
!
!
end
write
```

B.6.2　思科设备基本配置参考（JieYang6509B）

```
!
service password-encryption
!
hostname JieYang6509B
!
!
enable secret gosuncn.com
!
!
no ip domain lookup
ip host jieyang6509A 10.1.1.1 10.1.0.145 10.1.0.1 10.1.0.13
!
!
username niuhai password 0 gosuncn.com
!
!
interface Loopback0
 ip address 10.1.1.2 255.255.255.255
!
!
interface Port-channel1
  description To-JieYang6509A.port-channel1
  switchport
  switchport access vlan 100
```

```
   switchport mode access
!
!
interface Port-channel2
  description To-Server1
  switchport
  switchport access vlan 100
  switchport mode access
!
!
interface GigabitEthernet1/1
  description To-JieYang6509A.port-channel1.gig1/1
  switchport
  switchport access vlan 100
  switchport mode access
  channel-group 1 mode active
!
interface GigabitEthernet1/2
  description To-JieYang6509A.port-channel1.gig1/2
  switchport
  switchport access vlan 100
  switchport mode access
  channel-group 1 mode active
!
interface GigabitEthernet1/3
  description To-Server1.port2
  switchport
  switchport access vlan 100
  switchport mode access
  channel-group 2 mode active
!
!
interface Vlan100
  description For-servers
  ip address 10.1.8.3 255.255.255.0
  vrrp 100 ip 10.1.8.1
!
!
line con 0
  logging synchronous
  login local
  stopbits 1
line aux 0
  stopbits 1
line vty 0 4
  logging synchronous
  login local
!
```

!
!
end
write
```

## B.6.3 华为设备基本配置参考（JieYang6509A）

```
#
 sysname JieYang6509A
#
ip host JieYangB 10.1.0.0
#
#
aaa
 local-user niu password password irreversible-cipher gosun.cn
 local-user niu privilege level 1
 local-user niu service-type terminal ssh
 local-user niuhai password irreversible-cipher Gosun.cn@211
 local-user niuhai privilege level 15
 local-user niuhai service-type terminal ssh
 undo local-user admin
#
#
interface Vlanif100
 description For-video.servers
 ip address 10.1.8.2 255.255.255.128
 vrrp vrid 100 virtual-ip 10.1.8.1
 vrrp vrid 100 priority 120
#
#
interface Eth-Trunk0
 description To-JieYang6509B
 port link-type access
 port default vlan 100
 mode lacp
#
#
interface Eth-Trunk1
 description To-Server1
 port link-type access
 port default vlan 100
 mode lacp
#
#
interface Ethernet0/0/0/0
 ip address 10.0.0.1 255.255.255.252
#
```
```

```
#
interface GigabitEthernet1/1/0/0
  description To-JieYang6509B.eth-trunk0.gig1/1/0/0
  eth-trunk 0
#
#
interface GigabitEthernet1/1/0/1
  description To-JieYang6509B.eth-trunk0.gig1/1/0/1
  eth-trunk 0
#
#
interface GigabitEthernet1/1/0/2
  description To-Server1.port1
  eth-trunk 1
#
#
interface LoopBack0
  ip address 10.1.1.1 255.255.255.255
#
#
stelnet ipv4 server enable
ssh server-source all-interface
ssh ipv4 server port 52222
ssh user niu
ssh user niu authentication-type password
ssh user niu service-type stelnet
ssh user niuhai
ssh user niuhai authentication-type password
ssh user niuhai service-type all
ssh user niuhai sftp-directory flash:
#
#
user-interface con 0
  authentication-mode aaa
user-interface vty 0 4
  authentication-mode aaa
#
return
save
```

B.6.4 华为设备基本配置参考（JieYang6509B）

```
#
  sysname JieYang6509B
#
ip host JieYangA 10.1.0.1
#
```

```
#
aaa
 local-user niu password password irreversible-cipher gosun.cn
 local-user niu privilege level 1
 local-user niu service-type terminal ssh
 local-user niuhai password irreversible-cipher Gosun.cn@211
 local-user niuhai privilege level 15
 local-user niuhai service-type terminal ssh
 undo local-user admin
#
#
interface Vlanif100
 description For-video.servers
 ip address 10.1.8.3 255.255.255.128
 vrrp vrid 100 virtual-ip 10.1.8.1
#
#
interface Eth-Trunk0
 description To-JieYang6509A
 port link-type access
 port default vlan 100
 mode lacp
#
#
interface Eth-Trunk1
 description To-Server1
 port link-type access
 port default vlan 100
 mode lacp
#
#
interface Ethernet0/0/0/0
 ip address 10.0.0.1 255.255.255.252
#
#
interface GigabitEthernet1/1/0/0
 description To-JieYang6509A.eth-trunk0.gig1/1/0/0
 eth-trunk 0
#
#
interface GigabitEthernet1/1/0/1
 description To-JieYang6509A.eth-trunk0.gig1/1/0/1
 eth-trunk 0
#
#
interface GigabitEthernet1/1/0/2
 description To-Server1.port2
 eth-trunk 1
```

```
#
#
interface LoopBack0
 ip address 10.1.1.2 255.255.255.255
#
#
interface Ethernet0/0/0/0
 ip address 10.0.0.1 255.255.255.252
#
#
stelnet ipv4 server enable
ssh server-source all-interface
ssh ipv4 server port 52222
ssh user niu
ssh user niu authentication-type password
ssh user niu service-type stelnet
ssh user niuhai
ssh user niuhai authentication-type password
ssh user niuhai service-type all
ssh user niuhai sftp-directory flash:
#
#
user-interface con 0
 authentication-mode aaa
user-interface vty 0 4
 authentication-mode aaa
#
return
save
```

后　　记

荣耀的意义

总时不时想起你，
隐隐约约，恍恍惚惚，
一起劳作的时光，
你就在那里。
你是我忘也忘不掉，
却再也见不到的人。
我失去了你！

见文弱的我日渐消瘦，
你说写书有什么意思，
小心哪天被风吹去。
我只不过是辛苦点而已，
怎么可能随风而去？
为了能成为你的荣耀，
我必须加倍努力。
书终于小成，
但是你却不能看到，
这荣耀，还有什么意义？

静下心来仔细想想，
其实还不算太坏，
我失去你，总比你失去我要好吧？
最起码痛苦的是我，不是你。